ENCYCLOPÉDIE-RORET

—

PATISSIER

MANUELS-RORET

NOUVEAU MANUEL COMPLET

DU

PATISSIER

OU

TRAITÉ COMPLET ET SIMPLIFIÉ

DE LA

PATISSERIE DE MÉNAGE, DE BOUTIQUE ET D'HOTEL

Par M. LEBLANC

Ancien Maître d'hôtel

NOUVELLE ÉDITION, ENTIÈREMENT REFONDUE

AUGMENTÉE ET ORNÉE DE FIGURES

SOCIÉTÉ FRANÇAISE D'ÉDITIONS LITTÉRAIRES ET TECHNIQUES

EDGAR MALFÈRE, ÉDITEUR

12, RUE HAUTEFEUILLE, PARIS (VIᵉ)

MCMXXIX

AVIS

Le mérite des ouvrages de l'*Encyclopédie-Roret* leur a valu les honneurs de la traduction, de l'imitation et de la contrefaçon. Pour distinguer ce volume, il porte la signature de l'Éditeur, qui se réserve le droit de le faire traduire dans toutes les langues, et de poursuivre, en vertu des lois, décrets et traités internationaux, toutes contrefaçons et toutes traductions faites au mépris de ses droits.

PRÉFACE

Nous nous sommes proposé, en écrivant ce Manuel, de renfermer, dans un cadre restreint et aussi limité que le comportent ces sortes d'ouvrages, le plus de choses utiles qu'il nous a été possible. Il devenait donc nécessaire d'apporter beaucoup d'ordre dans la classification adoptée, de s'attacher surtout aux principes de l'art, de ne pas trop multiplier les recettes, et surtout de supprimer certaines formules ou locutions banales revenant à chaque instant dans les ouvrages analogues publiés sur la pâtisserie, qui finissent par rebuter le lecteur.

A ce point de vue, cette nouvelle édition est de beaucoup supérieure aux précédentes. Le style de l'ouvrage entier a été modifié, certaines parties ont été classées dans un ordre plus logique, de manière qu'il est plus facile maintenant d'y trouver la recette du gâteau que l'on cherche. Tant à cause de la nouvelle rédaction que du plan adopté, ce Manuel peut supporter avantageusement la comparaison avec les autres ouvrages qui ont été publiés sur la Pâtisserie. Ajoutons qu'il est très complet et que son prix est toujours resté peu élevé et à la portée de tous. Tous ces avantages le recommandent au public qui, nous l'espérons, fera à cette nouvelle édition un accueil aussi favorable qu'aux précédentes.

Pour suivre une marche logique et claire, nous considérons d'abord le pâtissier comme commerçant, et nous lui donnons quelques conseils sur la tenue de sa maison. Nous énumérons ensuite les principaux appareils en usage dans son industrie, et nous lui indiquons comment il peut se procurer des provisions de bonne qualité pour ses produits, ainsi que les moyens de les conserver et de les faire valoir.

Cela fait, nous lui donnons les instructions nécessaires pour la fabrication de la grosse pâtisserie, tels que les pâtés froids et chauds, les vol-au-vent et les garnitures en gras et en maigre dont il remplit ces pièces.

Nous passons ensuite à la pâtisserie d'entremets, sujet vaste, où le pâtissier peut déployer tout son art et tout son goût, tant pour varier ses produits que pour leur donner une délicatesse extrême, un parfum exquis et un coup d'œil des plus agréables, de manière à flatter à la fois le goût et les yeux.

La fabrication de la pâtisserie de petit-four, qui, souvent dans les grandes villes, est exercée par des établissements particuliers, ne saurait être ignorée du pâtissier. D'ailleurs, c'est lui qui confectionne les produits les plus délicats en ce genre, et qui s'applique à leur donner les formes, les aspects et les saveurs les plus variés.

Nous terminons notre Manuel par quelques instructions sur la pâtisserie décorative et sur la préparation des pièces montées.

On conçoit très bien que, dans un ouvrage comme celui-ci, nous n'avons pas pu entrer dans de grands développements sur cette branche intéressante de l'industrie du pâtissier, branche bien vaste, qu'il partage avec le confiseur et le glacier ; mais nous croyons en avoir dit assez pour mettre sur la bonne

voie un homme intelligent, aimant son industrie et
doué de quelque goût.

Un maître pâtissier, capable et expérimenté, doit
de toute nécessité posséder la connaissance du dessin
décoratif. Il est ainsi en état de procéder à la fabrication de la partie artistique de son industrie ; de
plus, elle lui donne du goût, elle lui apprend à apprécier l'élégance, la pureté et l'originalité des pièces
montées, à les reproduire, les imiter et les varier à
l'infini ; en un mot, elle en fait un artiste.

Sans doute, dans la pâtisserie comme dans toutes
les industries, il y a une mode régnante, c'est-à-dire
certaines formes qui, dans un moment donné, semblent plaire davantage au public par des raisons qui
échappent à tout examen ; mais il n'en est pas moins
certain qu'un pâtissier, habile décorateur, pourra
seul donner aux objets en vogue les formes les plus
élégantes et les plus recherchées, et, par des conceptions heureuses, parvenir à modifier le goût public,
imaginer de nouveaux dessins, faire adopter des
objets les plus agréables aux yeux et plus conformes
aux règles du goût.

Assurément, le pâtissier pourrait très bien faire
exécuter ses modèles par un dessinateur ou un peintre
habile, mais encore faut-il qu'il puisse juger, en
connaissance de cause, du dessin qu'on lui présente ;
et d'ailleurs, dans les mains de celui qui est artiste
lui-même, l'exécution sera toujours plus parfaite et
les pièces plus gracieuses.

En résumé, le pâtissier est devenu un véritable
artiste, qui, dans notre société moderne, si éprise de
tous les raffinements et particulièrement de ceux de
la bouche, joue un rôle chaque jour plus important
et plus apprécié, sur toutes les tables bien servies.

Il n'y a plus de repas qui ne soient tributaires de son art.

C'est à lui, c'est à son savoir-faire que l'on fait appel, non seulement pour la composition d'un repas succulent et délicat, mais encore pour donner au couvert l'aspect le plus séduisant.

En effet, bien que ce soit au goût et non à la vue que l'on juge la qualité d'un produit, il n'en est pas moins vrai que l'aspect d'un bon pâté, d'un mets bien dressé, d'un plat bien servi, d'une pièce bien montée, réjouit l'œil du gourmet, comme une promesse pleine d'espérance.

L'art du pâtissier ne consiste donc pas seulement à faire de bons produits, il faut encore que ces produits aient belle apparence ; qu'ils soient convenablement parés, afin qu'ils sollicitent la convoitise et qu'ils excitent l'appétit du client, qui veut acheter, ou du convive devant lequel on les sert.

APERÇU HISTORIQUE

Athènes et Rome ont connu, de bonne heure, toutes les délicatesses de la pâtisserie. On y aimait, surtout, les gâteaux légers et chargés de fruits, dans lesquels le miel et l'huile remplaçaient le sucre et le beurre employés chez nous.

Les flans, les gâteaux soufflés et garnis de pommes sont originaires de Rome et ont été importés, par les Romains, chez les Gaulois, nos ancêtres.

Les échaudés, les gâteaux feuilletés, les rissoles étaient déjà confectionnés avec grand succès dès le XIIIᵉ siècle. Les talmouses de Saint-Denis étaient aussi déjà très renommées dès le siècle suivant et l'on en expédiait à de grandes distances.

Comme on le voit, au milieu même du moyen-âge, les fines bouches trouvaient aisément à satisfaire leurs plaisirs et à savourer des pâtisseries aussi nombreuses que variées.

Plus tard, se forma la communauté des pâtissiers, qui est l'une des plus anciennes de Paris et non des moins importantes. En 1566, Charles IX lui octroyait une sorte de charte en 34 articles, consacrant ses privilèges et lui imposant certaines obligations.

Vers cette époque et même un peu auparavant, Catherine de Médicis, venant d'Italie en France, avait amené à sa suite un certain nombre de cuisiniers italiens qui excitèrent et développèrent encore, dans notre pays, le goût déjà très prononcé pour la pâtisserie.

On leur doit les macarons, les tartes à la frangipane, les gâteaux de Milan, les massepains et les pâtés de toutes sortes.

A la fin du XVIIIᵉ siècle, le savoir-faire d'Alice et plus tard, celui de Carême, l'inventeur des *petits fours*, des meringues et autres pâtisseries fines, ont élevé l'art du pâtissier au degré de perfection où nous le voyons aujourd'hui et qui ne peut plus guère être dépassé. Les pâtisseries reçoivent actuellement mille formes diverses et comprennent toutes les compositions de l'art culinaire.

Les pâtissiers les plus renommés sont les Français, les Suisses et les Italiens.

Les premiers sont répandus aujourd'hui dans le monde entier et contribuent, pour une large part, au succès des cuisiniers et des établissements les plus justement réputés.

Quant aux Suisses et aux Italiens, c'est particulièrement vers la France qu'ils émigrent et qu'ils viennent exercer leurs aptitudes remarquables dans ce genre de travail. Aussi, n'y a-t-il guère de ville, principalement dans l'Est et dans le Midi de la France, où l'on ne rencontre quelques pâtissiers suisses ou italiens ; on en trouve même dans les bourgades, qui ne manquent pas de savoir-faire.

Depuis que l'illustre Carême a fixé définitivement les procédés de l'industrie qui nous occupe, on peut dire que la pâtisserie n'a pas fait de progrès bien sensibles ; sauf quelques produits nouveaux créés par des pâtissiers intelligents, les recettes données par le Maître ont suffi aux besoins pourtant si impérieux d'une clientèle toujours en quête de nouvelles créations. La grande pâtisserie d'entremets est donc restée presque stationnaire, sans cependant avoir déchu de son ancienne splendeur entre les mains des artistes qui la confectionnent.

Il n'en est pas de même de la pâtisserie de *petit four*, qui a atteint de nos jours une perfection qui n'est égalée que par l'empressement avec lequel le public la recherche. Après Carême, on peut citer les frères Gross, qui ont perfectionné cette branche de la pâtisserie.

Enfin, les Anglais ont créé une spécialité jusqu'alors inconnue ou peu recherchée, en inondant le monde de *gâteaux secs*, fabriqués par l'importante maison Huntley et Palmers, de Reading.

Ces produits nouveaux, à peine sucrés, sont un perfectionnement du biscuit de mer ; comme ce produit alimentaire, ils ont l'avantage de pouvoir être exportés et de se conserver indéfiniment. L'esprit pratique et perspicace de nos voisins d'Outre-Manche ne pouvait laisser de côté un pareil besoin sans y pourvoir. Aussi la vogue des gâteaux secs anglais fut-elle immense, il y a une vingtaine d'années.

Emus de ce succès inouï, les fabricants de petits fours et de biscuits de Paris et de quelques villes de France se mirent à l'œuvre pour restreindre à leur profit l'importation anglaise. Ils produisirent à leur tour des gâteaux secs plus ou moins sucrés, comme les *grissinis*, créés à Paris par l'Italien Gandolo, puis ils abandonnèrent le genre de pâte anglaise et se rapprochèrent du genre de petits fours créés antérieurement par la maison Gross, de Paris.

Aujourd'hui, la fabrication française a reconquis, en ce genre de production, la place qu'elle a constamment occupée depuis des siècles.

NOUVEAU MANUEL COMPLET

DU

PATISSIER

PREMIÈRE PARTIE

Préliminaires.

CHAPITRE PREMIER

INSTALLATION. CUISINE ET FOURS DU PATISSIER.

L'état du pâtissier est l'un de ceux qui offrent le plus de chances de succès. La possibilité de travailler en grand, la connaissance de son métier, une habile fabrication lui permettent de fixer ses produits à un taux inférieur ou du moins égal à celui des pâtisseries de ménage. D'ailleurs, un pâtissier exact et soigneux trouve toujours du débit ; souvent aussi il fait fortune lorsqu'il a de l'ordre, de l'intelligence et du goût.

Dans les grandes villes très populeuses, l'état

de pâtissier se divise en plusieurs spécialités ou se réunit à d'autres branches de commerce. Ainsi, dans le premier cas, une seule espèce de pâtisserie, comme les galettes, les gaufres, les oublies, les brioches, les échaudés, etc., occupe le fabricant qui vend surtout aux passants, aux pâtisseries ambulantes, aux petits limonadiers et aux restaurants. Ainsi, dans le second cas, on voit des pâtissiers-confiseurs, surtout des pâtissiers-restaurateurs, qui portent leurs produits en ville ou qui tiennent table ouverte et qui ont aussi de vastes et doubles établissements. Ce genre de commerce convient à un homme habile, expérimenté, ayant de fortes avances, tel qu'un pâtissier ou un cuisinier de grande maison mis à la retraite, tandis que le premier est l'apanage des débutants timides, doués de peu de fortune et d'imagination. Si l'éclat ne s'attache point à leurs modestes produits et s'ils ne trouvent pas dans l'exercice de leur art tout l'attrait dont il est susceptible, du moins ils font leurs affaires avec assurance et tranquillité. Les uns et les autres puisseront de salutaires avis dans ce Manuel; mais comme après tout ils font exception au métier de pâtissier proprement dit, nous nous occuperons spécialement du fabricant de toute espèce de pâtisseries, soit pour la commande, soit pour l'étalage.

§ 1. CUISINE DU PATISSIER

Salubrité de la cuisine. — Le désir de restreindre des frais de location toujours très élevés en raison du magasin, l'habitude, ou plutôt une pernicieuse routine, rendent trop souvent l'habitation du pâtissier-commerçant resserrée, obscure et parfois infecte. C'est surtout la cuisine, où il passe presque toute sa vie, qui présente ces graves inconvénients. Aussi les divers locaux de la maison d'un pâtissier sont-ils généralement mal aménagés et installés dans des pièces privées d'air et de jour ; il s'ensuit que tout son extérieur annonce une santé chancelante et que souvent son caractère s'aigrit à ce point que son état, si attachant d'ailleurs, lui devient à la fin insupportable. Il serait pourtant bien facile de prévenir ces fâcheux effets.

Pour cela, il faudrait indispensablement adopter *la cuisine salubre* telle que d'Arcet l'a décrite, disposition parfaitement saine, commode, économique, contre laquelle ne peut s'élever la moindre objection fondée. Nous en détaillerions les avantages et nous en reproduirions ici le plan, si de nombreuses matières ne réclamaient notre attention ; on peut aisément s'instruire à cet égard en lisant le mémoire qu'a publié d'Arcet sur cette belle installation.

Si quelques obstacles s'opposaient à l'établissement de cette cuisine-type, que du moins les fourneaux soient placés sous un manteau large et spacieux, afin que la vapeur du charbon s'exhale sans incommoder l'ouvrier ; que la cuisine soit grande, aérée et dallée pour pouvoir être lavée fréquemment ; qu'il s'y trouve un robinet fournissant abondamment l'eau nécessaire au travail et aux nettoyages, ou du moins une forte fontaine filtrante ; que les murs, blanchis de temps en temps, reçoivent, au commencement de l'été, une couche d'huile de laurier appliquée au pinceau pour chasser les mouches qui salissent tout, et principalement les préparations sucrées ; qu'il se trouve, auprès de la cuisine, une petite pièce, ou du moins un réduit pour les lavages, les torchons déjà salis ; enfin, que les débris soient immédiatement enlevés. Lorsque, malgré toutes ces précautions, il y aura encore quelquefois de l'odeur, soit dans la cuisine, soit dans la pièce aux lavages, on y placera des assiettes creuses pleines d'eau, à laquelle on ajoutera deux cuillerées de chlorure de soude ou de chaux ; on laissera ainsi pendant deux jours s'évaporer cette eau chlorurée, puis on s'en servira pour arroser le sol et pour laver les endroits les plus fétides ; en recommençant cette opération une ou deux fois, la mauvaise odeur disparaîtra entièrement. Il sera nécessaire de prendre ce soin environ tous les mois.

La présence des grillons et des cafards contrarie ordinairement les pâtissiers ; ils sont avec raison importunés par le bruit de ces insectes, par les colonies qu'ils envoient du four dans tous les coins de la maison. Pour les prendre facilement, il suffit de mettre dans des pots à confitures des rognures de pâte d'office, ou toute amorce semblable, et de placer le soir ces pots, sur le bord du four. Une fois entrés dans ces pots, ils n'en peuvent plus sortir, leurs pattes glissant sur l'émail de la faïence. On emploie encore utilement contre ces hôtes désagréables l'huile de pétrole ou la poudre de pyrèthre, qu'on injecte dans les trous où ils ont élu domicile.

Quant aux souris, on usera pour leur destruction des procédés connus, un chat causant trop de désordres ou fournissant trop de prétextes aux désordres dans la maison d'un pâtissier.

Les saletés des autres animaux d'agrément sont aussi beaucoup à redouter dans une maison qui doit toujours être tenue si proprement.

Ordre à maintenir dans la cuisine. — L'ordre, cette importante condition de salubrité, de paix, d'économie d'argent et de temps, l'ordre si nécessaire dans tous les ménages, si indispensable dans tous les établissements, l'est plus encore dans celui du pâtissier. Là, faute de son secours, on ne peut trouver sans recherches, sans réclamations, sans querelles, l'instrument ou la substance dont on a besoin ; l'a-t-on obtenu enfin, son imparfait nettoyage ou son mauvais état de conservation, fait manquer la préparation, à laquelle souvent, d'ailleurs, la chose est mal appropriée. Déjà pressé, échauffé, disposé à l'humeur, voyant des provisions gâtées, des plats à refaire, le temps qui manque, le maître pâtissier crie, s'emporte avec violence. De là, le caractère d'irritation que l'on reproche assez généralement aux personnes de cette classe, et leur brutalité envers les apprentis. La chaleur étouffante, insalubre, dans laquelle, en toute saison, opèrent les pâtissiers, les vapeurs du charbon qui leur montent à la tête, contribuent pour beaucoup, en outre, à ces tristes résultats. Donc, en recommandant avec instance une saine disposition des lieux, un arrangement méthodique des instruments, des provisions, nous cherchons à préserver à la fois, d'une altération bien dangereuse, la santé et le caractère des personnes qui exercent la profession de pâtissier.

La cuisine doit être considérée comme un atelier de pâtisserie. Ainsi, comme dans les ateliers bien tenus, que les murailles soient garnies de cadres ou rateliers à crochets, pour suspendre aux uns et placer sur les autres, par ordre de grandeurs, les casseroles, les moules, les coupe-pâte, etc., ordre indiqué par des numéros convenus. On range de la même manière, en les munissant d'étiquettes, et d'après leur nature, les assaisonnements et les provisions. La cuisine comprendra, par exemple, 1° l'armoire, la case, ou le rayon des *provisions sèches*, telles que le riz, le vermicelle, le macaroni, etc. ; 2° les provisions d'*entourages secs*, comme les fonds d'artichauts, les morilles, les champignons, etc.; 3° les provisions d'*amandes*, comme les amandes proprement dites, les avelines, les pistaches, le cacao ; 4° les provisions de *parfums*, comme les fleurs d'oranger, le thé, la vanille ; 5° les provisions des *confitures* les plus usuelles en pâtisserie, comme les ceri es, les prunes, la marmelade d'abricots, la gelée de groseilles, de coings, de poires, etc. Nous reviendrons sur cet article.

Le combustible léger qui sert à chauffer le four, doit être, à mesure qu'on l'apporte, placé dans une caisse, ou mieux encore, dans un endroit préparé à cet effet auprès du four. A côté doivent se rencontrer les grandes corbeilles destinées à recueillir la braise étouffée.

§ 2. FOURS DU PATISSIER.

La bonne construction du four, son emplacement, sa grandeur, sa facile et parfaite fermeture, la continuité ou la rareté de son service, tout cela influe beaucoup sur la pâtisserie, et les pâtissiers ne l'ignorent pas. Cependant il en est plusieurs qui, par indolence ou par routine, abandonnent fréquemment au hasard cet important appareil.

Il serait inutile de donner à cet égard des conseils au pâtissier de maison, puisqu'il doit s'accommoder de tous les fours qu'on lui présente ; fours pour l'ordinaire si différents entre eux, que Carême assure avoir cuit dans cent fours divers, sans qu'il soit arrivé de cuire deux fois ses grosses pièces dans le même espace de temps. Pour prévenir les graves inconvénents qui pourraient résulter de ces différences, cet habile praticien commençait en quelque sorte par faire connaissance avec les fours. Il s'informait d'abord de l'intervalle écoulé depuis qu'on les avait chauffés, pour se rendre compte s'ils servaient rarement ou souvent ; et, d'après la réponse, il y faisait mettre le feu pendant trois, quatre, cinq et même six heures consécutives, comme il le fit à Villiers, au sujet d'un four qui n'avait pas été chauffé depuis deux ans. Le lendemain, le feu n'y brûla que seulement trois heures.

Cette première précaution prise, il avait soin de retirer ses grosses pièces après une heure ou deux de cuisson, relativement à leur volume : il les examinait et jugeait, d'après leur coloris, le temps qu'elles devaient encore rester au four. La précaution n'était certes pas inutile, puisqu'il a cuit convenablement des biscuits de cinquante œufs, tantôt en deux heures et demie, tantôt en deux heures trois quarts, trois heures, trois heures un quart, et trois heures et demie. Ainsi, dit-il, cela fait seulement une différence d'une heure sur la cuisson du même biscuit, et cette différence dépend uniquement de la nature du four.

Les pâtissiers débitants et établis en boutiques, qui chauffent leur four plusieurs fois dans la

journée, n'ont point à subir cet inconvénient ;
mais en revanche, ils en éprouvent un autre : ils
reçoivent continuellement des commandes qui
exigent que le four reste ouvert plus ou moins
longtemps, tandis qu'il devrait demeurer fermé
pour la cuisson des grosses pièces. Ce désagrément est bien pis lorsque ces commandes sont
composées d'objets de petit-four ; pour cuire
également bien des choses si différentes, il faut
beaucoup d'habitude, de peines et de temps ;
encore ne réussit-on pas toujours. Afin donc de
prévenir à la fois et cet assujettissement et ce
manque de succès, nous conseillerons au pâtissier
commerçant d'avoir deux fours, l'un de moyenne
grandeur pour les fortes pièces, et l'autre de
moindre dimension pour les préparations de
petit-four et les petits gâteaux de toute espèce.

Ancien four en maçonnerie.

Ce four est aujourd'hui remplacé dans les grandes
villes par des appareils moins volumineux et
perfectionnés, qui donnent de meilleurs produits
et avec lesquels on réalise une économie considérable de combustible ; nous parlons plus loin
de ceux-ci. Toutefois, comme cet ancien appareil
est encore en usage dans une foule de localités,
principalement dans les campagnes, nous avons
pensé qu'il serait utile d'en donner la description
à nos lecteurs et de leur indiquer la manière
d'en faire usage.

Le *dôme*, *voûte* ou *chapelle* du four, doit avoir
en hauteur le sixième de longueur de celui-ci ;
l'*âtre*, ou surface horizontale, doit être cependant
un peu convexe au milieu. Ces deux parties

dbivent être en parfait rapports l'excès de chacune étant également nuisible. Les *ouras* ou conduits par lesquels l'air s'introduit pour faciliter la combustion, sont nécessaires quand on emploie du bois vert, ou lorsque est très pressé. Ils aident en outre à *glacer à la flamme*. Il est donc sage d'en faire établir ; mais comme ils pourraient souvent contribuer à faire brûler trop de bois, il faudra se ménager le moyen de les ouvrir et de les fermer à volonté.

Creuser le dessous du four en voûte est certainement une disposition avantageuse, car on y met sécher une quantité de substances diverses, telles que des fruits, des grains, des herbes, des légumes, etc. Mais si on a l'habitude d'y mettre sécher les fagots destinés à la prochaine cuisson, il importe de les surveiller avec soin, de peur d'incendie, car cette pratique leur donne souvent naissance.

Il est inutile de mentionner les combustibles divers que le pâtissier emploie au chauffage du four. Ce sont communément les fagots qu'on choisit ; mais en diverses circonstances, il faudrait leur préférer les morceaux de bois blanc, principalement de bouleau et de peuplier, bien divisés ; les copeaux de menuisier et de charpentier, l'ajonc épineux, les tourteaux inodores et bien secs, le sarment, les cossats de pois, les ronces, les chaumes, les chenevottes, les feuillages, les bruyères, etc., tout en mélangeant ces divers objets. Le voisinage des montagnes, des vignobles, des fabriques, et généralement les ressources de localités seront, à cet égard, des causes déterminantes.

Chauffage du four. — On reconnaît ordinairement que le four est assez chaud, lorsqu'en frottant avec un bâton contre l'âtre ou la voûte, il en sort de petites étincelles. Mais ce n'est là que le premier degré, et quatre autres encore sont nécessaires au pâtissier.

Premier degré, four chaud. — Après avoir apprécié sa chaleur comme il vient d'être dit, il faut le nettoyer et l'écouvillonner à l'ordinaire, en passant sur l'âtre un linge mouillé suspendu au bout d'une très longue perche ; on ferme ensuite le four pendant environ une demi-heure, et l'on enfourne les pâtés chauds, les petits pâtés, les gâteaux à thé, les babas, les échaudés, etc.

Deuxième degré, four gai. — Une heure après, le four chaud ayant perdu un peu de sa chaleur, devient *four gai.* Les gros vol-au-vent, les solilemmes, les croustades, les poupelins et divers entremets fourrés doivent être cuits à ce second degré de chaleur.

Troisième degré, four modéré. — Une heure après le four gai ou deux heures après le four chaud, on obtient le *four modéré,* dans lequel on met les madeleines, les darioles, les tartelettes, les grosses brioches, la pâte d'office, les biscuits ou pains, etc.

Quatrième degré, four doux. — Une heure encore après le four modéré on obtient le *four doux,* favorable aux fouaces de Berlin, aux gâteaux anglais, de Compiègne, de Savoie, aux pâtes à choux, à la génoise, etc.

Cinquième degré, four tiède. — Quatre heures après le premier exercice du four ou une heure après le four doux, on enfourne les meringues et les objets meringués, les plumcakes (gâteau anglais), les délicates préparations à la rose, les cannellons, les pains d'Espagne, les soufflés farcis et autres objets semblables. Beaucoup de pâtissiers donnent à ce cinquième degré le nom de *four chaleur molle, chaleur radoucie*.

Sixième et dernier degré, four perdu. — C'est le four à son déclin, le four aprè, cinq heures d'activité. Les imitation, en pâtes d'amandes, les nougats de Danemark ou de Marseille, les meringues sèches à la manière russe, les fleurs en pâte de sucre et enfin les macarons, surtout ceux d'avelines, ne réussissent bien qu'à ce dernier terme du four. Aprè, les macarons et les pensez-à-moi, il est inutile de songer à d'autres cuissons.

Il est de la plus grande importance de savoir chauffer et de régler convenablement le four ; car, faute de cette attention, la pâtisserie la plus soignée, la plus délicate, perd tout son mérite et toute sa valeur. L'excès ou le manque de chaleur sont également préjudiciables. Si le four est trop chaud, la pâtisserie s'affaisse, se durcit, se brunit de la façon la plus désagréable ; les formes, les couleurs, tout se confond. Si le four est trop peu chauffé, la pâtisserie devient terne, grise, compacte, indigeste, et plus on la laisse au four, plus ces fâcheux effets sont marqués.

Après tous ces degrés, le four sert encore à faire sécher des préparations de petit-four, telles que les pensées, les corbeilles de fleurs pour orner les gâteaux d'amandes ou d'avelines, ainsi que les fruits pour les massepains et les macarons du lendemain.

Graissage des plaques du jour. — Les plaques sur lesquelles on pose les pâtisseries pour les enfourner, reçoivent toujours un graissage plus ou moins épais. Quelquefois, comme pour les *cannelons*, les *macarons-joko*, les *mont-blanc au café* et autres préparations légères de pâte d'amandes, les plaques doivent être à la fois graissées et enfarinées. Pour les *légers au sucre*, tels que les pâtés de sucre au blanc d'œuf, à l'eau-de-vie, et aux liqueurs, les amandes, les pistaches soufflées, etc., elles doivent être frottées de cire vierge.

Nouveaux fours.

Le four du pâtissier a subi depuis quelque temps des améliorations bien sensibles, comme celui du boulanger, qu'on s'est efforcé dans ces derniers temps de perfectionner dans toutes ses parties, et même de modifier profondément pour l'appliquer à divers services ou le rendre plus économique, plus actif dans son travail, ou propre à donner des produits plus satisfaisants.

A cet égard, nous conseillerons aux pâtissiers intelligents et amis du progrès, de consulter la nouvelle édition du *Manuel du Boulanger*, de l'*Encyclopédie-Roret*, où ils trouveront la description avec figures de plus de 50 modèles récents de fours de boulanger, tels que les fours chauffant sur l'âtre, les fours chauffés par un foyer placé à l'extérieur, les fours à air chaud, les fours chauffés à la vapeur surchauffée, les fours chauffés à l'eau chaude ou au gaz, etc., tous modèles dont un pâtissier habile peut faire son profit.

Parmi ces divers types, nous recommandons spécialement à nos lecteurs le four Rolland, qui est le plus répandu aujourd'hui et dont les avantages sont incontestables, à tous les points de vue. Nous en donnons ci-après la description.

Four Rolland perfectionné à air chaud, à cuisson continue et à sole tournante.

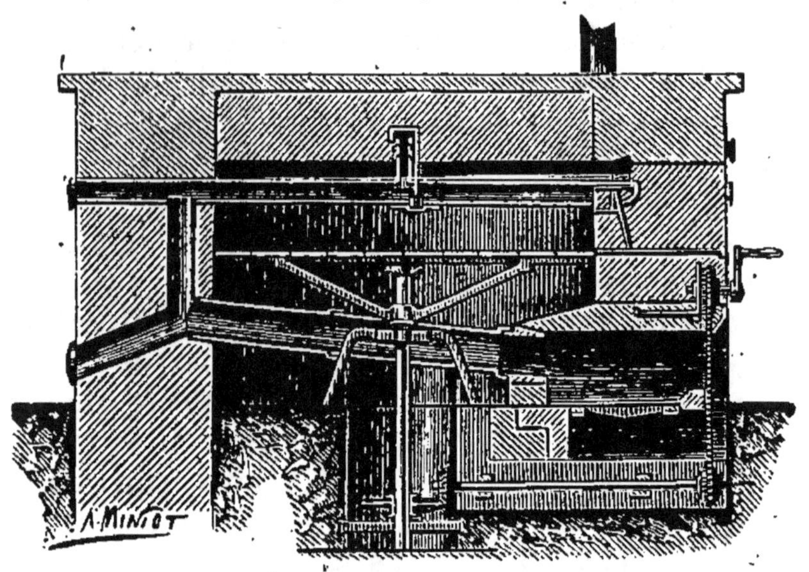

Fig. 1.

Ce four fixe (fig. 1) est circulaire et enveloppé d'épais murs en maçonnerie. Il est chauffé par un foyer indépendant, ce qui permet d'employer toute espèce de combustible, bois, houille, coke, tourbe, etc. La chaleur circule autour du four, qu'elle enveloppe de toutes parts, sans y laisser pénétrer ni fumée, ni cendres. La sole se compose d'une plate-forme tournante, recouverte d'un carrelage en terre cuite. Une manivelle très légère fait tourner cette sole et amène successivement, à la bouche du four, à portée de l'œil et de la main, la place que l'objet à cuire doit occuper.

La distribution de la chaleur est parfaite ; un thermomètre en règle la température et indique le moment où l'on doit enfourner. La cuisson est régulière et continue.

Afin d'utiliser toute la chaleur, on peut mettre au-dessus du four à sole tournante, un second four à sole fixe, pour cuire les objets qui n'ont besoin que d'une chaleur modérée.

On peut aussi y adjoindre une étuve, pour conserver chauds les objets cuits, et une chaudière, pour chauffer l'eau nécessaire au laboratoire, à l'atelier ou à la cuisine.

Le mécanisme est entièrement placé à l'extérieur du four et se trouve ainsi toujours à portée de la main ; il ne présente donc aucun inconvénient et ne se détériore que bien rarement.

La dimension du four Rolland varie suivant l'importance de l'établissement qu'il s'agit de desservir et il est aussi avantageux pour les petites que pour les grandes maisons de pâtisserie. Mais il est surtout fort apprécié dans les usines où l'on fabrique, en grand, les biscuits, les gâteaux secs, les gaufrettes et autres pâtisseries qu'on exporte ensuite dans le monde entier. Ce commerce, dont l'Angleterre avait naguère encore le monopole, a pris, en France, une grande extension, depuis quelques années. Il importe au pays de développer ce mouvement de production nationale.

La figure 2 représente un four Rolland en tôle, petit modèle, portatif et d'un poids relativement peu considérable, que l'on peut monter dans un petit atelier de pâtisserie, soit au rez-de-chaussée, soit aux étages supérieurs, partout où il est impossible, par la disposition des locaux, ou trop coûteux de construire un four en maçonnerie. Ces fours en tôle sont enveloppés de deux cercles concentriques, également en tôle, entre lesquels on introduit du sable, pour former épaisseur et empêcher la déperdition de la chaleur.

Fig. 2.

Il existe encore des fours de même système, en tôle, de forme rectangulaire, suspendus sur essieux et formant voiture à quatre roues, qui servent aux pâtissiers forains. Ces véhicules ont pour première condition la légèreté, qu'on obtient au moyen de revêtements juxtaposés en tôle, à l'exclusion des enveloppes de sable dont l'emploi est surtout avantageux pour les fours fixes. Pour les transporter d'un endroit dans un autre, il suffit d'y atteler un cheval ou simplement un âne.

Quand on veut transporter les fours en tôle fixes, il est facile de les démonter et de les remonter en enlevant les boulons qui fixent les pièces les unes aux autres, en les assemblant de nouveau et en les assujettissant de la même manière. Ces fours sont d'un usage avantageux pour la petite industrie et le petit commerce ; ils peuvent également répondre aux besoins journaliers des grandes institutions, des communautés, des châteaux et même des familles nombreuses, leur usage ne se bornant pas seulement à la pâtisserie, mais à la cuisson du pain, à la dessiccation des légumes et des fruits, aux rôtis, ainsi qu'à diverses opérations culinaires.

Quand la construction d'un four Rolland est terminée, que tous les conduits ont été bien nettoyés et bouchés, avec leurs tampons, que les engrenages ont été également nettoyés et graissés, pour leur permettre de fonctionner régulièrement, on commence alors à chauffer le four doucement et graduellement, pendant quelques jours, jusqu'à ce qu'il soit entièrement sec et qu'il ne s'en dégage plus aucune buée.

Service du four Rolland.

Pour commencer, on chauffe très énergiquement, afin d'élever la température ; puis, quand le four est chaud, il n'y a plus qu'à entretenir le foyer, en y mettant peu de combustible à la fois. La porte du foyer doit être tenue bien close, afin que l'air soit forcé de traverser le foyer et de s'échauffer, en passant entre les barreaux. Cette porte ne doit pas être poussée trop fort, en la fermant, car le choc ferait rompre les attaches de la contre-porte, qui est presque toujours rougie par le feu.

Le cendrier doit être toujours parfaitement dégagé ; sans cela, il n'y aurait pas assez de tirage pour le foyer.

Le registre doit être ouvert au degré voulu, tant que la combustion produit de la fumée. Quand elle n'en produit plus, on ferme le registre et l'on conserve ainsi la chaleur.

Le registre doit être toujours fermé pendant la mise au four et la cuisson.

Si le registre est manœuvré avec intelligence, on obtiendra une économie de combustible de plus en plus grande.

Le combustible doit être écarté le plus possible de la porte, pour que celle-ci ne chauffe pas trop.

Le thermomètre indique la température du four. Le pain s'enfourne à 220° ou 230°. Pour la pâtisserie, la température doit être moins élevée ; c'est une affaire d'habitude, pour l'ouvrier qui dirige la cuisson.

L'enfournement est d'une facilité extrême ; il se fait avec une pelle très courte et en amenant successivement toutes les parties de la sole tournante sous les yeux et à la portée de la main de l'ouvrier.

Pendant la cuisson, il faut avoir soin de tenir le registre fermé, pour que la *buée* se conserve bien. Il faut aussi, de temps à autre, donner un tour de manivelle, afin de voir l'état des objets qui sont au four.

Le défournement s'opère, comme l'enfournement, en faisant mouvoir la sole et en amenant à portée l'objet cuit que l'on veut retirer.

Lorsque le four cesse de fonctionner, il faut bien fermer le registre et couvrir le feu d'escarbilles, pour que la chaleur se maintienne jusqu'au moment de la reprise du travail,

Entretien du four Rolland.

De temps en temps, pour le coup d'œil, on nettoiera la façade et l'on passera, à la mine de plomb, la bouche du four et les autres pièces en fer ou en fonte.

On nettoiera et l'on graissera aussi de temps en temps les engrenages.

A peu près tous les mois, on ramonera le dessus et les conduits du four et l'on aura soin d'en enlever toute la suie, pour ne pas les laisser s'obstruer et empêcher ainsi le tirage du foyer. Pour faire bien le ramonage, on introduira, dans les conduits, une petite lampe placée sur une pelle ; cette lampe permettra de voir parfaitement l'état de chaque partie à nettoyer, surtout si l'on se place à l'extrémité opposée.

Il ne faut pas négliger non plus de faire ramoner, aussi souvent qu'il le faudra, la cheminée qui conduit la fumée au-dessus du toit. C'est souvent de là que dépend un bon tirage.

Les soins et l'intelligence mis à la conduite du four et surtout à son chauffage sont une garantie certaine de sa conservation presque indéfinie.

Avantages du four Rolland.

En résumé, les avantages que présentent les fours Rolland sont les suivants :

Emploi de toutes sortes de combustible, bois, houille, coke, tourbe, etc.; suppression du nettoyage pénible de l'âtre, à chaque opération ; enfournement et défournement faciles ; produits complètement exempts de toute trace de malpropreté, de cendres et de charbons ; continuité de la cuisson et facilité de ne cuire qu'à mesure des besoins et non par fournées, ce qui permet d'avoir toujours des produits frais. Enfin, économie de plus de cinquante pour cent sur la main-d'œuvre et la dépense du chauffage.

———

CHAPITRE II

USTENSILES. — ETALAGE.

Nous n'avons certainement pas l'intention d'indiquer au pâtissier le nombre et la forme de casseroles, et autres ustensiles tout aussi connus, qui lui sont communs avec le cuisinier : nous ne voulons pas non plus lui donner la description de tous les moules, des coupe-pâtes, aussi variés que les innombrables productions de la pâtisserie moderne, ni de tous les objets de décoration, comme hâtelets, profils de socles, pâtes d'office, pièces montées, etc.; mais nous croyons devoir indiquer les ustensiles propres à tout bon établissement de pâtisserie, ainsi qu'un choix d'instruments de décoration, susceptibles d'être modifiés par diverses combinaisons, de manière à remplacer une collection trop coûteuse.

On trouvera à la page 24 (fig. 5) quelques types de ces instruments, au moyen desquels un ouvrier intelligent pourra produire sur les pièces montées des effets décoratifs d'un effet agréable à l'œil, en nombre indéterminé.

§ 1.   USTENSILES.

1º *Tour à pâte.* — Ce tour n'est autre chose qu'une forte table en bois ou en marbre, qui a des bords de trois côtés seulement, afin de retenir la farine et la pâte : il n'y a pas de bord du côté où se place le pâtissier, qu'on appelle le devant. Ordinairement, cette sorte de table est en hêtre et même en marbre, pour éviter qu'elle endommage la blancheur des préparations. Auprès d'elle, et généralement au pourtour de la cuisine, doivent se trouver des tablettes de bois, afin que l'ouvrier y pose les objets dont il a besoin, sans être obligé de les mettre sur le tour.

Dans certains établissements, on pose le tour sur une huche, susceptible de contenir 2 sacs de farine et divisée en, 2 compartiments. Dans l'un de ceux-ci, on dépose la farine de gruau, et dans l'autre la farine ordinaire. Dans ce cas, le tour roule sur des galets, tant à gauche qu'à droite, pour pouvoir démasquer l'un ou l'autre compartiment et y puiser la farine, qu'on va travailler sur le tour.

Le tour doit être constamment maintenu propre en le lavant à l'eau froide, pour le débarrasser jusqu'aux moindres parcelles de pâte qui, par leur séjour, pourraient s'y aigrir ou y moisir et altérer les produits.

Dans les maisons particulières où règne seulement l'aisance, il est fort rare de voir un tour à pâte : on y supplée par une large tablette de plus ou moins d'étendue, que l'on place sur la table de cuisine. On doit aussi avoir des *planches à pâté long*. On les suspend le long de la muraille, à l'aide d'une forte ficelle, quand on ne veut pas s'en servir.

2° *Rouleaux.* — Le pâtissier devra en avoir plusieurs, afin d'opérer rapidement. Cet instrument doit avoir 45 à 50 centimètres de longueur sur un diamètre de 4 à 6 centimètres. On le fait en poirier, en cerisier, en buis et en acacia. Il est bon d'avoir des rouleaux d'un diamètre un peu plus fort pour les grosses brioches, et moins fort pour les petits gâteaux, les gimblettes, etc. Il est préférable d'employer le rouleau que nous décrivons ci-après.

Rouleau à axe mobile. — Le rouleau ordinaire

Fig. 3.

oblige le pâtissier à appuyer dessus, la main presque tendue, de sorte que, lorsqu'il travaille un certain temps, il éprouve une espèce d'engourdissement dans les mains et n'agit plus qu'avec lenteur.

Le rouleau mobile à axe n'a pas cet inconvénient, et peut faire le double d'ouvrage en moins de temps sans fatiguer l'ouvrier ; il suffit de tenir dans chaque main la poignée qui est aux extrémités du rouleau, de presser dessus en tirant, en poussant et en retirant ; celui-ci, en tournant dans son axe, force la pâte à s'étendre.

La figure 3 représente le rouleau dans son étui.

La figure 4 représente le rouleau sans son axe ni les deux poignées, muni aux deux extrémités AA et à l'embouchure du trou qui le traverse d'une virole en fer qui est fixée à demeure parce qu'elle a été chassée dedans. L'intérieur de la virole doit être d'un diamètre moins grand que le trou du rouleau. Il convient de n'employer que des viroles en fer, plutôt qu'une en cuivre, quoique le frottement soit plus doux avec cette dernière, parce qu'il y a à craindre la formation du vert-de-gris.

Nous avons représenté séparément l'axe en bois, ayant à chaque extrémité un pas de vis B destiné à recevoir les poignées ; à l'extrémité du pas de vis intérieur, doit se trouver un écrou en fer CC, et il faut que ces écrous puissent entrer dans la virole fixée au rouleau et pouvoir tourner l'une dans l'autre. Les viroles ou les écrous sont uniquement destinés à appuyer légèrement et en frottant sur les deux extrémités du rouleau ; le diamètre de l'axe doit par conséquent être plus petit que l'intérieur de la virole qui est fixée sur lui. Les poignées doivent être fixées sur l'axe lorsque celui-ci a été passé à travers le rouleau.

On peut faire cet instrument d'une manière beaucoup plus simple, moins dispendieuse et d'un diamètre plus petit, en supprimant les viroles ; seulement, lorsque l'on tourne l'axe, on a soin de laisser une saillie du bois à la place de la virole, pour que le frottement n'ait lieu

qu'aux extrémités ; et, au lieu de visser les deux
poignées, on fait un tourillon à l'une des extrémités de l'axe, afin que ce tourillon puisse entrer
dans un trou pratiqué dans la poignée, sur le
côté de laquelle on le fixe par une cheville.

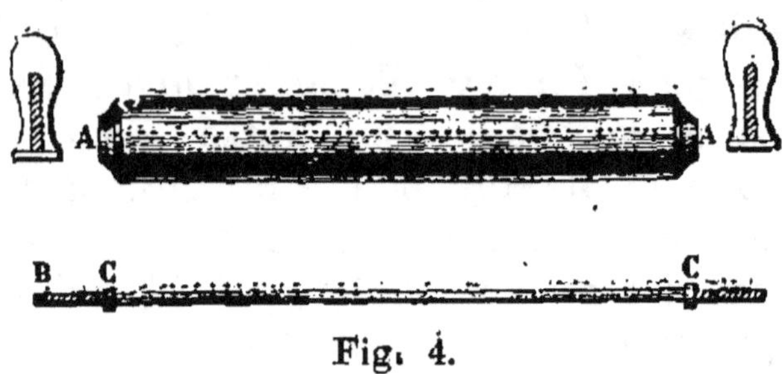

Fig. 4.

On peut, avec un rouleau ordinaire, faire un
rouleau à axe, en coupant les deux extrémités ;
on le perce de part en part au centre, dans
lequel on place une broche en fer, sur laquelle
on monte deux manches rivés.

3° *Coupe-pâte.* — La pâte étant préparée à
l'aide du rouleau, on la divise avec un coupe-
pâte. C'est une sorte d'emporte-pièce en cuivre
ou en fer-blanc, porté par une poignée ordinairement en bois, et représentant un dessin quelconque. Le plus commun est la *roulette.* Ce n'est
autre chose qu'une très petite roue dentée en
cuivre, qui, en roulant sur son axe, imprime ses
dentelures sur la pâte en la divisant.

Le coupe-pâte pour feuillantines est cannelé,
et à 65 millimètres de diamètre. Pour les gimblettes, il est rond, et présente 55 millimètres
de l'argeur. Il est également arrondi pour les
génoises. Pour faire les petites abaisses ou
lames de pâte plus ou moins épaisses des *petits*

puits d'amour, on se sert d'un coupe-pâte rond, uni, et large de 4 centimètres.

Parmi les coupe-pâte, représentant des feuilles isolées, on distingue celui avec lequel Carême formait l'entre-mets de *feuilles de chêne perlées*. Cet instrument, dont les nervures et les contours représentent le feuillage du chêne, a 80 centimètres le long sur 48 centimètres de large. Il va sans dire que l'on peut figurer ainsi des feuilles de vigne, de marronnier, etc.

L'illustre cuisinier formait ainsi de petits paniers de feuilletage, qu'il remplissait de confitures, à l'aide d'un coupe-pâte cannelé long de 67 millimètres, large de 40 millimètres. Il se servait encore d'un coupe-pâte rond, uni, de 67 millimètres de diamètre, pour obtenir des *croissants panachés en diadème*. Gross formait beaucoup d'objets de petit-four, tel que les *soufflés*, les *panachés*, les *croquignoles friandes*, etc., avec un emporte-pièce du diamètre d'une pièce de 2 francs. A la quatrième partie de ce volume, qui traite de la pâtisserie de petit-four, nous indiquerons un assez grand nombre de coupe-pâte représentant différents objets.

La décoration des socles et des pâtés froids, qui se forme avec des morceaux de pâte découpée, exige une collection de coupe-pâte en forme de feuilles, de fruits, de guirlande, de rosaces, etc., dont nous donnons quelques types groupés dans la fig. 5.

Maintenant nous devons expliquer ce que nous entendons par les dispositions susceptibles de remplacer des coupe-pâte onéreux. Supposons que le pâtissier ait des emporte-pièces représentant isolément des marguerites, des lyres, des

têtes d'animaux, des croissants, des rosaces, de
courtes branches de feuilles de lilas, etc, il peut,
en rapprochant ces objets avec grâce et régularité,

Fig. 5.

dessiner une multitude de vignettes et de guirlandes, ou les grouper en bouquets, les réunir en
grande rosace, les disposer en festons, etc. En
un mot, il peut, comme le décorateur et le modeleur en pâte, former avec certains motifs une

foule de dessins élégants et gracieux. Nous renvoyons le lecteur désireux de connaître et de se procurer ces ornements, ces emporte-pièces ou ces moules, au *Manuel du Ferblantier*, de l'*Encyclopédie-Roret*, dans lequel il trouvera leur description.

4° *Moules.* — Ils sont extrêmement nombreux et leurs formes et leurs dimensions varient tellement, qu'il faut les diviser en plusieurs séries : 1° *moules de forte pâtisserie* ; 2° *moules d'entremets* ; 3° *moules de petite pâtisserie* ou de *petit-four*.

Moules à timbales. — Dans la première série, viennent d'abord les *moules de pâtés froids* ou *chauds* dits *à timbale*. Il en existe de deux sortes : tantôt ils sont en couronne, c'est-à-dire destinés à mouler seulement la *bande* du tour, ou la paroi du pâté ; tantôt ils ont un couvercle plus ou moins élevé, destiné à mouler la partie supérieure. Ces moules sont en cuivre rouge ou bien en fer-blanc ; ce dernier métal convient surtout aux moules en couronne cannelés. On en fait de ronds, d'ovales, à cône tronqué, en dôme plus ou moins élevé, et de toute autre forme suivant le besoin. Ces moules ne conviennent guère que pour les pâtés usuels de moyenne grandeur, ou bien pour ceux que l'on prépare dans les maisons bourgeoises. Pour les pâtés soignés de grande dimension, et pour ceux que l'on sert sur les tables des hôtels, il faut dresser et décorer comme nous le dirons plus bas.

Les moules à gâteaux de Savoie, à gros biscuit de fécule pour fortes pièces se terminent ordinairement en cône tronqué, et offrent beaucoup d'élévation. Cette forme est gracieuse ; mais de très habiles pâtissiers la condamnent, parce qu'ils prétendent avec raison qu'elle nuit à la cuisson du biscuit. Effectivement, par cette disposition, une très petite surface de la pâte se trouve en contact avec la chaleur de l'âtre du four, et la masse, que cette chaleur ne peut pénétrer assez vite, se dissout, et tombe en sirop au fond du moule ; de cette manière, le biscuit, au sortir du moule, s'abaisse et forme des plissements désagréables. Pour prévenir cet inconvénient, on prend des moules cylindriques, dont la partie supérieure soit, à 55 ou 80 millimètres près, de largeur égale à la base. Si l'on veut absolument que le biscuit soit de très grande hauteur et présente un cône parfait, on fait dans de petits moules graduellement plus resserrés, d'autres biscuits que l'on superpose sur le grand. Par ce moyen, on peut même rendre peu élevé le biscuit qui sert de base, et l'on obtient la même hauteur en ajoutant encore un deuxième biscuit presque aussi fort, quoique plus étroit que le premier. La réussite est certaine alors ; mais cette méthode paraîtrait quelque peu bourgeoise dans les grands hôtels.

Moules à pâte d'office. — Ces moules ne sont autre chose qu'une feuille de fer-blanc découpée, représentant en relief un dessin quelconque. Les moules à pâte d'amandes sont à peu près pareils.

Moules ou caisses à brioche. — Ceux-ci sont plus simples encore, puisqu'ils se composent d'une rondelle de carton, collée solidement autour d'un cylindre de la même matière, au moyen de bandes de papier fort, enduites de colle de farine et d'une légère dissolution de pâte forte. Pour une brioche de 6 kilog., la rondelle doit avoir 27 centimètres de diamètre, et la bande de carton destinée à faire le cylindre, 80 centimètres de longueur et 33 centimètres de hauteur. Il est bon de donner jusqu'à 38 centimètres vers le rejoint, afin de saisir plus aisément la caisse, qui, du reste, doit être revêtue, au dedans comme au dehors, de papier blanc bien collé.

Moules à nougats. — Ces moules sont creux, en fer blanc, les formes en sont très nombreuses. Tout en conservant autant que possible l'élégance de la forme, on ne doit pas perdre de vue la facilité du démoulage, car la nécessité de mouler le nougat en plaçant les amandes à l'intérieur, donne beaucoup de peine à l'enlever, quand le moule a des parties trop resserrées dans ses contours. Les moules à nougats peuvent aussi servir pour les gâteaux de mille feuilles, les croque-en-bouche, les poupelins et les sultanes ; mais, pour ces derniers gâteaux, ils doivent généralement être unis.

Les moules propres à obtenir des objets sphériques ou en boule sont toujours en dôme, c'est-à-dire qu'ils représentent seulement la moitié de la sphère. On commence par mouler une partie, en étendant à l'intérieur la pâte choisie, puis on recommence après avoir démoulé. On réunit ensuite ces deux moitiés parfaitement semblables. Cette sorte de moule est très favorable : l'exécution est facile, l'aspect riche et élégant. D'ailleurs, les objets ainsi moulés sont susceptibles de recevoir les ornements les plus gracieux, tels qu'aigrettes de sucre filé, bouquets de fleurs en sucre ou de fleurs artificielles, feuillages en pâte d'office ou d'amande colorée pour imiter la touffe de feuilles de l'ananas, etc. On peut aussi, par ce moyen, représenter des globes célestes ou terrestres.

La base est pour l'ordinaire encore plus heureuse. Ces globes portés sur le dos d'une figurine bronzée représentant le géant Atlas, sur des socles élevés, en forme de cône tronqué, sur une colonne cylindrique, sur un vase élégant, au milieu d'une gerbe, ou même simplement d'une large coupe, ont une grâce toute particulière. Ils réussissent parfaitement pour les nougats, les sultanes, les croque-en-bouche de génoises ou autres pâtes d'amandes, les meringues montées, etc.

Les sphères ou boules de moyenne ou de petite dimension, couronnent fort agréablement le sommet des grosses pièces.

Moules de chartreuses, de flans, etc. — Ces préparations exigent quelquefois des moules d'une disposition spéciale. Ainsi, pour confectionner le flan de poires à l'*allemande*, Carême se servait d'un moule en fer-blanc dont le fond était mobile c'est-à-dire qu'il se détachait des parois de forme cylindrique ; ces parois étaient formées de deux parties égales, et se réunissaient par deux charnières fixées par de petites goupilles en gros fil de fer. A la base des parois, se trouvait une rainure circulaire dans laquelle s'emboîtait le fond.

Quant à la seconde série de moules, ils diffèrent seulement de dimension, puisqu'ils doivent servir à mouler les mêmes préparations de pâtisserie que reçoivent les grands moules. Ainsi, la pâte à biscuit se met à la fois dans le moule des gâteaux de Savoie et dans les petits moules de biscuits ordinaires.

Petits moules divers. — Outre cela, le pâtissier a besoin d'un grand nombre de petits moules particuliers pour les *madeleines,* les *fanchonnettes,* les *tartelettes,* les *mirlitons ;* de moules plats à *darioles* (qui servent pour les petites croustades), de moules variés pour petits nougats. Nous nous abstenons de donner ici quelques détails sur ces instruments, parce qu'ils sont tous en fer-blanc, que chaque espèce a diverses variétés, et qu'enfin nous y reviendrons plus loin en traitant de ces diverses préparations et de la pâtisserie pittoresque.

Les moules à poudings se font en forme de dôme ou demi-sphériques, en fer-blanc, profonds de 12 centimètres, et larges de 19 centimètres. Un couvercle doit les fermer exactement : ce couvercle consiste en une rondelle repliée tout autour et percée de trous comme une écumoire. Le dôme est également percé.

Les moules à charlottes sont unis, tantôt cylindriques, tantôt octogones.

Les moules à gelée sont ordinairement munis de profondes cannelures afin de représenter une rangée de colonnes circulaires. Au milieu, se trouve une sorte de cornet servant à la fois pour manier le moule et pour former le vide au centre. Ces moules, plus ou moins modifiés, selon le genre particulier que l'on veut donner aux mets délicats qu'ils renferment, conviennent aussi pour les blancs-mangers et pour les fromages bavarois.

Les moules en cuivre doivent toujours être maintenus dans un état parfait de propreté et d'étamage, si l'on veut travailler proprement et éviter les accidents. Si, par accident, on les a bossués, ils peuvent être réparés au marteau.

Les moules en fer-blanc ont besoin aussi d'être entretenus et nettoyés avec soin. Une fois bossués, ils ne sont guère réparables. Quels qu'ils soient, les moules doivent, après avoir servi, être lavés, essuyés, bien séchés et conservés dans un lieu sec à l'abri de la poussière.

Instruments divers. — Il nous reste à parler de divers petits instruments bien simples :

1° La *pince à pâte*, petite pince en fer-blanc, avec laquelle on forme d'agréables dentelures autour des pâtés froids, des croustades, et d'une multitude d'autres préparations !

2° La *seringue à dresser*, avec laquelle on couche les petits soufflés, les petites couronnes, les imitations de légumes, les fruits et les fleurs en pâte de sucre et de blancs d'œufs ;

3° Le *cornet à perler*, qui n'est autre chose qu'une demi-feuille de papier d'office dont la pointe se fixe avec une épingle, et présente à volonté une ouverture plus ou moins large, suivant l'objet à perler.

Pour perler des génoises, des fanchonnettes ou des madeleines, on donne 4 millimètres à cette ouverture ; pour décorer de plus petits gâteaux, 2 millimètres ; enfin, pour semer des points rouges, blancs, bruns, sur les fruits de pâte sucrée, les couronnes de pâte d'amandes et autres productions de petit-four, l'ouverture n'a que 1 millimètre. L'ouverture est beaucoup plus grande, le papier et le cornet plus forts, lorsqu'on s'en sert pour coucher les biscuits à la cuillère, les croquettes royales et les biscottes à la parisienne. On plie le haut du cornet, après l'avoir rempli de l'appareil convenable, et on le presse ainsi pour l'empêcher à la fois de s'échapper par le haut et le faire sortir par le bas. Un carton léger est utile en certains cas.

Enfin, au nombre des ustensiles du pâtissier, on peut encore compter les objets suivants :

1° Des *balances* en fer-blanc ou en cuivre étamé, avec une série de poids ;

2° Des *clayons*, sur lesquels la pâtisserie chaude se ressuie et refroidit, des *cloches* en fer-blanc pour transports en ville, des *cornes à relever les pâtés*, des *couteaux d'office*, des *tranche-lard* et des *couteaux droits* ;

3° Des *douilles*, petits outils en fer-blanc s'adaptant sur toutes les poches, des *doroirs* en plume ou pinceaux doux ;

4° *Des étamines* de flanelle à passer les sauces, des *étuves* fixes et mobiles ;

5° Des *feuilles* ou couteaux très larges pour hacher, des *fossets* en brins de buis ou en fil de laiton pour battre les blancs d'œufs ;

6° Une *glacière* ou boîte en fer-blanc percée de trous servant à glacer les pièces avec le sucre, des *grattoirs* à ramasser la farine ;

7° Un *hachoir* ou table de bois pour faire les farces et les godiveaux ;

8° Un *mortier* en marbre, en granit, en fer ou en bois, avec son pilon de buis ou de gaïac, un *mouilloir* à contenir l'eau de travail ;

9° *Des poches* ou sacs en coutil pour coucher les pâtes liquides et les appareils, des *poêlons* de diverses grandeurs, des *plaques* ou *plafonds* en fer étamé pour le transport des objets en ville ;

10° Des *spatules*, *cuillères* et *mouvettes* en bois ;

11° Des *tamis* en crin, en fil de laiton, en peau et en soie ; des *terrines* en terre, des *tourtières* en fer battu ou en tôle étamée, des menus objets de cuisine, etc.

Tous ces instruments doivent être tenus dans un état parfait de propreté, écurés, lavés à l'eau chaude ou froide, aiguisée d'un peu de potasse ou de soude pour en détacher les beurres et les graisses qui pourraient rancir, ou les débris de pâtes qui pourraient fermenter, chancir, et qui, dans tous les cas, souilleraient les nouveaux produits qu'on fabriquerait. Règle générale, tous ces objets qu'on conserve sur des râteliers, des tablettes, ou même dans des armoires, doivent toujours être prêts à servir, si l'on veut ménager le temps et ne pas s'exposer à des pertes ou à des chances fâcheuses.

§ 2. ÉTALAGE ET PERSONNEL.

Tout l'étalage du pâtissier doit être de la plus exquise propreté et de la plus gracieuse élégance. Les glacés, les vitraux seront nettoyés fréquemment : les premières au léger l.it de blanc d'Espagne passé à travers un linge et acidulé avec du vin.igre ; les seconds au blanc comme à l'ordinaire. Le bois, le marbre des comptoirs seront souvent frottés à l'encaustique, qui se prépare par égales parties de cire fondue et d'essence de terébenthine.

Dans les montres garnies de papier de couleur tendre agréablement découpé, les pâtisseries d'espèces variées doivent se faire mutuellement valoir ; la matière, les formes pures des vases contribueront à cet effet, soit qu'ils supportent les gâteaux aux mille couleurs, soit qu'ils rassemblent les fleurs naturelles et les plantes à feuillage ornemental, qui peuvent presque en toute saison, embellir ce bel étalage.

Les vases, les tablettes, les objets d'éclairage, tout doit offrir ce caractère de propreté recherchée, élégante, qui attire, captive le public, fait acheter avec plaisir et commander avec confiance. Aucun ustensile, aucun linge de cuisine ne doit se trouver dans cette boutique ; les aides mêmes ne doivent qu'y passer à la hâte, s'il n'existe pas de dégagements pour le service. Elle sera exclusivement le séjour de la maîtresse de la maison, de la demoiselle de comptoir, vêtues avec une élégante simplicité, toujours polies, gracieuses, empressées sans servilité, sans précipitation, sans impatience.

Les patrons qui connaissent les obligations de la probité, qui d'ailleurs sont jaloux de la prospérité de leur art, habituent le plus tôt possible leurs apprentis à manier la pâte, à faire le feuilletage, à dresser un pâté. Nous ne pouvons mieux terminer cette importante recommandation qu'en reproduisant ici les paroles de Carême : « J'avais l'habitude, dit-il, « de faire dresser de petits « pâtés froids à mes apprentis dès les premiers « temps qu'ils étaient chez moi. Dès qu'ils « avaient un moment à eux, ils dressaient un « petit pâté, le garnissaient de farine, le pin- « çaient et le décoraient comme s'il eût dû « servir. Ils le vidaient ensuite, mouillaient « légèrement la surface, le déformaient et rou- « laient la pâte en boule pour la dresser de nou- « veau le lendemain. Cette habitude devrait « être prise par nos confrères, car j'ai eu plu- « sieurs apprentis du dehors qui, après trois ans « d'apprentissage et une dépense de trois cents

« francs, ne savaient pas faire une seule détrempe
« et n'avaient jamais mis la main à la pâte ! »

CHAPITRE III

PROVISIONS. — PRÉPARATIONS DES COULEURS. —
AMANDES, SUCRES ET PISTACHES COLORÉS. —
SUCRES PARFUMÉS. — DORURES.

§ 1. PROVISIONS.

Les règles établies dans les ménages bien
ordonnés pour acheter les substances alimentaires en certaine quantité et dans la saison
favorable, afin de les conserver et pour en faire
diverses préparations économiques, ne peuvent
assurément point être étrangères au pâtissier,
puisqu'elles sont pour lui une cause première de
bénéfices. Il peut d'autant mieux mettre en
œuvre les procédés de conservation, que l'époque
où l'on s'en occupe ordinairement n'est point
celle des grands travaux de pâtisserie. A l'exception de quelques parties de campagne, dans
lesquelles il se fait une certaine consommation
de pâtés de viande, le printemps et l'été sont
pour lui assez inféconds. Chacun sait que les
réunions, les grands repas, les bals, ont lieu
pendant l'automne et l'hiver, et que, par conséquent, la belle saison est en quelque sorte le
temps des vacances pour les pâtissiers.

Nous n'avons pourtant pas l'intention de
transformer ce traité en manuel d'économie

domestique ; des instructions plus spéciales, plus utiles encore au pâtissier, réclament nos soins. Nous nous bornerons donc à lui recommander vivement de placer sur une de ses tablettes le *Manuel de la Maîtresse de maison* et le *Manuel des Conserves alimentaires*, de l'*Encyclopédie-Roret*, et d'y étudier avec soin les chapitres importants qui traitent de la conservation d.s viandes, des poissons, des légumes, des herbes, des racines, des œufs, du laitage et des fruits, de la confection des fruits confits au vinaigre, à l'eau-de-vie, au sucre, et généralement des confitures, des ratafias et des liqueurs. Toutefois, nous lui indiquerons de temps en temps un petit nombre de procédés vraiment avantageux qui ne se trouvent point dans cet ouvrage.

Mais il est tout à fait de notre domaine de nous occuper attentivement du choix, des soins que réclament les matières premières employées en pâtisserie, savoir : la farine, le beurre et autres substances graisseuses, ainsi que les œufs. Il nous appartient tout à fait d'indiquer au pâtissier les moyens de s'approvisionner des autres matériaux nécessaires (principalement pour la partie des entremets), en évitant à la fois l'embarras des préparations personnelles, ainsi que la dépense, l'ennui, la perte de temps qu'entraîne la mauvaise habitude d'acheter ces diverses substances à mesure qu'on en éprouve le besoin.

Choix et soins des farines.

Les pâtissières de ménage ont l'habitude de prendre de la farine de boulanger. Cette pratique contribue plus qu'elles ne pensent au mauvais aspect qu'ont ordinairement leurs produits, et le pâtissier ne commettra point cette faute. Il choisira la plus fine farine possible, la fera tamiser de nouveau, afin d'en obtenir une presque aussi légère que la *farine folle*. Cette farine que recherchent toutes nos grandes maisons de pâtisserie, est tellement supérieure à la farine de boulanger, qu'elle se vend quelquefois plus du double de la première qualité de la farine boulangère.

Mais cette recommandation est encore insuffisante à l'égard d'un sujet si important, et nous devons mettre le lecteur à même d'apprécier la qualité de la farine. Comme le blé, elle a des caractères de bonté ou de médiocrité. La meilleure farine est d'un jaune clair, sèche et pesante ; elle s'attache aux doigts, et, pressée dans la main, elle reste en une espèce de pelotte. Celle de seconde qualité a un œil moins vif et est d'un blanc plus mat ; enfin, celle de troisième qualité est d'un jaune plus ou moins obscur ; on la connaît sous le nom de farine *bise*.

Lorsqu'on a bien observé ces farines, il faut les éprouver. Pour cela, on en prend une bonne pincée qu'on met dans le creux de la main ; et, après l'avoir comprimée fortement, on traîne le pouce sur la masse pour juger de son corps ou de son moelleux, ou bien on en rend la surface extrêmement unie avec la lame d'un couteau, et, en se tournant vers le jour le plus clair, on juge de sa blancheur, de sa finesse, si elle est piquée ou si elle contient du son. Plus elle est douce au tact, plus elle s'allonge, plus on a lieu d'espérer qu'on obtiendra de la pâte de bonne qualité.

Il est encore un autre moyen plus prompt, et le voici : on prend la quantité de farine que le creux de la main peut contenir, et avec de l'eau fraîche on en fait une boulette de consistance qui ne soit pas trop ferme. Si la farine a absorbé le tiers de son poids d'eau, si la pâte qui en résulte s'allonge bien sans se rompre en la tirant dans tous les sens, et elle s'affermit promptement à l'air et si elle prend du corps, c'est un signe certain que la farine est bonne et bien faite; qu'elle n'a pas souffert, et que le blé dont elle provient était de première qualité.

Si, au contraire, la pâte mollit, s'attache aux doigts en la maniant, qu'elle soit courte et se rompe facilement, c'est une preuve que la farine est de basse qualité; et, si à cette circonstance il se joint une odeur forte, désagréable, c'est un signe d'altération.

Si, par l'imprévoyance ou par défaut du temps pour faire ces épreuves, on avait le malheur d'avoir fait l'acquisition des farines de mauvaise qualité, il n'y a pas de procédé qui puisse les rétablir et leur donner des qualités qu'elles ne possèderont jamais. Une mauvaise farine ne peut plus servir qu'à fabriquer des produits communs ; mieux vaut s'en défaire quand on veut conserver la réputation de son établissement.

Il est inutile d'avoir une très grande provision de farine, mais il ne faut jamais s'exposer à en manquer. Elle doit être conservée dans un endroit parfaitement sec, ainsi que la farine de riz et la fécule de pommes de terre, dont il est nécessaire de s'approvisionner.

Choix et conservation du beurre.

La bonne qualité du beurre est chose aussi

importante pour le pâtissier que celle des fermes.
La réputation des bons beurres est faite partout.
Ainsi, les beurres d'Isigny, de Gournay, de la
Prévalaye, sont renommés à Paris et dans tout
e nord de la France. Chaque province a d'ailleurs
des localités où le beurre est plus estimé en raison
de la qualité des herbages et des soins de fabrication. C'est celui qu'il faut choisir ; mais du
reste, quand du beurre est frais, onctueux, d'une
belle teinte jaunâtre et d'une saveur de noisette,
il importe très peu de payer la dénomination.

Bien que les pâtissiers qui fabriquent des
produits de seconde qualité emploient journellement des beurres à bon marché, additionnés de
margarine ou simplement composés de cette
matière alimentaire, nous rejetons de toutes nos
forces son emploi dans la bonne pâtisserie, surtout
pour les produits soignés ; nous conseillons donc
à nos lecteurs de s'approvisionner de beurre fin,
provenant de lait de vache, malgré son prix
élevé et la difficulté qu'il y a aujourd'hui à s'en
procurer dans le commerce.

Pendant les grandes chaleurs, il est essentiel
de n'acheter à la fois que la quantité de beurre
strictement nécessaire ; il faut d'ailleurs le conserver au frais, et même à la glace, du jour au
lendemain. A cette époque, lorsqu'on veut faire
du feuilletage on doit, une demi-heure ou vingt
minutes avant de faire la détrempe, en couper
un demi-kilogramme par morceaux et les mettre
dans un seau d'eau de puits avec quelques
kilogrammes de glace concassée et bien lavée.
On étend ce beurre dans une assiette, et l'on
éponge ensuite, en le réunissant, afin d'en ôter
entièrement l'eau.

Durant l'hiver, le beurre exige moins de soins ; mais il est d'un prix fort élevé et augmente par conséquent celui de la pâtisserie. Il serait fort à désirer que le pâtissier pût trouver le moyen d'employer dans cette saison, à l'état de fraîcheur, le beurre acheté au commencement de l'automne. Quelques détails sur cette matière ne paraîtront pas superflus.

Manière de conserver le beurre. — On prend, suivant Appert, 3 kilogrammes de beurre frais battu, on le lave et on l'essuie sur un linge blanc ; on le met en bouteilles par petits morceaux, et on le tasse pour remplir les vides, de manière que la bouteille soit pleine à 10 centimètres de la cordeline ; on bouche bien les bouteilles et on les soumet au bain-marie jusqu'à l'ébullition seulement ; on les retire dès qu'il est assez refroidi pour y tenir la main. Après six mois, ce beurre est frais comme au jour de sa préparation.

On retire le beurre des bouteilles au moyen d'une petite spatule de bois un peu plate et crochue par le bout, qui, du reste, sert pour extraire toutes les autres substances des bouteilles. Le beurre est mis ensuite dans l'eau fraîche, puis en motte, après l'avoir bien lavé et pelotté dans plusieurs eaux, jusqu'à ce que la dernière soit restée bien claire.

Les huiles, le saindoux, les graisses de volaille, ainsi que toutes les graisses de cuisine, se préparent de la même façon.

Voici encore un autre moyen indiqué par un savant anglais pour conserver le beurre. On mêle et l'on réduit en poudre très fine une partie de sucre, une de nitre purifié et deux de sel marin très pur. Aussitôt que le beurre est parfaitement ressuyé, on le pétrit avec cette composition à la dose de 30 grammes par demi-kilogramme, et on le met à l'instant dans des pots, où on le presse de manière à ne laisser aucun vide ; on en égalise bien la surface, et, quand on est assuré qu'il ne pourra plus rien entrer dans les pots, du moins avant quelques jours, on les couvre avec un linge blanc et un parchemin mouillé par-dessus. A défaut de parchemin, une seconde toile graissée avec le beurre frais, servirait de même pour empêcher l'introduction de l'air. On remplit ensuite les pots avec la même attention, à mesure que le beurre s'affaisse ; après quoi, on fait fondre à petit feu un peu de beurre qu'on verse dessus pour combler tous les vides qui peuvent rester, on y répand une petite quantité de la mixtion qui a servi à saler, et l'on bouche les pots le mieux qu'il est possible, pour ne les ouvrir qu'au moment de faire usage de ce qu'ils contiennent. De cette manière, le beurre peut se conserver pendant plusieurs années. L'auteur anglais, à qui nous empruntons cette recette, dit en avoir préparé qui, au bout de deux ans, était aussi bon que dans le premier mois.

Il faut observer que le beurre ainsi préparé n'est bon qu'environ quinze jours après l'opération. Alors, il a acquis une saveur très agréable, et tellement peu salée, que les personnes qui font usage du beurre salé ne peuvent croire que celui-ci ne soit absolument frais, ou du moins conservé sans le secours du sel.

On doit prendre certaines précautions lorsqu'on débouche les pots, afin que le beurre ne perde rien de sa qualité. Elles consistent principalement à enlever toujours le dessus et tout ce qui touche aux parois du vase, comme étant la partie la plus prompte à se rancir ; ensuite, si l'on ne doit pas employer en peu de temps tout le beurre d'un même pot, il est indispensable de le recouvrir toujours avec le même soin, sans quoi la partie supérieure se gâterait. On prévient aussi cet accident en couvrant toute la surface du beurre d'une couche d'eau salée, qui le garantit du contact de l'air.

Conservation du beurre miellé. — On pétrit avec du miel parfaitement clarifié, du beurre frais délaité exactement. Il faut 30 grammes de miel par demi-kilogramme de beurre. Cette préparation, qui est d'une agréable saveur, convient on ne peut mieux pour toutes les pâtisseries d'entremets et de desserts dans lesquels il entre plus ou moins de sucre.

Choix et conservation des œufs.

Le pâtissier ne devant employer que de œufs très frais, il aura soin de les tenir dans l'eau froide ou glacée, suivant la saison, jusqu'au moment de les employer. Comme il ne faut qu'un œuf à goût de paille sur cinquante pour gâter toute une brioche, un biscuit, un baba, il les mirera tous à contre-jour avant de les casser. Il peut arriver toutefois qu'il y ait dans la masse qu'on emploie des œufs qui ne soient pas frais, il faut casser un à un les œufs dans un vase séparé les uns après les autres, les flairer et ne réunir que ceux de bonne qualité.

On a proposé bien des méthodes de conservation des œufs, toutes basées sur la manière de les protéger contre l'air qui détermine leur décomposition. Une des plus effectives paraît être de les déposer au fond de cuves en ciment remplies d'eau dans laquelle on a fait dissoudre de la chaux. Cette matière se dépose sur la coquille, dont elle remplit les pores et l'œuf se trouve ainsi soustrait au contact de l'air.

Désinfection des viandes et du poisson altérés.

Les provisions du pâtissier en viande et en poisson sont généralement faites au moment de les employer ; cependant, un orage ou toute autre cause peut donner au gibier ou à la volaille achetés pour le lendemain, un goût et une odeur désagréables. Pour les leur enlever, on les fait bouillir dans une assez grande quantité d'eau, dans laquelle on met un quart de vinaigre, du sel, du thym et un fort *nouet* de linge contenant du poussier de charbon de bois ; on fait ce nouet plus ou moins gros selon la quantité de gibier, de poisson ou de toute autre viande qui aurait été atteinte.

Ce procédé réussit parfaitement ; seulement, il faut employer les viandes et le poisson, dès le même jour, car s'il survenait un nouvel orage, il n'aurait plus autant d'efficacité.

S'il s'agit de poisson gelé, on doit faire repasser peu à peu l'animal à la température ordinaire. Pour y parvenir, on le plonge dans un vase d'eau froide, qui fera dégeler peu à peu le poisson ; mais elle perdra en six minutes sa fluidité et formera autour du poisson une couche de glace légère. Il faut alors ôter le poisson, le dépouiller de cette couche et le replonger dans de nouvelle eau jusqu'à ce qu'il ne se forme plus de glace.

Lait.

Le lait entre dans plusieurs préparations de la pâtisserie. On doit toujours chercher à l'obtenir à l'état de pureté et le plus frais qu'on peut. Il faut aussi faire bien attention qu'il ne tourne pas quand on le mélange aux pâtes ou à la cuisson, et n'en mettre exactement que la quantité nécessaire pour adoucir et lier ces pâtes, sinon il devient nuisible au travail.

Sel.

Le pâtissier ne fait guère usage dans ses travaux que de sel gris qu'il sèche, pile et passe au tamis. Il peut, néanmoins, se servir de sel raffiné pour les produits les plus délicats.

Eau.

Il faut autant que possible ne se servir que d'eau de rivière bien pure et filtrée, rafraîchie en été et un peu réchauffée en hiver. Si l'on ne peut disposer que d'eaux dures et séléniteuses, on doit, avant de s'en servir, les faire bouillir, puis les laisser reposer et les tirer au clair.

§ 2. COULEURS.

Le pâtissier emploie diverses couleurs pour colorer : 1º le saindoux, le beurre à faire des socles ; 2º les pistaches, les amandes, et les avelines ; 3º certaines pâtes délicates, les pastillages, la glace royale ; 4º le sucre en poudre et en grains ; 5° les crèmes, les gelées de fruits, les meringues, les sultanes, etc.

Il n'est pas indifférent d'employer telle ou telle couleur pour enjoliver des produits qui servent à l'alimentation, , à cause du degré de nocuité de certaines d'entre elles, qui sont de véritables poisons. Les couleurs dont il est question ci-après n'offrent pas ce danger ; elles peuvent être employées impunément dans les préparations de la pâtisserie.

COULEURS ROUGES. — *Cochenille liquide.* — Pour un demi-litre d'eau, il faut prendre 60 grammes de cochenille bien pulvérisée qu'on met dans l'eau bouillante ; on lui fait faire une douzaine de bouillons ; ensuite on y met, pour l'éclaircir, 30 grammes d'alun et 30 grammes de crème de tartre bien pilés tous les deux en même temps, puis on fait ensuite bouillir une douzaine de bouillons ; on prend ensuite une petite baguette en bois et un morceau de papier blanc ; on trempe la baguette dans la cochenille et on laisse tomber quelques gouttes de couleur sur le papier blanc ; la couleur doit se soutenir comme de l'encre et même permettre d'écrire si l'on veut : c'est à quoi l'on reconnaît qu'elle est faite. Pour la conserver longtemps, il faut y ajouter 125 grammes de sucre ; on lui laisse bien faire le dépôt dans la poêle, et la met dans une bouteille bien bouchée.

Carmin minéral liquide.

Bois de Brésil ou de Fernambouc.	1	kilog.
Alun de Rome	30	gram.
Cochenille pulvérisée	30	—
Sel ammoniac...................	20	—

Etain de glace en ruban............ 150 —
Sel de cuisine.................... 150 —
Acide nitrique concentré.......... 500 —

On fait subir quatre ébullitions différentes au bois de Brésil, auquel on joint la cochenille dans un nouet de linge. Chaque ébullition de cinq litres d'eau doit être réduite à deux et demi. On passe au fur et à mesure à travers un linge, et l'on y jette le tiers de l'alun, qui a été partagé en trois portions. On réunit ensuite les décoctions on les entretient presque bouillantes, et, à la dernière, on ajoute 15 grammes de sel ammoniac. Pendant cette opération, on fait dissoudre dans l'acide nitrique le sel de cuisine et les deux autres tiers de sel ammoniac qui restent. On dissout ensuite l'étain par petites portions au bain-marie, ce qui se fait dans un bocal un peu haut, à cause de l'effervescence qui se produit. Quand l'étain est dissous, on le mêle avec la décoction de Brésil, on agite fortement le mélange et on le passe à travers un linge ; on l'abandonne ensuite dans une grande terrine jusqu'au lendemain matin. Il se forme au fond du vase un précipité qui est le carmin. On décante doucement, et l'on remplace par de nouvelle eau celle qui a été versée ; on continue ainsi de laver jusqu'à ce que l'eau soit claire et qu'elle ne laisse au goût aucune saveur alcaline ou acide. On conserve le carmin dans un endroit frais, en changeant d'eau tous les huit jours. Le carmin, qui n'est pas bien lavé, fermente, devient gras et s'emploie difficilement. On enlève, avec une cuillère de bois, le carmin dont on a besoin, et chaque fois on recouvre soigneusement le vase.

Carmin en poudre. — Le carmin en poudre est la plus belle couleur rose que nous ayons. Elle est d'un rouge foncé et velouté ; on l'extrait de la cochenille par le procédé suivant. On prend :

> Cochenille .... 185 gram.
> Eau de pluie ou distillée.......... 6 litres.
> Etain dissous dans de l'acide nitrique 8 gram.

On réduit la cochenille en poudre avec une molette sur un marbre bien uni. L'eau doit être prête à bouillir quand on y jette la cochenille. On fait bouillir cinq quarts-d'heure, on ajoute l'alun et l'on continue l'ébullition pendant dix minutes. On passe alors la couleur à travers un linge bien fin, et on la laisse reposer dix-huit heures. Quand la couleur a déposé, on décante l'eau redevenue limpide et l'on y mêle la dissolution d'étain, en ajoutant deux litres d'eau. Pendant cinq jours, on échange l'eau toutes les vingt-quatre heures ; quand elle n'a plus d'odeur, le carmin est assez lavé. On prend alors des assiettes en porcelaine, on y met le carmin et on le fait sécher au-dessus du four.

Carthame ou rose en tasse. — Ce rouge, aussi beau et beaucoup moins coûteux que le précédent, convient parfaitement au pâtissier pour colorer en rose ses différentes préparations. Les crémiers et les limonadiers l'emploient ordinairement en une simple dissolution dans l'eau.

Aujourd'hui on peut se procurer dans le commerce, sous le nom de *carmin végétal liquide,* des carmins de toutes nuances, n'offrant aucun danger sous le rapport de la salubrité, et très commodes pour colorer les sucres en poudre et pour teinter ceux qui sont cuits. C'est un produit très employé actuellement dans la pâtisserie.

Couleur bleue. — L'*indigo* est la couleur inoffensive dont on se sert pour colorer en bleu les produits alimentaires ; on l'emploie en dissolution dans l'eau pure.

Pour reconnaître le degré de pureté de cette couleur, on prend une pierre d'indigo de bonne qualité, ce que l'on reconnaît à son odeur pénétrante ainsi qu'à l'éclat métallique qu'il offre quand on le raie avec le bout de l'ongle. On frotte ensuite l'indigo sur une assiette de porcelaine blanche avec un peu d'eau chaude, jusqu'à ce qu'elle ait pris assez de couleur.

Couleurs jaunes. — *Suc de souci.* — Ce suc, qui sert à colorer le beurre pendant l'hiver, doit être employé de préférence par le pâtissier. On se sert, pour l'obtenir, des fleurs de souci simple ou double ; elles sont également bonnes lorsqu'on les recueille fraîches. Il suffit de s'en procurer une certaine quantité ; on les entasse dans un pot de grès, où on les foule. Le pot bien bouché est déposé à la cave. Après quelques mois, ces fleurs sont converties en une liqueur épaisse qui conserve leur couleur. L'expérience apprend à déterminer la dose convenable. Cette couleur est durable et n'a rien de nuisible ; les fleurs qui la produisent sont cordiales et sudorifiques, et il en entre d'ailleurs si peu, que ce n'est nullement sensible. D'autres matières colorantes peuvent atteindre le même but ; telles sont les fleurs de safran, les baies d'alkekenge ou coqueret, et le roucou bouilli dans l'eau.

Ces substances sont infiniment préférables à la gomme-goutte, dont on connaît les propriétés purgatives, et au jaune de chrome, ainsi qu'aux autres couleurs jaunes composées de minéraux très nuisibles à la santé. Leur simplicité d'ailleurs doit les faire choisir.

Jaune liquide. — Si le pâtissier désirait obtenir un jaune plus brillant, et ne craignait pas la peine, il y réussirait en employant la recette suivante :

Bois jaune	250	gram.
Safran du Gâtinais	30	—
Graine de Perse pulvérisée	15	—
Alun de Rome	12	—
Sel de cuisine	8	—
Sel ammoniac	12	—
Acide nitrique	250	—
Etain de Malacca en rubans	90	—

On fait cuire ces ingrédients dans cinq litres d'eau chacun, qui sont réduits à deux et demi par l'ébullition, et l'on opère comme pour le carmin liquide.

COULEURS VERTES. — On mêle ensemble un de ces jaunes et la dissolution d'indigo, en mettant plus ou moins de l'un ou de l'autre, suivant la nuance que l'on désire.

Vert d'épinards. — Après avoir lavé trois fortes poignées d'épinards frais, on les égoutte, on les pile dans un mortier, et on les presse ensuite bien fortement dans une serviette afin d'exprimer le jus, que l'on place sur un feu ardent. Comme il est nécessaire que ce jus ou *vert* cuise à grand feu sans aller jusqu'à l'ébullition, on le surveille, et on l'ôte du fourneau en le remuant, dès qu'il commence à bouillonner. On le laisse reposer un peu, en observant si la partie colorée se dégage du liquide. Ce point obtenu, on jette ce liquide sur un tamis de soie et l'on se sert de ce qui reste sur le tamis.

Couleur violette. — On mélange du carmin et du bleu, que l'on délaie ensemble sur une assiette ou sur un marbre avec une molette. On obtient ainsi toutes les nuances depuis le *lilas clair* jusqu'à la *violette des bois.*

Couleurs orange et aurore. — Ces couleurs s'obtiennent au moyen d'un peu de rouge liquide et de safran ou de souci, qui, dans cette occasion, conviennent mieux que les autres jaunes. Pour la nuance orange, le rouge doit dominer ; pour la teinte aurore, au contraire, le jaune est la partie dominante.

Voyons maintenant comment employer ces couleurs pour colorer les amandes, les avelines et les pistaches.

§ 3.   COLORATION DES AMANDES, DES AVELINES ET DES PISTACHES.

Occupons-nous d'abord du choix de ces fruits, que nous colorerons de la même manière.

Les amandes douces ou amères doivent être grosses, longues, épaisses, pesantes, et d'une blancheur sans taches. L'aveline doit être pleine, ronde, recouverte d'une peau bien rougeâtre. Quant à la pistache, lorsqu'elle est fraîche, sa peau est d'un rouge vif, son amande d'un beau vert tendre, et d'une agréable saveur ; vieillie, au contraire, elle a la peau jaunâtre, le goût désagréable. Sa pesanteur est encore un indice de bonne qualité.

Ces trois espèces d'amandes choisies convenablement, on hache très fin une certaine quantité de l'espèce choisie (supposons que ce soit des avelines), puis on les étend sur une plaque. On verse ensuite dessus, à l'état liquide, la couleur convenue, en prenant soin de lui donner une nuance délicate et tendre ; car, autant des amandes· d'un beau rose, des sucres d'un joli lilas sont gracieux, autant ces objets d'un rouge dur, d'un violet foncé, paraîtraient désagréables.

La couleur étant ainsi répandue sur les avelines, on frotte bien celles-ci entre les mains pour les bien imprégner du coloris, puis on les met sur un autre plafond, et on les fait sécher à l'étuve ou à la bouche du four doux. Dès qu'elles ne présentent plus aucune humidité, on les hache encore un peu, puis on les met dans de petites caisses de cærton ou de papier, que l'on conserve dans un lieu sec.

On agit ainsi pour toutes les avelines, les amandes et les pistaches de diverses couleurs. Pour obtenir des amandes brunes ou de couleur chocolat, on fait fondre une tablette de chocolat râpé dans deux cuillerées d'eau, et l'on teint les amandes avec cette couleur comme avec toute autre.

Au lieu de hacher ces fruits, on peut les couper en brins allongés ou en morceaux carrés ; cette manière de les diviser ne change absolument rien au procédé de coloration.

§ 4. SUCRES.

Le pâtissier fait un usage très étendu de sucre, et suivant la nature ou la qualité des produits qu'il confectionne, il peut se servir de sucre plus ou moins blanc et pur. La plupart du temps, il emploie du sucre en poudre et pour cela, il divise les pains en morceaux, les pile ensuite dans un mortier passe la poudre qui provient de ce broyage dans un tamis de crin, reprend le sucre qui n'a pas traversé le tamis, le pile de nouveau, le tamise, et ainsi de suite jusqu'à ce que le tout soit réduit en une poudre fine, qui se conserve dans un tiroir placé dans un endroit chaud.

Le sucre dit *glace* est du beau sucre pilé, qu'on a passé à travers un tamis de soie très fin, appelé *tambour à glace*, et qui, une fois pilé, est conservé à l'étuve.

On vend aujourd'hui presque partout du sucre tout pilé ou provenant du cassage des pains ; mais, en général, le sucre pilé est un produit en partie altéré par cette opération et qui a perdu une partie de sa saveur ; aussi conseillerons-nous aux pâtissiers d'adopter l'emploi des sucres dits turbinés, qui sont d'un prix moins élevé et qui n'ont perdu aucune de leurs propriétés, quoique d'un blanc un peu moins éclatant que celui des pains de raffinage.

Sucre coloré. — On casse par les moyens ordinaires de beau sucre bien dur et bien brillant, comme si l'on voulait le servir en morceaux ; ensuite, avec le manche du marteau ou du couteau, on divise chaque morceau en morceaux plus petits, leur donnant autant que possible la grosseur des petits pois. Quand le sucre est ainsi cassé le plus également possible, on le passe par un tamis à quenelles, ou mieux encore par un tamis de laiton, ou même par une passoire fine, pour en séparer le sucre en poudre, qui, malgré tous les soins qu'on apporte à cette opération, se trouvera toujours en quantité. On le met à part, et l'on commence à colorer l'un après l'autre, à moins qu'on ne préfère colorer le tout ensemble et passer ensuite par le tamis.

Le procédé en usage pour colorer les sucres est absolument semblable au moyen de colorer les amandes. Le sucre concassé est placé de même sur un plafond, il est assez humecté de la couleur choisie pour être facilement teint, puis séché à l'étuve ou à la bouche du four très doux, et conservé dans un lieu sec.

On colore le sucre en bleu avec le carmin bleu végétal du commerce ; en jaune, avec le carmin végétal jaune ou au moyen du safran du Gâtinais ; en rose avec le carmin rose ; en vert, avec le vert épinard ou du carmin végétal vert ; en violet avec le carmin violet, et en panaché ou non-pareil avec des mélanges des couleurs ci-dessus.

Sucre parfumé. — Le moyen généralement employé par les ménagères pour préparer leurs ratafias et leurs liqueurs, va nous servir pour obtenir des sucres propres à parfumer de la manière la plus délicate les biscuits, les crèmes, les gelées et les autres préparations suaves et distinguées. Ce n'est pas que le pâtissier doive rejeter absolument, comme le conseille Carême, les eaux distillées de citron, de bergamotte, de fleur d'oranger, non plus que l'iris de Florence, tous parfums simples et commodes, qui ont l'avantage d'être toujours préparés ; mais il est bon d'en avoir d'autres pour les amateurs plus difficiles.

Sucre au citron. — On prend de beaux citrons

dont l'écorce est fine ; on râpe alors le zeste sur un morceau de sucre, mais légèrement, afin de ne pas attaquer la peau blanchâtre qui se trouve immédiatement sous le zeste, car elle contient beaucoup d'amertume qui dénaturerait l'arôme du fruit

A mesure que la surface du sucre se colore, on le râtisse avec un couteau, pour en séparer l'esprit du zeste qui s'y attache par le frottement réitéré ; on recommence l'opération avec les mêmes soins ; ensuite on fait sécher ce sucre à l'étuve ou à la bouche du four doux, et, après l'avoir écrasé, on le passe au tamis de soie ou de crin. On procède de la même manière pour les sucres de bigarade, d'orange et de cédrat.

Sucre au café. — On met dans un petit poêlon d'office une tasse de café bien fort ; et l'on y mêle assez de sucre en poudre pour le rendre un peu épais. On le met sur un feu modéré, et on le remue continuellement avec une petite stapule ; aussitôt qu'il commence à bouillonner, on l'ôte du feu, en y mêlant deux cuillerées de sucre en poudre. On remue le tout avec une cuiller d'argent, en appuyant le sucre le long des parois du poêlon : à mesure qu'il se refroidit, on le voit se ternir en s'épaississant, et devenir absolument semblable à de la cassonade. On termine l'opération comme à l'ordinaire.

Sucre vanillé. — On coupe en deux une gousse de vanille bien grosse et bien givrée ; on la divise en petits filets très minces ; ensuite on la hache en y joignant une cuillerée de sucre en poudre ; après cela, on pile le tout avec une seconde cuillerée de sucre ; on la passe ensuite au tamis de soie ; on pile de nouveau, en y ajoutant une

cuillerée de sucre, la vanille qui n'a pas pu passer
au tamis, et on la fait passer après.

Le *sucre au limon* est du sucre cuit au grand
cassé, parfumé avec le suc de citron qu'on .pile
après qu'il est refroidi et passé au tamis de crin.
Le *sucre à l'orange* est celui qui se prépare avec
le zeste de belles oranges comme celui au citron
décrit ci-dessus. Le *sucre à l'orangeade* se fait avec
le jus des oranges comme celui au limon. Le
sucre à la rose est parfumé avec quelques gouttes
d'essence de roses et coloré avec un peu de
carmin rose.

On peut, du reste, préparer bien d'autres
sucres parfumés avec le suc des fruits odorants,
des aromates d'une saveur agréable, enfin avec
toutes les matières qui sont propres à flatter le
goût des consommateurs sans qu'il y ait rien à
craindre pour leur santé.

Appareil pour glacer à froid. — On prépare une
quantité quelconque de sucre en poudre, que
l'on délaie dans une terrine avec un peu d'eau
et la liqueur de laquelle on veut obtenir l'arôme ;
on le mélange avec la spatule jusqu'à ce que
l'amalgame devienne solide, puis on l'étend avec
de l'eau, afin de le liquéfier suffisamment pour le
glaçage. Lorsqu'il s'étend facilement au pinceau, il est en état convenable pour être employé.

Appareil pour glacer au chocolat. On râpe
plusieurs tablettes de chocolat, on verse dessus
un sirop de sucre cuit au grand lissé et bouillant
et l'on remue jusqu'à ce que l'on aperçoive sur la
surface du vase, qui contient l'appareil, une nappe
brillante ; si elle se tourne en croûte terne, on
ajoute de l'eau fraîche en remuant vivement, on

y jette de la râpure de chocolat et l'on glace promptement les pièces.

Appareil pour glacer au café. — On mélange un demi-kilogrammme de sucre en poudre avec de l'essence de café, on pose sur un feu doux le vase qui contient ce mélange et l'on remue en tournant, afin que le sucre ne s'attache pas aux parois du vase. Lorsque l'appareil est devenu liquide et brillant, on glace les pièces d'une couche très mince.

Appareil pour glacer à la rose. — On emploie la même méthode que pour le précédent, en étendant le sirop avec du curaçao et en remuant toujours. On ajoute à l'appareil un peu d'eau mélangée avec du carmin.

Appareil fondant pour glacer. — On prend un sirop de sucre cuit au grand boulé, on le verse bouillant sur une table en marbre huilée à l'avance et l'on retourne ce sucre jusqu'à ce qu'il soit assez refroidi pour pouvoir le toucher ; on l'étire alors comme une corde : il tournera au gras ; on le casse ensuite en morceaux qu'on expose au feu doux dans une bassine en remuant à la spatule ; on y mêle l'arôme qu'on veut lui donner, et l'on glace.

Manière de glacer au four. — Cette opération pourrait également s'appeler *glaçage à la flamme*, et l'on pourrait tout aussi bien, à la rigueur, la pratiquer sur un fourneau ordinaire ; mais la bouche d'un four est l'endroit le plus favorable à une bonne réussite.

Pour glacer, on allume sur l'*autel*, au devant de la bouche du four, un peu à droite et près des ouras, un feu d'éclats de bois blanc ou des copeaux de bois sec ; c'est ce qu'on nomme *faire une allume.* Les bois les plus convenables pour cette opération sont le bouleau et le peuplier, connus dans le métier sous le nom de *bois de boulange.* On présente alors les objets à glacer à 30 centimètres environ de ce feu clair.

Clarification et cuite des sucres. — Nous ne quitterons pas le sucre sans avoir fait connaître le différents modes de cuisson qu'on lui fait subir dans l'industrie du pâtissier, comme dans celle du confiseur.

La première opération, dans la cuite des sucres, est leur *clarification.* Pour clarifier les sucres, on les fait fondre sur le feu avec les deux tiers de leur poids d'eau ; puis, quand ils sont entièrement fondus, on y ajoute, pour 8 à 9 kilog. de sucre, un blanc d'œuf bien battu dans un verre d'eau ; on écume, on laisse reposer, mais sans refroidir, et l'on verse dans un vase propre et profond, où l'on conserve ce sirop pour l'usage. Il doit marquer 4 à 5 degrés au pèse-sirop.

Pour cuire au *petit grain* on verse du sirop clarifié dans un poêlon avec une goutte d'acide pyroligneux et une pincée de tartrate de potasse, on pose sur un feu vif, on écume jusqu'au moment où le sirop commence à bouillir ; au bout de 2 à 3 minutes d'ébullition, on retire du feu. Ce sirop, qui ne file pas encore, doit marquer 10° centigrades. Pour cuire au *gros grain,* on laisse bouillir deux minutes de plus, et le sirop, qui colle aux doigts, marque 20 à 25°. Pour le *petit lissé,* l'ébullition doit durer dix minutes. Ce sirop, qui commence à filer entre les doigts, n'a qu'un seul filament, et marque alors 28 à 30°. Dans le *grand lissé,* le sirop doit former plusieurs filaments et marquer 35°. Le *petit soufflé* se reconnaît en plongeant une écumoire dans le sirop, en la retirant, et en laissant égoutter, et en soufflant derrière à travers les trous de l'écumoire : le sirop doit alors se napper, tout en cassant.

On obtient le *grand soufflé*, lorsque le sucre, cédant d'abord à la presson du souffle, se replie ensuite sur lui-même comme s'il était élastique ; le *petit boulé*, lorsque le sirop s'attache aux doigts mouillés dans l'eau fraîche, et ne file plus quand on les rapproche ; le grand *boulé*, quand la cuite est encore plus serrée et que le sucre se roule en boule entre les doigts ; le *petit cassé*, lorsqu'en en projetant un peu dans l'eau, il casse en se refroidissant ; et enfin le *grand cassé*, qui exige une attention soutenue, lorsque le sucre devenu blanc d'argent, et dans lequel on trempe le doigt qu'on plonge rapidement dans l'eau fraîche, s'en détache et casse sous le doigt.

On connaît encore le *caramel*, qui brunit dès qu'il atteint 50° au pèse-sirop et qui sert à donner de la couleur, le *sucre nappé* ou cuit avec la gelée de pommes, et le *sucre filé*, dont nous parlerons plus loin.

§ 5. DORURES.

On appelle dorures des préparations qu'on applique sur les produits pour leur donner plus de coup-d'œil, un aspect qui plaît aux consommateurs. Les dorures s'appliquent au doroir et au pinceau.

La dorure *glacée* se fait avec du sucre glacé humecté de quelques gouttes d'eau ; la dorure *simple* se donne avec des jaunes d'œufs, auxquels on ajoute quelques gouttes d'eau ; la dorure *ordinaire* se prépare avec des œufs qu'on bat fortement avec une fourchette et qu'on verse dans une passoire à trous fins ; la dorure *blanche* s'obtient avec des blancs d'œufs qu'on bat avec du sucre glacé et qu'on jette dans la passoire ; la dorure *brillante* s'applique avec du sucre glacé humecté d'un peu de lait et qu'on fouette au pinceau ; enfin, la dorure *collante* provient de la gélatine Grenet, délayée dans un peu d'eau tiède.

En général, les dorures se préparent au moment où l'on est sur le point d'en faire usage, parce qu'elles ne se conservent pas, qu'elles s'altèrent promptement et, qu'en cet état, elles pourraient donner aux produits une odeur désagréable.

On peut mettre encore au nombre des dorures le cacao broyé finement, auquel on ajoute un peu de sucre ou du chocolat avec ou sans sucre.

Indépendamment des substances qui ont été énumérées jusqu'à présent, le pâtissier fait encore entrer dans ses préparations des fruits frais, tels que les cerises, les fraises, les framboises, les abricots, les pêches, les coings, les poires, les pommes, les prunes, les groseilles, les oranges, et des fruits secs, tels que les raisins de Corinthe, les raisins de Malaga, les raisins de Smyrne, les raisins de caisse ou raisins d'Espagne, les marrons, et d'autres produits, comme les confitures, le conserves, les fruits glacés, etc., dans l'énumération et la description desquels nous ne pouvons entrer, ces denrées se trouvant abondamment dans le commerce, et le pâtissier n'ayant qu'à les acheter au moment de les appliquer à ses produits.

DEUXIÈME PARTIE

Grosse Pâtisserie.

CHAPITRE PREMIER

Pates a dresser, brisées et fines pour patés. — Feuilletage.

La pâtisserie est l'un des arts pour lesquels il importe le plus d'établir des principes ; car, en agissant autrement, il faudrait accumuler une multitude de recettes. C'est ainsi qu'en ont usé plusieurs auteurs, qui ont cru devoir donner l'immense et fastidieuse nomenclature de toutes les tourtes, de tous les pâtés, d'après leur garniture de viandes, volailles, gibiers, poissons, crèmes, confitures et fruits. Qui ne voit l'absurdité d'un pareil plan, surtout en songeant aux diverses combinaisons de ces mille garnitures ?

Une tourte, un pâté ne sont après tout qu'un *plat* fait en pâtisserie pour contenir un ragoût ou une préparation sucrée. Ce *plat* est plus ou moins solide, froid ou chaud, couvert ou non couvert, cylindrique, ovale, allongé ou de toute autre forme ; il n'importe, c'est toujours un plat de pâte. Et pour preuve, c'est que les pâtés chauds, les pâtés en timbales sont cuits remplis de farine ou de toute autre garniture factice et provisoire, puis vidés et garnis du ragoût commandé par l'acheteur ou à la convenance du pâtissier.

Voyons donc comment il faut confectionner ce plat *de pâte*, et commençons par la méthode la plus simple, la plus solide et la première inventée, très vraisemblablement, c'est-à-dire par la *pâte à dresser* les pâtés froids.

Pâte à dresser le froid. — Pour cette pâte, comme pour la suivante, et comme pour presque toutes les autres, sauf quelques exceptions, on met la farine sur le tour, au milieu, puis l'on *fait la fontaine* au centre de cette farine, c'est-à-dire qu'enfonçant le bout des doigts au centre, on y forme un creux circulaire de 10 centimètres de diamètre environ. Ce creux est nommé *fontaine*, parce qu'il contient, avec l'eau nécessaire à le détrempe, les œufs, le sel et une partie du beurre. Chaque fois que l'on pétrit ensemble la farine et ces ingrédients, qu'on presse et qu'on mélange entre les mains et le tour, de manière que peu à peu toute la masse subisse cette pression, on *frase* la pâte. Ce mot *fraser* signifie donc *manier, travailler, réunir la pâte*, puisqu'elle devient, par cette opération, un corps souple et ferme à la fois. On *frase* à un *tour* seulement en été, et à deux ou même à trois en hiver, c'est-à-dire que l'on frase une fois dans la première saison, et deux ou trois fois dans la seconde.

Ces expressions bien entendues, occupons-nous de la détrempe de la *pâte à dresser*.

On met sur le tour 1 kilog. 1/2 de belle farine tamisée ; on fait la fontaine et l'on place au centre 30 grammes de sel fin, quatre jaunes d'œufs, 625 grammes de beurre frais (manié s'il fait froid), puis 250 grammes d'eau. Pendant l'hiver, quelques pâtissiers veulent que cette eau soit tiède. On maintient alors dans la fontaine le bout de l'index et du médius de la main droite, perpendiculairement et un peu écartés, on remue le mélange, et l'on y incorpore peu à peu toute la farine, en se gardant bien de donner passage à l'eau, qui s'échapperait avec vitesse et formerait, au lieu de pâte, un véritable barbouillage. Aussitôt que l'on s'aperçoit que le creux de la fontaine menace de se rompre, on y rassemble bien vite de la farine tout autour, à une très petite distance.

Pendant cette première opération, il faut ménager l'eau de manière à détremper par degrés toute la farine délicatement et bien également, afin d'éviter la présence de parties dures ou molles qui se forment à la détrempe. Lorsqu'on s'aperçoit de l'insuffisance de l'eau, on doit en ajouter, mais autant que possible, avant la fin de l'opération, et en la mettant au centre. La pâte étant entièrement détrempée, pressée ensuite entre les mains et le tour, et formant une sorte de masse émiéttée, on la mouille peu à peu en la mêlant et en la pressant légèrement. Le *mouillement* de la pâte à dresser est chose fort importante ; s'il y a défaut d'humidité, la pâte trop ferme se dresse difficilement et se fend à la cuisson ; alors le pâté fuit et perd toute sa bonne mine avec une grande partie de sa qualité. Y a-t-il excès, la pâte trop mollasse fait encore un plus mauvais effet au four. Le pâté affaissé, déformé, n'est réellement plus présentable.

Pour prévenir ce double inconvénient, immédiatement après la dernière opération que nous venons de décrire, on frase la pâte, qui alors doit être très ferme, quoique liante, et un peu mollette, afin de pouvoir être moulée avec facilité.

Si elle se refuse à la pression du moule, et qu'elle se gerce de place en place, on l'étale de nouveau sur le tour et l'on jette de l'eau dessus avec le bout des doigts, de manière à l'asperger légèrement de quelques gouttes. C'est ici qu'il convient d'agir avec beaucoup de précaution, car ce dernier mouillement décide de la consistance de la pâte.

Après avoir remué la pâte pour l'humecter également, on en rassemble à peu près le quart, en la pressant fortement entre les mains et le tour, de manière qu'après l'avoir ainsi rassemblés durant une minute, elle devienne très facile à mouler ; ensuite on recommence trois fois les mêmes procédés pour rassembler le reste de la détrempe. Lorsque plusieurs parties ont été faites de cette manière, on les appuie les unes au-dessus des autres, afin de rassembler le tout, puis on enveloppe la pâte dans une serviette légèrement mouillée, pour qu'elle ne se gâte point par l'action de l'air, en attendant qu'on l'emploie ; mais cela devient inutile si on l'emploie de suite.

Moyen de réparer la pâte échauffée. — Il est indispensable d'opérer le plus vite possible pendant l'été, car, en cette saison, les mains ont tant de chaleur qu'elles échauffent la pâte au point de l'empêcher de servir. La *pâte échauffée* se reconnaît aux caractères suivants : elle manque de liaison, et, par conséquent, se monte à grande peine ; elle se sépare lorsqu'on veut l'étendre en morceaux, se casse tout à l'entour, se gerce sur les deux surfaces, toutes choses qui la rendent extrêmement difficile à dresser et l'empêchent de faire un bel effet à la cuisson. Ces fâcheux résultats ont lieu également pendant l'hiver, quand on manie trop longtemps la pâte, ou lorsqu'on a trop tardé à la mouiller. Au reste, quelles que soient les causes, voici la manière d'y remédier :

Quand cet accident est arrivé, il faut à l'instant couper la pâte par tranches, mouiller légèrement le dessus de chacune d'elles, et les placer aussitôt l'une sur l'autre en appuyant fortement dessus pour les rassembler. Alors la pâte s'amollit et reprend la souplesse et le liant qui lui sont indispensables. Ensuite, on la met dans une serviette humide et on la laisse reposer un bon quart-d'heure ; puis on l'emploie aux usages auxquels on la destine.

Si la pâte était tellement échauffée et revêche qu'il soit difficile de 'assouplir convenablement, afin de ne pas la perdre, on pourrait l'employer à faire des abaisses de fond pour une multitude de préparations, et même des gâteaux communs dans le genre des gâteaux de plomb.

Pâte à dresser le chaud. — Cette pâte, de même genre que la précédente, sert à dresser les pâtés chauds et les flancs de crème et de fruits.

On met sur le tour un litre de farine tamisée qu'on élargit un peu pour faire la fontaine ; on y place 200 grammes de beurre fin, qu'on a eu le soin de manier en hiver, deux jaunes d'œufs, 10 grammes de sel fin et environ 125 grammes d'eau ; puis on la travaille de même que la précédente ; cependant on frase celle-ci d'un tour de plus, parce qu'elle est plus fine en beurre, ce qui la rend en même temps plus susceptible de manquer de liaison pendant l'été. Pour prévenir ce fâcheux effet, on doit la mouiller avec de l'eau glacée, et glacer aussi le beurre avant de l'employer ; si, malgré ces soins, cette détrempe se trouve échauffée, on doit alors la couper par lames minces et les mouiller légèrement, puis les rassembler fortement, et la laisser reposer deux heures avant de s'en servir.

Pâte fine à foncer. — Le pâtissier entend par l'expression *foncer*, faire le fond des objets de pâtisserie. Cette sorte de pâte à dresser sert à cet usage, ainsi qu'à faire les gâteaux garnis de fruits, les flancs, les croûtes, les timbales, et à monter les tourtes d'entrées et d'entremets.

A un litre de belle farine, on ajoute 250 grammes de beurre, deux jaunes d'œufs, 8 grammes de sel et un demi-verre d'eau. Elle se travaille d'ailleurs absolument comme la pâte à dresser, si ce n'est qu'elle doit être un peu plus liante et mollette.

La pâte fine pour timbales doit être plus grasse : il f ut y incorporer 300 grammes de beurre, au lieu de 250 grammes sur la quantité de farine indiquée. Au surplus, c'est là l'unique différence.

Pâte d'office. — A un litre de farine, on ajoute un demi-kilogr. de sucre en poudre et quatre blancs d'œufs, puis on frase la pâte avec soin, de manière qu'elle se maintienne ferme.

Cette pâte ne se mange pas ; elle sert principalement à faire les fonds et les socles des pièces montées ainsi que les dessous des plats. Nous en reparlerons plus loin à propos de la confection de ces pièces.

Pâte feuilletée ou feuilletage. — La confection de cette pâte varie suivant la saison, car la température exerce une influence bien marquée sur sa préparation, et elle réclame, pendant l'été, des soins tout particuliers. On ne doit pas non plus perdre de vue que le feuilletage doit être mis au four de quatre à huit minutes au plus après son achèvement. Si, faute de prendre ses mesures convenablement, cette pâte était terminée de vingt à vingt-cinq minutes avant de l'enfourner, quelle que soit sa perfection, on peut être certain qu'elle serait terne, épaisse, au lieu d'être claire et luisante, et qu'elle serait compacte au lieu de plaire par sa légèreté. On la prépare comme suit :

On met sur le tour un litre de fleur de farine tamisée ; on fait la fontaine ; on la remplit avec 10 grammes de sel fin, deux jaunes d'œufs, un morceau de beurre gros comme une noix, et environ 200 grammes d'eau froide. Après avoir délicatement détrempé la farine, on travaille un peu la pâte pendant quelques minutes en appuyant légèrement la main sur le tour : la pâte doit alors être lisse et douce au toucher. Ce premier travail se nomme *rassembler la pâte*.

On couvre ensuite la pâte d'un linge blanc et on la laisse reposer quelque temps : ordinairement, on l'abandonne ainsi pendant une demi-heure ; mais il est des exceptions à cette règle, comme nous le verrons bientôt.

Après ce temps de repos, on commence à *beurrer* et à *tourer*. Pour cela, on saupoudre très légèrement de farine la partie du tour où l'on veut étendre la pâte, afin qu'elle ne s'y attache pas lorsque l'on y passe le rouleau. On étend en long cette pâte jusqu'alors ramassée en forme, en promenant le rouleau sur toute sa surface de manière qu'elle prenne, sous l'action du rouleau, une forme plate plus ou moins épaisse. En cet état, on désigne la pâte de toute espèce sous le nom d'*abaisse*, et l'on dit *abaisser*, pour dire étendre la pâte. D'ailleurs, tout morceau de pâte, quelles que soient sa forme et sa grandeur, se nomme *abaisse*. Ainsi, une masse de pâte pesant plusieurs kilog., étant étendue, forme une forte abaisse, qui, divisée, par exemple, en huit morceaux propres à faire des tourtes, forme alors huit abaisses. Que ces moyennes abaisses soient à leur tour subdivisées en petits morceaux pour faire de petits pâtés, de petits gâteaux larges d'un doigt ou autres, ces morceaux à petits pâtés, à petits gâteaux, seront encore autant d'abaisses.

La pâte étant donc abaissée, ou élargie, ou aplatie (ce qui est exactement la même chose), de manière à n'avoir partout que 14 millimètres d'épaisseur, on commence à *beurrer*. A cet effet, on prend 500 grammes ou 375 grammes de beurre, selon la saison, selon le choix, et on le manie, s'il est trop ferme à cause du froid. Si, au contraire, il est trop mou en raison de la chaleur, on le fait rafraîchir vingt minutes auparavant dans un seau d'eau de puits, puis on l'égoutte avec soin. C'est dans ce cas que 375 grammes sont suffisants. Ces précautions prises, on place çà et là sur la pâte étendue six à sept petits morceaux de beurre de la grosseur d'une noix aplatie, puis on replie la pâte sur elle-même de manière à recouvrir le beurre, en commençant par les deux bords. On donne ensuite deux tours. *Donner un tour*, c'est *abaisser* la pâte au rouleau comme nous venons de le dire, puis la replier en trois, et lui faire faire un quart de tour, c'est-à-dire ramener devant soi la pâte qui était sur le côté.

Après ces deux tours, on laisse reposer environ un quart-d'heure, on donne ensuite deux autres tours, et l'on porte la pâte ainsi travaillée dans un endroit frais où on laisse reposer de nouveau pendant dix minute ; enfin, on lui redonne deux derniers tours sans trop appuyer. Quelques minutes après, on peut détailler le feuilletage et l'employer de suite, si on le désire. En cet état, il est bon à être mis au four.

On doit avoir soin de saupoudrer très légèrement de farine la surface de la pâte feuilletée quand on lui donne les divers tours, car ce supplément de farine rend le feuilletage gris à la cuisson.

Moyen de réparer le feuilletage manqué. — D'après ce que nous venons de dire, on peut se rendre compte que le succès du feuilletage dépend des soins donnés au rassemblement de la pâte. Si, au lieu d'agir avec légèreté et lenteur, on y met de la précipitation et de la force, la détrempe devient extrêmement coriace, parce que les parties dures et molles dont elle est composée, n'ayant pas eu le temps de se fondre et de s'amalgamer doucement entre elles, demeurent sans liaison. Il est facile de reconnaître alors que l'opération est manquée, en allongeant un peu un coin de la pâte avec le rouleau : si la pâte se retire lentement et très peu, il n'y a rien à craindre ; mais si elle se retire tout aussitôt sur ellemême, il faut s'occuper de la réparer. A cet effet on l'abaisse, on place dessus de place en place sept à huit morceaux de beurre gros comme une aveline ; on la rassemble ensuite et on l'appuie sur le tour, en l'allongeant et en la faisant reculer avec les deux poings. A mesure qu'elle s'allonge, on replie cette pâte sur elle-même, afin qu'elle soit entièrement soumise à la pression. Après quelques minutes de ce travail, la pâte redevient lisse, douce et veloutée ; on s'occupe ensuite de la beurrer comme à l'ordinaire. Mais voici un autre résultat de l'inexpérience auquel il n'est pas si facile de remédier.

Le beurre, par l'opération du feuilletage, se trouve placé de manière à diviser la pâte en minces feuillets, qu'il soulève délicatement en fondant pendant la cuisson. Ainsi, ce corps gras est beaucoup moins incorporé à la pâte qu'il n'y est superposé. Si, dans l'intention de mieux faire, ou par étourderie, un apprenti, un commençant, doublent ou triplent le nombre de tours nécessaires, le beurre s'incorpore alors tout à fait à la pâte, les feuillets ne se soulèvent plus, et l'on n'obtient à la cuisson qu'une pâte dure, compacte, de goût désagréable et de difficile digestion. Si l'on s'en aperçoit avant que le prétendu feuilletage soit coupé, ou du moins enfourné, il faut le remettre immédiatement sur le tour et tâcher de réparer le mal par le même procédé que nous avons indiqué pour remédier aux défauts de la pâte *échauffée*.

Feuilletage économique. — Certains pâtissiers usent de différents moyens pour rendre leurs produits moins coûteux, et pouvoir les vendre moins cher. Ainsi, ils mettent seulement 500 grammes de beurre pour deux litres de farine, ce qui fait 4 kilog pour 16 litres, et alors ils donnent cinq à six tours à la pâte. Ce feuilletage, que l'on désigne par le nom de *feuilletage à huit livres*, est inférieur au feuilletage à 5 ou 6 kilog ; mais ce dernier (celui qui nous a servi d'exemple) est nécessairement d'un prix plus élevé. Ces pâtissiers font également du feuilletage à 2 et à 3 kilog. par 16 litres : le dernier surtout, qu'ils nomment aussi *feuilletage à demi-beurre*, leur sert pour foncer les vol-au-vent de viande ou de fruits, les tourtes d'entrée ou d'entremets. Les sauces, les jus, les crèmes ou les sirops, déguisent la pauvreté de cette pâte en l'imbibant. Les consommateurs n'y font nulle attention, et ce n'est point les tromper de les servir ainsi, puisqu'on leur vend à meilleur compte.

Feuilletages à divers nombres de tours. — Plus il y a de beurre dans un double-décalitre de farine, plus il faut donner de tours. Le feuilletage à 3 kilog. exige quatre tours et demi ; celui de 4 kilog., cinq tours ; celui de 5 kilog., cinq tours et demi ou six tours ; celui de 6 kilog., sept tours. Enfin, le feuilletage à 2 kilog.. ce feuilletage mesquin, doit voir au moins quatre tours, afin de bien amalgamer le beurre avec la pâte ; aussi n'est-ce pas réellement du feuilletage.

Feuilletage à 8 kilog. — Les pâtissiers de riches hôtels font assez fréquemment du feuilletage à 8 kilog., c'est-à-dire qu'ils beurrent un litre de farine avec 500 grammes, au lieu de 375 grammes. Ce feuilletage exige sept tours et demi, même huit. Il paraît beaucoup trop gras à plusieurs personnes, qui le digèrent difficilement et qui lui préfèrent avec raison le feuilletage à 6 kilog.

Précautions à prendre pendant l'été pour faire le feuilletage. — Cette saison est moins favorable que l'hiver à la confection des pâtisseries, parce que la chaleur à une forte action sur le beurre, et que cette action amollit la pâte, qui, dans aucun temps, ne doit être ni trop ferme, ni trop molle, quoique cependant un peu de fermeté ne lui soit point nuisible pendant la chaleur.

Nous avons dit plus haut qu'il est nécessaire à cette époque de faire rafraîchir le beurre dans l'eau froide ; mais quand la température est très élevée. ce rafraîchissement est incomplet. Il faut alors diviser le beurre par morceaux, et ajouter à l'eau de puits dans laquelle on le fait baigner pendant une demi-heure, quelques kilog. de glace lavée et concassée. Lorsqu'il a acquis le degré de fermeté suffisante, on léponge fortement dans un linge, afin de lui ôter toute l'eau qu'il peut contenir, ce qui le rend plus liant et surtout d'un corps égal. Alors, on appuie la pâte carrément, on la place sur le beurre et on le couvre en relevant les bords de la pâte par-dessus. On doit avoir soin que le tout soit aussi également fondu que possible.

Pour *tourer*, on se sert d'un tour ou d'une tablette de marbre que l'on a préalablement lavée dans de l'eau glacée. Après les premiers tours, on abaisse le feuilletage sur un plafond légèrement saupoudré de farine ; on couvre ensuite bien vite l'abaisse d'une feuille de papier, et l'on met sur ce papier une plaque chargée de glace pilée, pour empêcher l'air chaud de ramollir la surface du feuilletage. Après quelques minutes, on le découvre, puis on le renverse : on met alors la plaque glacée sur l'autre surfce du feuilletage, et l'on tourne ensuite la pâte à la glace, mais on peut à la rigueur s'en dispenser.

Il faut se hâter de faire cette opération, même pour rouler la pâte et pour la détailler, la chaleur l'amollissant à tel point, que l'on éprouve beaucoup de difficulté seulement pour la toucher.

Feuilletage au quart-d'heure. — Nous pensons, ainsi que beaucoup de nos confrères, que le feuilletage doit au moins reposer une demi-heure après sa détrempe ; mais la confiance que doit inspirer le savant Carême nous engage à faire céder le principe et à dire, comme lui, que lorsqu'on est pressé par le temps, on peut faire de beaux feuilletages en moins d'un quart-d'heure. C'est un hommage bien dû au grand praticien que doivent regretter tous ceux qui aiment notre état. Nous le laissons parler lui-même.

« En hiver, dit-il, je beurrais ma détrempe
« avec du beurre bien manié ; puis je donnais
« deux tours de quatre minutes : ainsi, en douze
« minutes, mon feuilletage avait six tours, et
« je le laissais reposer une minute avant de le
« détailler. En été, je marquais mon feuilletage
« selon la règle, mais je le tenais plus mollet que
« de coutume ; puis, après avoir été travaillée
« une minute, ma détrempe était lisse et souple,
« comme si elle eut été faite depuis longtemps ;
« ensuite je maniais mon beurre, en le laissant
« toujours dans le seau d'eau de puits glacée,
« où je l'avais mis avant de faire ma détrempe,
« et je donnais promptement deux tours, quoi-
« qu'en appuyant légèrement le rouleau dessus,
« afin que le beurre ne perçât pas la pâte, ce qui
« aurait produit un très mauvais effet ; mais avec
« des précautions cela n'arrive jamais. Ensuite je
« le plaçais à la glace entre deux plaques après
« l'avoir retourné deux fois en cinq minutes ;
« je lui donnais deux tours, je le replaçais ensuite
« sur la glace, et je le laissais trois minutes
« seulement ; puis je lui donnais encore deux

« tours, et je le plaçais de nouveau à la glace
« durant deux minutes. »

Feuilletage à la graisse de bœuf. — On prend
250 grammes de graisse de rognon de bœuf,
autant de graisse de veau, on l'épluche bien, on
la met dans un mortier, on la pile, on la passe
au tamis à quenelles, on la manie bien dans de
l'eau fraîche, enfin on l'éponge dans un linge
blanc. D'autre part, on détrempe un litre de
farine comme il est indiqué à l'article *feuilletage*,
et l'on procède en tout de même, en se servant
de cette graisse en place de beurre.

Feuilletage à l'huile. — En Provence, le pâtissier-commerçant, et dans les pays privés de
beurre, le pâtissier de maison, doivent l'un et
l'autre préparer le feuilletage à l'huile d'olive de
première qualité. Pour un litre de farine, il faut,
avec la dose ordinaire de sel et d'eau, un œuf
entier et 125 grammes d'huile.

La détrempe se fait d'ailleurs comme celle du
feuilletage ordinaire, mais le repos doit être de
deux heures. On abaisse très-mince, et à chaque
tour on dore abondamment l'abaisse avec de
l'huile d'olive. Cette sorte de pâtisserie se sert
très chaude.

Feuilletage au saindoux. — On agit exactement
comme nous venons de le dire, en remplaçant
l'huile par du saindoux fondu, à peine tiède.

Pâte brisée demi-feuilletée. — On passe au
tamis un litre de farine, et après l'avoir disposée
selon la coutume, on place au milieu de la fontaine
8 grammes de sel fin, deux œufs entiers, un
demi-verre d'eau et 310 grammes de beurre fin ;
ensuite on procède, pour la détremper, de la
même manière que pour la détrempe du feuille-

tage, mais avec cette différence que cette pâte brisée doit être un peu plus ferme. Le beurre doit s'y trouver par morceaux, de manière qu'après l'avoir touré quatre fois, de même que le feuilletage, elle fasse en petit l'effet du feuilletage à la cuisson.

Galette feuilletée. — On travaille cette galette de la manière que nous avons indiquée pour la pâte feuilletée, avec de très légères différences dans la manipulation. Ainsi, pour un litre de farine, on augmente un peu la quantité de sel (2 grammes en plus) et l'on diminue celle du beurre, dont on n'emploie que 350 grammes. On ne donne que cinq tours et demi au lieu de six, ce qui s'obtient en ployant la pâte en deux, au lieu de la ployer en trois.

Le pâtissier prépare un bien plus grand nombre de pâtes de fond que celles que nous venons d'énumérer ; c'est ainsi que, dans la plupart des établissements importants de pâtisserie, on travaille les *pâtes* à *brioche*, à *baba*, à *gâteaux de plomb*, à *Savarin*, à *choux*, à *échaudés*, à *repasser*, *marronnée*, *d'amandes*, à *biscuits divers*, à *génoises*, à *biscottes*, à *madeleines*, à *croquants*, à *gaufres*, à *croquets*, à *plumpudding*, etc.

Nous n'entrerons pas dans ce chapitre dans la description détaillée des moyens en usage pour préparer ces diverses sortes de pâtes, nous réservant d'indiquer la préparation de chacune d'elles lorsque nous décrirons la fabrication des articles dans lesquels on les fait entrer.

Nous allons nous occuper d'abord de la manière d'employer les principales pâtes de fond dont nous avons fait connaître ci-dessus la préparation.

CHAPITRE II

MANIÈRE DE DRESSER LES PATÉS FROIDS ET CHAUDS, DE MOULER LES TIMBALES, DE TAILLER LES TOURTES ET LES VOL-AU-VENT D'ENTRÉE.

Dresser les pâtés est à la fois une opération très simple et très complexe, très difficile et très aisée. Ces mots demandent une explication ; la voici : Rien n'est plus facile en effet que de dresser les pâtés usuels de boutique, qu'ils soient ovales ou ronds, de petite ou de moyenne dimension : mais aussi rien ne demande plus d'adresse et de soins que de bien dresser les grands pâtés de 20 à 25 centimètres de hauteur, qui servent de grosses pièces de fond sur les tables bien servies. Toutefois les pâtés longs et plats, ou pâtés à la ménagère, tels que les pâtés ordinaires de lièvre ou de lapin, étant de tous les plus faciles à dresser, c'est par eux que nous allons commencer ce chapitre.

§ 1. PATÉS A LA MÉNAGÈRE.

Après avoir préparé une pâte à dresser, ou plutôt une pâte brisée demi feuilletée, au choix, on prend un tiers de la pâte, et on l'étend de manière à former une abaisse allongée pour foncer. On laisse tout autour de cette abaisse un excédant de la largeur d'un doigt destiné à être replié plus tard. On étale sur ce fond une couche de farce de porc, puis successivement, sur cette

première couche, des couches de chair de lièvre
coupée en filets et mélangée avec du porc frais
et des lardons. Ce ragoût aux trois quarts cuit
est disposé de telle sorte qu'il présente une
voûte allongée. On recouvre alors le tout d'une
barde de lard très mince, opération qui se pratique à tous les pâtés gras et qu'on appelle *barder*.
Cela fait, on étale une seconde abaisse un peu
moins épaisse que la précédente, mais beaucoup
plus longue, et surtout beaucoup plus large,
puisqu'elle doit recouvrir la surface voûtée .du
pâté. Pour la poser délicatement, on la soutient
vers son centre, transversalement sur le rouleau ;
on applique l'une de ses extrémités sur l'un des
bouts du pâté, puis, soulevant légèrement le
rouleau, on étend l'autre extrémité de la même
manière.

Cette première façon achevée, on applique la
paume de la main sur l'abaisse de couverture,
afin qu'elle prenne bien la forme du pâté ; ensuite
on appuie le bout des doigts autour du bord, au
point où cette abaisse joint celle du fond, pour
bien les réunir. On retranche alors avec un coupe-
pâte uni ou avec un couteau l'excédant de l'abaisse
de couverture, et l'on relève, d'autre part, l'excédant de l'abaisse de fond, de manière à lui faire
présenter un gros cordon tout autour du bord.
Si l'on tient à présenter un ouvrage soigné, on
retranche également les parties excédantes des
deux abaisses, après avoir soudé celles-ci en
humectant leurs bords, et l'on découpe avec un
coupe-pâte représentant un cordon élégamment
tressé, une bande de pâte, que l'on place ensuite
sur les bords réunis de la couverture et du dessus
du pâté. Cette même bande doit partir aux

deux bouts et au milieu de chaque bord, et se rejoindre sur le sommet du pâté pour s'y nouer agréablement. Entre ces cordons ainsi, placés transversalement doit se trouver, au niveau du nœud, une *cheminée*, c'est-à-dire un trou rond fait à la pâte pour donner de l'air au pâté pendant sa cuisson, et entouré d'une couronne de pâte, au milieu de laquelle on met une carte pliée en cylindre que l'on enlève à la sortie du four, et qu'on remplace par un bouchon de pâte d'un joli dessin dont on peut faire d'avance une petite provision. Ce bouchons bien dorés se font cuire sur une petite plaque dans un coin du four.

Ces pâtés sans parois ont peu de grâce, mais ils sont adoptés pour recevoir les lièvres et les lapins : ils sont commodes d'ailleurs pour les parties de campagne, et plaisent beaucoup à la clientèle bourgeoise et aux habitants des campagnes, qui donnent cette forme aux pâtés de toutes sortes de viandes, ainsi qu'aux pâtés de poires et de pommes à la bourbonnaise. Les pâtés froids de très petite dimension, que l'on vend à Paris à très bon compte, sont toujours ainsi dressés. Cette forme exigeant peu de pâte et peu de soins, permet d'arriver au bon marché, que recherche avant tout une si nombreuse classe d'acheteurs. On les nomme aussi *pâtés en porte-manteau*.

Pâtés froids de boutique. — Pour confectionner ces pâtés qu'on nomme aussi *pâtés à timbale*, on coupe dans une pâte à dresser, moins beurrée qu'à l'ordinaire, les abaisses pour foncer un certain nombre de pâtés ovales ou ronds ; on abaisse ensuite, à 25 millimètres environ d'épaisseur, une masse de pâte à dresser ordinaire, et, dans une large abaisse qu'elle produit, on taille les bandes du tour, qui forme la paroi des pâtés. La hauteur et la largeur de ces bandes sont assorties au diamètre de l'abaisse du fond. A moins que ces pâtés ne soient de grande dimension, ce qui arrive rarement, on beurre l'intérieur du moule à couronne, ordinairement cannelé, et l'on y applique la bande, après avoir taillé en biseau ses deux extrémités pour les réunir en les mouillant un peu avec un pinceau. Lorsqu'on a achevé le moulage de la bande, on l'enlève délicatement pour la coller de la même manière autour des bords du fond : ce qu'il faut faire chaque fois qu'il s'agit de réunir deux morceaux de pâte.

Le bord du fond doit toujours excéder le bord inférieur de la bande et présenter une assez forte épaisseur lorsqu'il s'agit d'un fort pâté ; mais il faut éviter d'y faire un pied, parce que ce genre de garniture noircit à la cuisson.

On remplit à volonté le pâté avant de coller les parois, comme nous l'avons expliqué pour le pâté de lièvre, ou bien on le dresse entièrement étant vide et, pour l'enfourner, on le remplit de farine que l'on enlève après la cuisson. Cette farine s'améliore en se séchant, et conserve au pâté plus de grâce que le ragoût, dont parfois le jus amollit la pâte ; mais alors cette pâte offre un peu moins de saveur. Cependant, il est indispensable d'employer ce procédé pour les tourtes de feuilletage, les vol-au-vent, les timbales et les autres pâtisseries délicates, que la garniture déformerait complètement à la cuisson. D'ailleurs, les pâtissiers vendent souvent aux cuisinières ces objets vides, qu'elles remplissent ensuite du ragoût qui leur convient.

Remplissage des pâtés. — Quelques pâtissiers emploient au lieu de farine, du son, du linge ou du papier. Cette première substance est indifférente ; le papier serait indifférent aussi s'il ne risquait de laisser des vides, ou de former des plissements qui menacent de gâter la forme ; des morceaux de linge fin demi-usé ne présentent point ce désagrément, mais il faudrait que ces linges fussent toujours parfaitement propres, ce qui est bien un peu difficile dans une cuisine remplie d'aides et de marmitons. Pressé d'agir, on prend un linge un peu taché, puis un chiffon sali, puis ce qui se trouve sous la main, et l'on finit par imiter ces pâtissiers indignement mal-propres, qui remplissent les tourtes et les pâtés avec les plus sales torchons. L'odeur nauséa-bonde, le détestable goût qu'exhalent l'intérieur de ces objets les ont bientôt trahis. Alors, non seulement, ils perdent leurs pratiques, mais ils éloignent les acheteurs des autres boutiques de pâtisserie, parce qu'on impute à tous les pâtis-siers une si dégoûtante habitude. De peur donc que ses aides ne lui jouent un semblable tour, le patron prendra la résolution de *garnir de farine* et veillera à ce que ses ordres soient exécutés.

Le bord supérieur du tour (la paroi) reçoit le nom de *crête*, et présente pour l'ordinaire un peu d'évasement, surtout dans les pâtés soignés. C'est en dedans de la crête que l'on place le *cou-vercle*, formé d'une abaisse de forme et de gran-deur assorties au pâté. Le couvercle moulé pour les pâtés moyens, uni pour les pâtés communs, et décoré d'ornements moulés pour les pâtés élégants, se bombe toujours au milieu, cette disposition étant plus gracieuse. S'il se pose d'abord sur le ragoût, celui-ci a dû être placé de façon à présenter une surface bombée en ce point, et par conséquent le couvercle en prend la forme. Si, au contraire, la garniture est postiche, le couvercle a dû être bombé au centre à l'aide du bout du rouleau que l'on a bien appuyé sur lui, en le tenant renversé. Enfin que cette forme convexe ne s'affaisse point à la cuisson, il faut mettre la farine comble en manière de dôme.

§ 2. PATÉS FROIDS POUR GROSSES PIÈCES DE FOND.

Ces pièces sont infiniment plus difficiles à dresser que celles dont nous venons de parler, car il s'agit ordinairement d'un fond de 16 centimètres de diamètre, d'une paroi de 22 à 24 centimètres de hauteur et de larges dessins moulés à part, ce qui du reste n'est pas le plus difficile, mais le plus minutieux.

Il y a deux moyens de dresser ces gros pâtés : le premier et le plus facile ressemble beaucoup à la méthode ordinaire, comme le prouve l'exemple suivant :

Premier exemple. On prépare 6 litres de pâte à dresser à 2 kilogrammes et demi (car la diffécence du *beurré* tel que nous l'avons expliqué pour le feuilletage s'applique aussi à la pâte à dresser, ainsi qu'à diverses autres pâtes) ; on enveloppe cette masse dans une serviette humide, et l'on prépare le ragoût dont on doit garnir le pâté. Supposons qu'il s'agisse de perdrix aux truffes.

Le ragoût étant terminé, on fait une masse ovale des trois quarts de la pâte, et l'on en forme une bande de 22 centimètres de largeur sur une longueur de 76 centimètres. On la pare carrément en la coupant en ligne droite, et on lui donne 60 centimètres de long et 24 centimètres de large. On ramasse les parures (rognures), on les roule (ce que plusieurs pâtissiers appellent *mouler*, mais nous ne nous servirons pas de ce terme, afin d'éviter toute confusion avec le véritable sens du mot *mouler*), et l'on en forme une abaisse de 27 millimètres d'épaisseur et de 19 centimètres de diamètre. Cette abaisse circulaire, dont on presse l'épaisseur tout autour afin de renfler ses bords, est destinée à foncer. On place ce fond sur une plaque légèrement beurrée seulement au centre, et on la met de côté pour tailler les deux bouts de la bande en biseau un peu largement, puisqu'ils doivent se croiser de 5 centimètres.

La bande, ainsi taillée, on la présente autour du fond afin de voir si elle s'y adapte exactement ; on l'enlève, puis on la colle cette fois autour de ce fond, après avoir réuni ses deux bouts, de manière qu'elle présente une circonférence. Comme il importe de prendre toutes les précautions possibles pour consolider ce pâté, on prépare une petite bande roulée, large de 15 millimètres, et longue de 57 centimètres, qu'on place en dedans le long du joint du bord de la bande, en la soutenant en dehors tandis qu'on l'appuie en dedans.

Il importe de tenir les doigts étendus en dressant, et d'avoir toujours les mains placées l'une près de l'autre en montant le pâté, afin de ne point faire plisser la pâte, et de lui conserver une égale épaisseur. Il faut encore, en soudant la paroi et le fond, serrer la pâte en ce point, de telle sorte que le rebord ou pied et que la partie de la paroi voisine de la soudure aient tous deux un évasement léger et gracieux.

Ce plat de pâte ainsi formé, on dépose dans le fond une couche de farce épaisse de 8 centimètres sur laquelle on place des truffes coupées en dés, de manière à présenter une sorte de plateau noirci. Alors on y dépose avec précaution trois perdrix, dont on rapproche les têtes. On peut encore, suivant le goût de la clientèle, les réunir par un collier de pâte non dorée, sur lequel on écrit en couleur quelque devise analogue à la réunion où l'on sert le pâté. Nous avons fait souvent ces surprises-là d'accord avec les maîtresses de maison qui s'en montraient extrêmement satisfaites. Quoi qu'il en soit, on prend bien garde de ne point déformer la pâte en plaçant les perdrix, et on tâche de loger leurs têtes sans effort dans la partie bombée du couvercle. On peut encore laisser sortir par la *cheminée* leurs becs réunis et gracieusement teints en rouge, quelle que soit l'espèce de perdrix. On place d'ailleurs le couvercle comme à l'ordinaire, mais on le soude le plus solidement possible autour de la crète qui a été préparée au moment où le pâté a été garni de farine. On pince le bord de cette partie, puis d'après les dessins qui ont été choisis, on découpe des ornements avec les emporte-pièces convenables, et l'on soude ces ornements sur le couvercle et sur les parois du pâté.

La cuisson d'une telle pièce nécessite des mesures qu'ignorent ceux qui font uniquement des pâtés de boutique. D'abord, pour soutenir la crête, qui est fort saillante, il faut l'entourer d'une bande de papier large de 25 millimètres environ et légèrement beurrée : on la maintient en place en la recouvrant d'une bande semblable bien imbibée de dorure ou seulement de blanc d'œuf. Alors on enfourne au four gai, et dix minutes après, aussitôt que le pâté a pris couleur, on le défourne et on l'entoure d'une large bande de papier très fort ou de carton, de longueur convenable, qu'on maintient en cercle autour du pâté, à l'aide de cordons fixés aux deux bouts. On doit ce perfectionnement à Carême. On remet ensuite le pâté au four, et on ne l'y laisse que le temps nécessaire pour que le dessus soit animé d'un beau coloris blond. On le retire alors à la bouche du four, et on le recouvre de quatre feuilles de papier mises les unes sur les autres, qu'on maintient par une brochette ou un petit hâtelet fixé dans la cheminée du pâté, afin que le papier ne se dérange pas.

Après quatre heures de cuisson, on défourne et on ôte l'entourage, puis l'on verse dans le pâté la sauce convenable ou quatre verres de bon consommé clarifié ; on entoure ensuite la cheminée d'un ornement assorti, ou bien on la bouche tout simplement avec un peu de pâte que l'on a mise cuire à côté à cet effet.

Deuxième exemple. Voilà bien des précautions, et en supposant qu'elles aient été consciencieusement prises, malgré tous ces soins, les difficultés sont encore plus grandes lorsque les pièces sont plus grosses ; mais aussi il n'appartient qu'aux très habiles pâtissiers de dresser ainsi un gros pâté tout d'une pièce.

Supposons qu'il soit garni d'une pintade désossée en galantine, avec farce de noix de veau et de jambon. On prend six litres de pâte à dresser, humectée à la serviette, on retranche un quart pour faire le couvercle ; le reste est roulé et aplati en abaisse ronde de 25 millimètres d'épaisseur. On imprime avec le bout des doigts, sur le milieu de cette abaisse, un cercle qui entoure un morceau circulaire de 16 centimètres de diamètre ; on relève ensuite tout autour de ce rond la pâte qui l'entoure, en la soutenant entre les mains rapprochées, les pouces en dehors, et les autres doigts en dedans. C'est la bande qu'il s'agit de dresser au-dessus du fond auquel elle tient, qu'il s'agit de monter à 16 et jusqu'à 25 centimètres de hauteur, en relevant le bord et en la foulant par la pression des doigts sur elle-même. Quand on est parvenu à la hauteur voulue, on évase la pâte, et on la pare pour faire la crête du pâté.

Pendant que l'on a dressé le pâté, la pintade a été désossée, cuite, et la farce a été préparée. Alors on met dans le pâté le tiers de la farce, c'est-à-dire 500 grammes à peu près ; on l'égalise en couche égale, on applique dessus une tranche de veau bien mince, blanchie à l'eau bouillante et semée de fines herbes et de champignons hachés, en rapprochant si bien ses parties qu'elle remplisse exactement le diamètre du pâté sans nul écartement et sans jointures visibles. Sur cette tranche, on place la pintade, l'estomac en dessus, on la masque avec la farce, qu'on couvre du hachis semé sur la tranche de veau, on barde et l'on termine comme pour le pâté précédent. Le couvercle aura 30 centimètres de diamètre et 7 millimètres d'épaisseur. Après la cuisson, il doit être exactement fermé.

S'il s'agit de viande de boucherie, on pique la viande, on la fait revenir et cuire à moitié dans une casserole avec un morceau de beurre, du sel et du laurier ; puis on retire la viande de la casserole et on la laisse refroidir dans l'assaisonnement. On prépare une farce de lard haché très fin avec les parures de la viande et on l'assaisonne à part. Enfin, on la couvre de bardes de lard, de manière qu'elles se trouvent placées entre la pâte et la viande et l'on dépose celle-ci dans le pâté dont on ferme et l'on soude le couvercle par la méthode ordinaire.

Généralement, la viande destinée à la confection d'un pâté doit être revenue dans le beurre. La viande de boucherie, les dindons, les lièvres, les lapins, les chapons, sont désossés ; on laisse entiers les canards, les pigeons, les perdrix, les mauviettes ; le jambon doit être cuit auparavant ; toutes viandes, excepté celle du jambon doivent être piquées de lardons plus ou moins gros et assaisonnées. On emploie aussi comme garniture une farce de veau ou de volaille avec autant et même un peu plus de lard que de viande. Si, dans un même pâté, on emploie plusieurs espèces de viandes, on remplit avec de la farce les intervalles qui peuvent exister entre elles, et on les comprime avec les mains pour n'en faire qu'une masse.

§ 3.   PATÉS CHAUDS, CROUTES, TIMBALES
ET VOL-AU-VENT.

On prend de la pâte à dresser et l'on dresse un pâté du diamètre de 20 centimètres sur 11 centimètres de haut, d'après les principes exposés précédemment. On le remplit ensuite du ragoût choisi et préparé d'avance ; on le barde avec des bardes de lard rondes, sous lesquelles on place deux feuilles de laurier, et l'on couvre le tout d'une abaisse de pâte à dresser pour faire le couvercle. On pince la crête, on décore les parois, on dore et l'on met au four gai ; aussitôt que le dessus est coloré blond, on le cerne, c'est-à-dire qu'on le coupe à 7 millimètres du bord, afin que le léger effet de la garniture, à la cuisson, ne déforme point le pâté. Il est bon de le couvrir alors avec quatre feuilles de papier arrondies mais la brochette qui les maintient n'est plus fichée au milieu ; elle l'est à un des bords pour entrer dans le bord cerné.

Après une heure et demie de cuisson, dont la fin doit correspondre à l'instant du service, on enlève le papier, le couvercle, les bardes de lard et le laurier ; on dégraisse le pâté et l'on verse dessus une bonne sauce assortie à sa garniture. Quelquefois on glace légèrement sa surface à la flamme et l'on sert.

Pâté chaud au saumon. — Après avoir opéré pour la croûte comme il est dit ci-dessus, on prend des tranches de saumon frais, qu'on pique avec des anchois dessalés et préparés en lardons ; on les fait revenir dans le beurre avec du sel, du poivre, de la ciboule et des fines herbes hachées bien menu ; on range le saumon sur l'abaisse, on place le couvercle et l'on fait cuire. Lorsque le pâté sera bien doré et cuit à point, on le découvre et l'on verse dessus une sauce composée d'un demi-verre de court-bouillon, de persil haché et d'échalottes ; après qu'on aura fait faire un bouillon, on ajoute un morceau de beurre manié de farine et l'on remue jusqu'à ce que la sauce soit en coulis.

Sur les tables bourgeoises, le pâté chaud est muni de son couvercle ; mais dans les grands repas, dans les grandes maisons, cela paraîtrait suranné et ridicule. On préfère le pâté chaud découvert, orné de belles écrevisses.

Pâté chaud à la financière. — Dans une casserole ordinaire, on place un morceau de beurre que l'on fait fondre à moitié et qu'on saupoudre avec de la farine jusqu'à ce qu'il soit tout à fait fondu et d'un blond foncé.

On le retire alors du feu et l'on verse, en remuant toujours, un jus roux qui aura été mélangé à l'appareil jusqu'à ce que la sauce soit bien liée ; ceci fait, on remet la casserole sur le feu jusqu'à l'ébullition, on la retire et on la conserve chaude. Afin que cette sauce soit débarrassée des ingrédients étrangers, on l'écume et on la passe dans un tamis, puis on la place dans une terrine.

On verse un demi-litre de cette sauce dans une casserole qu'on pose sur le feu et qu'on arrose d'un filet de vin de Madère ; on y jette des champignons découpés au couteau, une trentaine de quenelles, on fait bouillir, puis on y ajoute des truffes coupées en tranches, des morceaux de cervelle, des ris de veau, quelques tranches de fonds]d'artichauts, six tronçons d'anguille, cinq mauviettes, quelques filets de volailles. Tous ces ingrédients étant cuits et préparés à l'avance lorsqu'ils seront joints à la sauce, il ne faut pas laisser bouillir le tout plus de 10 minutes. On assaisonne de bon goût, on prépare la croûte sur un plat et l'on y verse la garniture, puis on recouvre le dessus avec des écrevisses troussées et l'on pose le couvercle en pâte.

Pâté chaud au blanc. — La croûte et la garniture de ce pâté sont absolument les mêmes que pour le pâté chaud à la financière. La sauce seule diffère ; on la remplace par une *sauce allemande* (voir plus loin) qu'on lie, au moment de servir, avec un jaune d'œuf, du beurre fin, un peu d'eau et quelques gouttes de jus de citron qu'on bat ensemble et qu'on verse dans la sauce au moment de la retirer du feu ; on fait sauter le tout et l'on sert bien chaud.

Vol-au-vent. — La préparation des vol-au-vent est absolument semblable à celle des pâtés chauds que nous venons de décrire ; nous n'y reviendrons donc pas. Dans le vol-au-vent *à la financière,* on garnit l'intérieur comme dans le pâté à la financière ; le vol-au-vent *au blanc* est rempli comme le pâté au blanc. Le vol-au-vent *en maigre* est garni avec une sauce maigre bien dépouillée et passée à l'étamine, dans laquelle on introduit des quenelles de poisson moulées, des laitances de carpe, ou des têtes de champignons fourrées et assaisonnées.

Vol-au-vent à la Béchamelle. — On met un bon morceau de beurre dans une casserole, qu'on dispose sur un feu ordinaire, et l'on fait fondre le beurre en l'arrosant de farine. On la laisse sur le feu juste assez de temps pour que le beurre soit fondu, et l'on mouille avec du lait déjà bouilli, en versant doucement, et en remuant toujours en tournant, jusqu'à ce que tous les ingrédients soient bien liés ensemble. On retire alors la casserole et l'on assaisonne, en observant que la morue qui doit y entrer n'est jamais entièrement dessalée ; on passe au tamis, et l'on remue de temps en temps jusqu'à parfait refroidissement.

D'autre part, on prend un morceau de morue bien dessalée, qu'on fait cuire jusqu'à ce qu'elle soit tendre ; on la débarrasse de la peau et des arêtes lorsqu'elle est égouttée, puis on la met dans la sauce qui a été préparée d'avance, et on ne lui laisse jeter qu'un bouillon. On ajoute alors un morceau de beurre, on fait sauter le tout, et l'on verse dans la croûte dressée sur un plat ; on décore ensuite avec de belles écrevisses.

Croûte aux champignons. — On met un morceau de beurre dans une casserole que l'on place sur un feu ordinaire. Lorsque le beurre est fondu, on retire la casserole, on saupoudre de farine et l'on tourne jusqu'à ce que le mélange soit lié ; on remet alors la casserole sur un feu modéré, et l'on tourne en ajoutant un jus blanc ; lorsqu'on aura atteint l'ébullition, on retire la casserole et on la laisse sur un coin du fourneau ; on dégraisse ensuite et l'on passe à l'étamine.

On tourne alors avec un couteau de beaux champignons, qu'on met dans la sauce en les arrosant de quelques gouttes de citron, on fait faire quelques bouillons, et l'on assaisonne s'il en est besoin.

Enfin, on garnit un moule de pâte qu'on

étend de manière à empêcher l'air de produire des boursoufflures, on retourne le moule sur une tourtière qu'on met dans le four une demi-heure ou plus, suivant la chaleur de celui-ci ; puis on renverse la croûte en démoulant avec soin, on la dore et on la remet au four, afin qu'elle prenne une belle couleur. Au moment de servir, on y verse l'appareil préparé.

Manière de mouler les timbales. — Une timbale n'est autre chose qu'un pâté moulé, qui n'a pas ordinairement la même hauteur que les pâtés ordinaires.

Pour confectionner une timbale, on détrempe deux litres et demi de pâte fine à timbales, qu'on beurre grassement avec du beurre épongé et qu'on dispose dans un moule convenable. On y place d'abord la décoration, dont on aura préalablement découpé les parties dans une abaisse très mince préparée avec une pâte légère. Cela fait, on retourne le moule qui doit avoir 18 centimètres de diamètre sur 10 centimètres de hauteur. On le renverse ainsi pour préserver les ornements du contact de l'air, pendant qu'on abaisse la pâte fine de 5 millimètres d'épaisseur et de 60 centimètres de longueur. On retranche 27 millimètres sur la longueur de cette abaisse, on lui donne 10 centimètres de largeur, on la roule sur elle-même, et on la met de côté, pendant qu'on roule les parures pour faire une abaisse de même épaisseur, propre à foncer la timbale. A cet effet, on pose sur l'abaisse le fond du moule, et on la coupe exacte d'après sa circonférence. On place ensuite cette abaisse ronde sur la décoration du fond, après avoir légèrement humecté cette décoration avec le pinceau ou *mouilloir*, qu'on aura pressé préalablement entre les doigts pour exprimer la surabondance d'eau.

Afin que les ornements s'attachent bien à cette abaisse, on appuie dessus avec un peu de pâte roulée, ce qui s'exécute d'ailleurs toutes les fois que l'on veut appliquer une abaisse sur un corps quelconque sans s'exposer à en froisser ou à en déchirer la surface. On appelle cette opération *appliquer à la pâte*.

On place ensuite droit dans le moule la bande roulée. A mesure qu'on la déroule peu à peu, on l'*applique à la pâte* sur la décoration, en évitant soigneusement de la déranger. Pour souder cette bande au fond, on place sur les joints en l'appuyant une bandelette de pâte roulée et un peu humectée. Quand la timbale est achevée, on la remplit de la garniture adoptée, soit une blanquette de volailles (ce qui est dans les ménages et chez les restaurateurs une excellente manière d'utiliser les restes), soit un salmis de pigeons ; un ragoût de grives, du macaroni, etc. On recouvre avec une abaisse de 2 millimètres d'épaisseur, qu'on soude parfaitement et qu'on replie par-dessus le bord de la timbale. On mouille bien le tout, et on le masque d'une seconde abaisse large comme le moule, qu'on dore légèrement et sur laquelle on trace des ornements. On la perce au milieu pour faire évaporer l'humidité, selon l'usage, et on la met au four gai pour cuire une heure et demie. Après ce temps, on ferme bien solidement l'ouverture avec de la pâte, on renverse le moule sur un plat, et peu de temps après, on l'enlève pour servir.

On doit éviter avec soin qu'il ne se trouve pas

de cloche d'air entre la pâte et le moule, ce qui présenterait, à la cuisson, un grave inconvénient. S'il en existait, il faudrait piquer la pâte avec la pointe d'un couteau pour dissiper ces soufflures. On doit aussi veiller à ce que la pâte ne forme aucun plissement lorsque la timbale est toute foncée.

Manière de garnir les timbales chaudes. — Lorsque la pâte des timbales est achevée, on les barde au fond et tout autour, on les emplit de graisse de bœuf hachée, on les couvre et on les termine comme à l'ordinaire ; puis, après la cuisson et la sortie du moule, on les cerne ; on lève le couvercle, on ôte la graisse et les bardes de lard. Au moment de servir, on les garnit à moitié de godiveau de volaille, de gibier ou de poisson, et l'on verse par-dessus un bon ragoût *à la financière*, dont nous donnerons plus loin la recette. Cette entrée ne diffère donc du pâté chaud que parce qu'elle est moulée et qu'on la sert avec son couvercle.

Les timbales garnies de macaroni, soit à *l'indienne*, c'est-à-dire de macaroni safrané, mélangé d'un ragoût à la financière en gras, soit à la *marinière*, c'est-à-dire de macaroni mêlé de filets de différents poissons, se font cuire au bain-marie, le moule étant placé dans l'eau chaude qui doit l'entourer jusqu'à 15 millimètres du bord supérieur.

Timbale de macaroni. — On prépare une abaisse en pâte de nouille très mince (voyez plus loin la manipulation de cette pâte), que l'on coupe à l'emporte-pièce pour obtenir des ornements gracieux, et, après avoir beurré la timbale, qui a été préparée à l'avance, on dispose au fond ces ornements ; on les recouvre ensuite, ainsi que toutes les parois de la timbale, d'une pâte à foncer, en ayant soin d'appliquer la pâte avec un tampon, afin qu'il ne reste pas d'air entre elle et les ornements qu'elle supporte.

On verse alors le macaroni bouillant et on le recouvre d'un fond en pâte mouillée, assez molle pour qu'elle puisse adhérer avec les bords, que l'on joint solidement de manière à bien enfermer le macaroni. On met ensuite la timbale dans un four vif, dans lequel on la laisse cuire pendant vingt minutes ; on la renverse et on la sert chaude.

Timbales froides pour grosses pièces. — Ces timbales sont aux gros pâtés froids ce que les timbales chaudes sont aux pâtés chauds. Il faut, pour une pièce de ce genre, six litres de pâte à dresser à 4 kilog.. un grand moule à côtes de 22 centimètres de largeur sur autant de hauteur, des abaisses de 25 millimètres, que l'on dresse à 13 ou 16 centimètres de hauteur, comme pour faire un pâté avant de les mettre dans le moule, avec les soins précédemment indiqués.

Une fois la timbale foncée, on la barde légèrement tout autour, et l'on y place la garniture, en commençant pâr une couche de farce dans laquelle on enfonce des truffes, puis en continuant par de la galantine de volaille, ou par du gibier préparé à cet effet ; on met ensuite par dessus un cordon de farce, on recouvre le tout d'un demi-kilog. de beurre frais manié, on couvre à l'ordinaire et l'on donne quatre heures de cuisson au four gai, après avoir revêtu le couvercle de quelques feuilles de papier.

A la sortie du four, on verse par l'ouverture

environ trois verres de bon consommé tout bouillant, et l'on bouche aussitôt. Quand la timbale est presque refroidie, on retourne le moule sur une plaque couverte d'un rond de papier ; on termine en l'enlevant et mettant la timbale au frais.

Manière de tailler et de garnir les tourtes d'entrée. — Les consommateurs recherchent moins maintenant les tourtes dont la forme large et surbaissée leur semble, avec raison, beaucoup moins gracieuse que celle des pâtés ; mais elles donnent beaucoup moins de peine à confectionner, et demandent beaucoup moins de temps que ceux-ci, puisqu'on peut préparer une tourte en moins de dix minutes, tandis qu'il faut au moins consacrer une demi-heure au pâté chaud. Ainsi donc, par des motifs d'économie et de célérité, le pâtissier peut être appelé à confectionner des tourtes ; c'est pourquoi nous allons en parler ici.

Avec de la pâte fine, ou de la pâte brisée demi-feuilletée, on fait une abaisse circulaire de 22 centimètres de diamètre, on la pose sur une plaque, et on la garnit à 25 millimètres du bord avec le ragoût choisi. Comme pour les pâtés chauds, la farce ou les boulettes qui la remplacent doivent toujours se placer au fond : le reste de la garniture se met sur cette première couche et se dresse en dôme.

On entoure ensuite le fond d'une abaisse formant paroi, qu'on mouille et qu'on soude à l'ordinaire ; sur cette paroi peu élevée, on place ensuite un couvercle. C'est le moyen le plus commun, mais il vaut bien mieux opérer comme nous allons l'expliquer.

Après avoir garni la première abaisse, celle du fond, comme nous venons de le dire, on en fait une seconde en pâte semblable et n'ayant que 5 millimètres d'épaisseur. Cette abaisse, également circulaire, et d'un diamètre de 26 centimètres, se place comme le dessus du pâté de lièvre, et s'étend sur la garniture, en commençant par le sommet. Qu'elle soit plus ou moins éloignée de la première abaisse, il n'importe, puisqu'on les réunit l'une à l'autre par une abaisse de *bande* ou de paroi, haute de 7 centimètres environ. Quand le dôme est peu élevé, on se borne à souder l'abaisse du dessous, et l'abaisse du dessus avec une bandelette de feuilletage de 2 centimètres de largeur. Mais, en ce cas, on imite la bande de paroi, en décorant à cet endroit le bas de la tourte, soit en pinçant, soit de toute autre manière. Mais en rapportant la paroi, on travaille plus commodément, parce qu'on peut la découper et même la mouler à l'avance dans un moule à couronne, sans toutefois en réunir les deux bouts ; on le fait après l'avoir placée.

Au sommet du dôme, on place ensuite soit une rosace, soit un petit faux-couvercle en feuilletage, ou tout autre ornement analogue, qui doit avoir à peu près, comme eux, 16 centimètres de diamètre. Au centre de cet ornement, on fait un petit trou avec la pointe d'un couteau effilé ou d'une lardoire pour donner une issue à la vapeur qui, cherchant à se dégager pendant la cuisson, déformerait complètement la tourte.

La paroi doit être entourée d'une bande de papier fort, beurrée et collée par les deux bouts pour soutenir la tourte au four gai, où elle reste une heure et demie. Au moment de servir, c'est-à-dire, en défournant, on enlève délicatement la rosace ou le petit faux-couvercle, mais seulement à 8 centimètres d'ouverture, on introduit la sauce, puis on recouvre promptement.

Vol-au-vent d'entrée. — Ce plat de pâtisserie est ainsi nommé parce qu'il se fait avec du feuilletage. On étend à l'ordinaire une abaisse de pâte fine ou de pâte brisée, sur un plafond beurré ; on promène le mouilloir dessus, et on pose le feuilletage sur cette abaisse mouillée après avoir abaissé celui-ci avec le rouleau. Sur ces deux abaisses de pâtes différentes ainsi superposées, on place un couvercle circulaire de grandeur assortie à celle du vol-au-vent, et l'on coupe le feuilletage avec le couteau en suivant le pourtour du couvercle. On ramasse les parures, on les met de côté, puis on enlève le couvercle patron et l'on fait celui du vol-au-vent. Pour cela, on cerne à 4 centimètres du bord, après avoir largement doré le tout.

On peut laisser la surface unie, ce qui paraît même plus distingué à quelques personnes ; mais assez communément, on y trace avec le couteau des raies plus ou moins écartées, croisées, et d'autres ornements. On met après cela cuire au four modéré, et l'on retire le vol-au-vent lorsqu'il a pris une belle couleur. On lève alors le couvercle, et, comme le feuilletage fait beaucoup d'effet à la cuisson, on observe que sous ce couvercle mince, formé du premier feuillet de la pâte, se trouvent les autres feuillets jusqu'à l'abaisse de pâte brisée qui ne s'est pas gonflée. On vide le vol-au-vent, en ôtant ces feuillets superflus, qui servent, soit à doubler d'autres pâtisseries, soit plutôt à consolider l'intérieur du vol-au-vent.

La bande circulaire large de 4 centimètres qu'on a laissée autour du bord, forme alors une élégante paroi agréablement gonflée, mais sans beaucoup de solidité, et qui laisse trop souvent échapper les sauces. Pour obvier à cet inconvénient, on examine l'intérieur du vol au-vent et, sur les parties trop minces, on colle, à l'aide d'un peu de dorure, quelques feuillets en surplus. On termine par dorer tout le dedans pour empêcher de s'effeuiller le reste de la pâte vidée précédemment.

Nous avons consacré précédemment un article spécial à la dorure (voyez page 57). Nous rappellerons ici une fois pour toutes que la dorure est tout simplement du jaune d'œuf, battu pur ou avec un peu d'eau, que l'on passe sur la surface de toutes les pâtisseries avant de les mettre au four. Pour les *pâtés chauds*, la dorure permet l'addition d'une cuillerée à bouche de farine tamisée par œuf, addition qui augmente encore le brillant de cette espèce de vernis. Il y a des pâtisseries qui se dorent au blanc d'œuf, ainsi que nous le verrons au cours de cet ouvrage.

CHAPITRE III

GARNITURES EN GRAS ET EN MAIGRE DES PATÉS, DES TOURTES ET DES VOL-AU-VENT.

Au moyen des différents exemples qui ont été mentionnés dans le chapitre précédent, nous savons déjà que les pâtés froids se garnissent de lièvres, de lapins, de lapereaux, de jambon, de veau, de perdrix, de pintade ; que les tourtes, les timbales et les vol-au-vent reçoivent différents ragoûts de hachis, de volaille et de gibier ; nous savons encore comment se disposent ces divers objets, d'après leur nature et leur forme. Il ne nous reste plus qu'à indiquer au pâtissier les garnitures les plus usuelles ou les plus recherchées, et à lui donner quelques exemples.

Nous ferons observer d'abord que la garniture des tourtes et des pâtés se compose : 1º de la garniture principale, comme ragoût de poularde, galantine de dindonneaux, filet de bœuf, etc ; 2º de la garniture accessoire, comme farce de veau, de porc frais, godiveau, morilles, truffes, champignons, foies gras, laitances de carpes. Quoique souvent, dans les petites tourtes et les vol-au-vent, cette garniture accessoire forme à elle seule toute la garniture, il n'en faut pas moins diviser cette opération en deux parties tout à fait distinctes.

Avant de nous occuper des garnitures composées, accessoires ou principales, nous dirons un mot des matières qui entrent presque toujours comme garnitures simples dans une foule d'entrées chaudes.

§ 1. GARNITURES SIMPLES.

Anguilles (tronçons d'). On vide le poisson ; on le dépouille de sa peau, on le coupe en tronçons ou de toute autre manière. On relève dans une casserole avec un peu d'eau, une verre de vin blanc et l'assaisonnement convenable, on met sur le feu et l'on fait cuire ; lorsque la cuisson est complète, on met la garniture à part dans un autre vase pour s'en servir au besoin.

Cervelles. On fait dégorger dans l'eau fraîche les cervelles, en renouvelant cette eau plusieurs fois, on les épluche, on les remet dans l'eau, puis on les fait blanchir dans une casserolée d'eau avec un bouquet garni et un filet de vinaigre. Dès que l'ébullition se manifeste, on les retire du feu, on les laisse reposer quelque temps et on les transvase.

Champignons. On les épluche, on les lave à grande eau, on les égoutte, on les fait cuire dans une casserolée d'eau, avec du beurre, du sel, et du jus de citron, on sépare les têtes des queues, on pèle les têtes avec adresse, on les saute dans le blanc à plusieurs reprises pendant cinq minutes, et on les transvase.

Crêtes. On les coupe et on les met dégorger, on les fait chauffer dans l'eau salée, on les égoutte, on les met avec du gros sel gris dans un torchon replié que l'on sasse, on ouvre le torchon, on épluche les crêtes avec soin et on les jette dans de l'eau fraîche que l'on change de 4 heures en 4 heures jusqu'à ce que les crêtes soient bien blanches ; ensuite on les égoutte et on les fait cuire avec du vin blanc comme les tronçons d'anguilles.

Ecrevisses. On les vide, on les lave à l'eau fraîche, on les fait cuire avec de l'eau, du sel, du poivre, un clou de girofle, du persil, du thym, du laurier, de la muscade et un filet de vinaigre, on les retire du feu, on les laisse mijoter un quart-d'heure, on les transvase, et on les conserve pour le besoin.

Fonds d'artichauts. On enlève les feuilles et le foin, on les jette au fur et à mesure dans de l'eau aiguisée avec un peu de vinaigre, on place les fonds dans un léger blanc d'eau salée et de farine, on fait cuire au bouillon, on retire du feu on laisse mijoter sur un coin du fourneau, et l'on transvase.

Poulet dans son blanc. On prend de petits poulets dits de Nantes, qu'on flambe et qu'on découpe, et on les fait dégorger dans de l'eau tiède et une poignée de sel, on les égoutte, on les jette dans de l'eau fraîche, on les égoutte de nouveau, on les pare et on les fait cuire dans un blanc léger avec du sel, du poivre, des légumes, et un bouquet garni. Dès que le tout est en ébullition, on le retire du feu, on le laisse mijoter pendant une heure, on le transvase et on le conserve.

Ris de veau. On les fait dégorger dans de l'eau pendant deux heures, on les égoutte, on les fait cuire dans de l'eau salée, puis la cuisson opérée, on les retire du feu et on les plonge dans de l'eau fraîche ; on les retire, alors on les égoutte et on les pare en extrayant le cornet et les parties nerveuses. Chaque ris forme alors deux parties :

l'une le ris proprement dit et l'autre qui est plus plate et qu'on nomme la gorge. On les met en cet état dans un jus, et on les fait bouillir, on les laisse mijoter pendant 30 minutes sur le coin du fourneau, et on les transvase.

Rognons. On les traite à peu près comme les crêtes et souvent même on les prépare ensemble.

Truffes. On commence par les plonger dans un vase plein d'eau où on les laisse une heure environ ; puis on les enlève une à une et on les frotte avec une brosse de crin un peu dure pour enlever la terre ; on répète cette opération deux ou trois fois en renouvelant l'eau, on les égoutte et on les pêle légèrement. On prépare alors une sauce veloutée (voyez plus loin) que l'on passe au tamis ; on y place les truffes, qu'on couvre avec du vin blanc, on les fait cuire, on les retire du feu, on les laisse mijoter une heure, on les transvase et on les conserve.

Ce mode de traitement des truffes n'est pas celui qui satisfait les gourmets ; ces lavages à l'eau et cette cuisson dans du vin enlèvent en effet une partie notable de l'arôme de la truffe. Dans les pays de production et chez les princes de la cuisine, les truffes brutes sont simplement pelées à sec au couteau, puis cuites dans le saindoux ou dans la graisse avant de les introduire dans les pièces. Mais le haut prix de ce comestible fait préférer la première manière qui donne moins de perte sur cette matière précieuse.

§ 2. GARNITURES ACCESSOIRES.

Comme les garnitures accessoires sont infiniment moins nombreuses que les garnitures principales, et que d'ailleurs elles s'emploient sans inconvénient avec toutes sortes de ragoûts, en froid ou en chaud, soit viandes de boucherie, soit volaille ou gibier (quoique cependant il faille mieux préparer pour le fin gibier un gratin assorti), nous allons commencer nos instructions par décrire les garnitures accessoires.

FARCES.

Farce de veau. — On pare une belle noix de veau bien blanche, c'est-à-dire qu'on en ôte les peaux et les nerfs ; on pare de même une partie de la sous-noix, et l'on en pèse 500 grammes que l'on hache avec 750 grammes de foie gras. Cette farce étant parfaitement hachée, on la met dans un mortier, et l'on y joint 20 grammes de sel épicé, et deux échalottes hachées très fines, qu'on blanchit en les jetant dans l'eau bouillante et en les pressant dans un linge. On ajoute une cuillerée à bouche de persil, puis le double de champignons et autant de truffes, le tout bien haché. On broie ce mélange avec deux œufs et une cuillerée à ragoût de velouté ou d'espagnole. On enlève alors cette farce du mortier et on la met dans une terrine, en ayant bien soin de faire nettoyer le mortier et le hachoir aussitôt après. Cette farce sert à garnir les pâtés froids de jambons, de canetons de Rouen, de veau, de poularde, etc.

Farce de jambon. — On pare une noix de veau bien blanche et une partie de la sous-noix, dont on pèse 500 grammes que l'on hache avec 750 grammes de lard gras et 375 grammes de jambon de Bayonne. Lorsque le tout est bien haché, on y joint 30 grammes de sel épicé, un œuf, deux jaunes, une cuillerée de velouté ou d'espagnole, deux échalottes hachées et blanchies, une cuillerée de persil, deux de champignons et autant de truffes, le tout bien haché. Lorsque cet assaisonnement est bien incorporé dans toutes les parties de la farce, on la met dans une terrine pour s'en servir ensuite à garnir des pâtés froids ou chauds, surtout des vol-au-vent.

Godiveau gras. — On prend 500 grammes de noix de veau parée ; on hache bien fin la viande et on la pile. D'autre part, on prend 1 kilogr. de graisse, dont on ôte la peau ; on la hache bien, puis on y incorpore le veau pilé ; on hache de nouveau le tout ensemble jusqu'à ce que le mélange soit parfait, on y ajoute du sel, du poivre, trois œufs en trois fois différentes ; on verse le tout dans un mortier s'il est assez grand ; on pile fortement le godiveau, et l'on y ajoute deux œufs, toujours en pilant. Quand on ne distingue plus la viande d'avec la graisse, on y verse un peu d'eau, toujours en pilant, jusqu'à ce que le godiveau soit à moitié mou ; alors on en prend de quoi faire une boulette que l'on met cuire dans l'eau pour s'assurer s'il est d'un bon sel. Lorsqu'on l'emploie on peut y ajouter un peu de fines herbes, comme du persil et de la ciboule. La graisse la plus sèche et la plus farineuse est la meilleure ; si dans l'été, en place d'eau, on peut y mettre un peu de glace, le godiveau n'en est que plus beau. Il sert principalement à garnir les pâtés, les tourtes et les vol-au-vent d'entrée.

Quenelles de volaille, ou farce à quenelles. — On prend quatre blancs de volaille, dont on râpe les

chairs avec un couteau, de manière qu'il n'y reste
ni peau, ni nerfs ; on les pile, on les passe à travers un tamis à quenelles, puis on les pose sur
une assiette ; on trempe de la mie de pain mollet
dans du lait et, quand elle est bien trempée, on
la presse dans les mains ou dans un torchon neuf,
pour en extraire le lait ; puis on la met dans un
mortier et on la pile à force de bras. On prend
une égale quantité de pain et de chair de volaille,
puis autant de beurre que de pain, et l'on pile le
tout ensemble jusqu'à ce qu'on ne reconnaisse
plus le beurre ; alors on y ajoute la chair de
volaille qu'on pile jusqu'à ce que le mélange
soit parfait, et l'on y ajoute quatre jaunes d'œufs
et même cinq, si la quenelle était trop épaisse,
puis on y met du sel, du gros poivre, et très peu
de muscade : quand le tout est bien pilé, on
fouette deux blancs d'œufs que l'on mêle avec
l'appareil. Avant de retirer la quenelle du mortier, on en fait pocher un peu afin de voir si
elle est d'un bon sel, puis on la roule sur le tour
en petites boulettes plus ou moins grosses.

On prépare aussi des quenelles de poisson en
remplaçant la chair de volaille par des filets de
carpe ou de brochet ; des quenelles de gibier, en
substituant au poisson autant de chair de lièvre
ou de perdreau. Ces garnitures délicates conviennent pour les vol-au-vent et les pâtés
fins.

Garniture de foies gras. — On prend six foies
gras, dont on supprime les cœurs et les amers,
on les pare bien aux endroits où le fiel a posé,
et l'on prend garde de les crever. On les fait
dégorger et blanchir légèrement, puis on les met
cuire à petit feu entre deux bardes de lard, et

on les mouille avec une sauce mirepoix bien nourrie.

Cette garniture forme aussi la base du ragoût à la financière, qui fait presque toujours la garniture accessoire des pâtés chauds, des timbales, des vol-au-vent, des croustades d'entrée, etc. Ce ragoût se compose de crêtes, de rognons de coqs, de cervelles d'agneau, de ris de veau, de truffes, de morilles ou champignons, de fonds d'artichauts, de tranches d'aubergine, mêlés de godiveau, et d'une sauce espagnole glacée.

Ragoût de laitances de carpes. — On prend une douzaine de laitances, qu'on détache des boyaux et qu'on fait dégorger dans l'eau fraîche jusqu'à ce qu'elles ne rendent plus de sang. On jette les laitances dans de l'eau avec un peu de sel et de vinaigre, on leur laisse faire un bouillon ; on les retire alors du feu et on les laisse égoutter. On verse dans une casserole deux cuillerées d'allemande et autant de velouté que l'on fait bouillir ; on remplit la sauce de beurre, on y dépose les laitances et l'on acidule avec un jus de citron.

Ce ragoût forme la base de la *financière* pour les vol-au-vent et les pâtés maigres de carpe, d'esturgeon, de saumon, de turbot, de perche et d'anguille. On y ajoute avantageusement, avec une bonne béchamelle au maigre, du godiveau de poisson autre que celui qui fait le ragoût principal, des huîtres, des queues d'écrevisses, des crevettes, des laitances de lottes et de maquereaux, des boulettes de riz, et tous les autres ingrédients maigres de la précédente financière.

Farce maigre pour tourtes et pâtés de poissons. — On pile 500 grammes de chair de brochet ou de

carpe, qu'on passe au tamis à quenelles ; puis on
la pile de nouveau avec 125 grammes de panade ;
on y joint 750 grammes de beurre fin, ou de
tétine de vache, ou de lard râpé. Le tout étant
bien mêlé, on y ajoute quatre jaunes d'œufs,
quatre cuillerées de fines herbes, 30 grammes de
sel épicé, et une cuillerée de velouté.

Farce d'anchois. — Après avoir fait dessaler de
gros anchois nouveaux, on les nettoie parfaitement et l'on sépare les arêtes des filets dont on
pèse 300 grammes environ que l'on fait mijoter
deux minutes seulement dans 125 grammes de
beurre fin, assaisonné de deux cuillerées de fines
herbes, d'une pointe de muscade et d'une très
petite quantité de sel épicé. Le tout étant refroidi,
on pile pendant dix minutes les filets d'anchois,
sans leur assaisonnement, avec 185 grammes de
panade au lait ; ensuite on joint le beurre aux
fines herbes, et, après avoir pilé le tout cinq
minutes, on ajoute encore 125 grammes de
beurre d'écrevisses ou autre et trois jaunes
d'œufs. Le tout étant bien pilé, on relève la
farce et on l'emploie.

JUS ET SAUCES.

D'après le grand principe de la division du
travail, le pâtissier devrait se fournir des sauces
chez les sauciers renommés ou chez les bons
restaurateurs, surtout lorsqu'il est pressé d'ouvrage ; mais d'une part, en province, cela serait
difficile, coûteux, impossible même dans les
petites villes, et d'autre part, il est bon qu'il
sache pratiquer lui-même tout ce qui se rattache
à son état. Nous allons donc donner un aperçu

des préparations employées pour saucer les pâtisseries d'entrée.

Les éléments principaux des sauces sont les jus qui sont de deux sortes : le jus roux et le jus blanc.

Jus roux. — Pour préparer le jus roux, on prend les débris d'un cuissot de veau dont on a enlevé les parties principales qui peuvent entrer dans la confection des pâtés ; on y joint des débris de volailles, tels que le gésier, le foie, les pattes, le cou, en un mot, toute espèce de viande, pourvu qu'elle soit fraîche et saine, quelques couennes de lard ou du pied de veau, et l'on pose le tout sur un lit de carottes, d'oignons, de navets, de poireaux, et autres légumes, coupés bien menu ; on verse deux verres d'eau dans le mélange ; et on le met sur le feu. Lorsque le tout commence à gratiner, on ajoute un bouquet d'ail, de thym, de laurier, etc.; une poignée de sel, et, quand le mélange bout, on l'écume, on le laisse mijoter huit à dix heures; on le passe au tamis et on le dégraisse un peu avant de s'en servir.

Jus blanc. — On place dans une casserole les os brisés d'un cuissot de veau, un pied de veau, de l'eau et du sel, on les met sur un feu vif, et l'on écume jusqu'à ce que le liquide bouille ; alors, on ajoute des légumes, un bouquet garni, un clou de girofle, on modère le feu; et on laisse mijoter pendant dix heures ; alors on passe et l'on dégraisse.

Sauce espagnole. — On fait d'abord un jus avec deux tranches de jambon, une noix de veau, une perdrix, et une quantité suffisante de bouillon gras, très peu salé, pour mouiller seulement la noix. Lorsque l'opération est terminée, on pique cette noix avec un couteau pour que son suc se joigne au jus ; ensuite on écume et l'on ajoute une *garniture de braise,* savoir : un bouquet de persil, de la ciboule, une demi-feuille de laurier, du thym, deux clous de girofle, accompagnés de parure de champignons.

Maintenant, on verse dans la même casserole moitié de ce jus préalablement passé à l'étamine, et moitié de consommé, soit de gibier, soit de volaille, d'après la nature du ragoût à garnir. On place cette casserole sur un feu ardent et l'on remue avec la cuiller de bois. Après l'ébullition, on retire la casserole, on l'écume et l'on dégraisse le jus ; on laisse reposer trois quarts-d'heure, on remet bouillir pour faire réduire convenablement, et l'on joint la réduction à un verre de bon vin blanc (du Rhin, de Madère ou tout autre) qu'on aura préalablement mis sur le feu avec six truffes, un peu de laurier, de muscade et de mignonnette. Le tout étant réuni et passé, on joint le ragoût à la financière, que l'on fait sauter deux minutes sur le feu ; puis on place la casserole couverte au bain-marie jusqu'au moment de garnir le pâté chaud ou tout autre objet semblable.

Sauce veloutée. — En substituant une vieille poule à la perdrix, on fait un jus comme le précédent, en employant du bouillon non coloré. Le mouillage étant à moitié réduit et la noix piquée, on laisse la casserole sur le feu pendant un quart-d'heure, et dès que le jus semble à peine se colorer, on le retire du fourneau et l'on achève de remplir la casserole avec du bouillon ou du consommé de volaille ; on fait bouillir et de nouveau l'on joint alors une garniture de braise et une poignée de morilles ou champignons. D'autre part, on fait un roux blanc et peu lié, qu'on laisse mijoter pendant une demi-heure, avec une partie de velouté ou de jus, et l'on réunit ce roux au reste du velouté. On met alors le tout sur un feu ardent, on le retire et on l'écume après la première ébullition, on le fait mijoter ensuite pendant deux heures, puis on le passe à l'étamine.

Sauce allemande. — Cette sauce, réduite de manière à présenter une surface épaisse sur une cuillère d'argent, se mêle avec une liaison de quatre jaunes d'œufs, une cuillerée de crème et un morceau de beurre de la grosseur d'un œuf de pigeon, puis se divise en petits morceaux. On ajoute peu à peu cette liaison, en remuant, puis on laisse reposer l'allemande sur un feu modéré, toujours en remuant ; lorsqu'on la retire du feu, on y ajoute un peu de muscade râpée, et l'on passe à l'étamine dan la garniture voulue.

Sauce Béchamelle. — On met dans une casserole un bon morceau de beurre de première qualité, on la pose sur le feu et l'on y jette avec précaution de petites pincées de belle farine de gruau. On mélange avec une cuillère de bois pendant une minute ; puis, toujours en tournant, on y verse une petite quantité de bon lait. Lorsque le tout paraît bien lié, on la remet sur le feu, en continuant de tourner jusqu'à bonne ébullition ; on abandonne la casserole pendant cinq minutes sur le bord du fourneau, on passe à l'étamine, et on laisse refroidir en agitant de temps à autre.

Sauce hollandaise. — Cette sauce se prépare en mettant dans une casserole un verre d'eau, quatre jaunes d'œufs, une cuillerée de vinaigre, et 200 grammes de beurre fin, du sel, du poivre, du piment doux et de la muscade râpée. On pose la casserole sur un bain-marie, on mélange doucement, et lorsque le tout est bien lié et forme un corps bien homogène, on y ajoute un peu de persil bien haché, et 200 grammes du même beurre ; on continue à remuer pour bien incorporer le tout ; enfin on ajoute une cuillerée de sauce espagnole, et l'on incorpore le tout en agitant ; cette sauce se sert immédiatement.

Sauce verte. — Elle se prépare avec deux verres de vin blanc, une douzaine d'huîtres, un bouquet garni, des carottes, des navets, et des oignons hachés menu qu'on fait cuire doucement dans une casserole jusqu'à réduction de moitié. On met alors dans une casserole un morceau de beurre qu'on fait fondre doucement, on y ajoute un peu de farine, on mélange sur un feu doux pendant deux minutes, on retire du feu, on passe au tamis, et l'on se sert de ce court bouillon pour mouiller la préparation précédente ; on lie doucement le tout, on fait bouillir pendant dix minutes et l'on passe à l'étamine (Voyez plus loin *Bouchée aux huîtres*).

§ 3. GARNITURES PRINCIPALES.

D'après ce que nous avons vu, nous savons qu'il n'est guère de comestibles qui ne puissent servir de garniture principale aux entrées de four. Quant au bœuf, ce sont le filet, le palais, la noix, toutes choses qui composent de solides pâtés pour les voyages, les parties de campagne, et les rendez-vous de chasse ; quant au veau, ce sont la noix, la rouelle, la longe et autres morceaux ; quant au mouton, ce sont les langues, les cervelles, le carré ; quant au porc, ce sont le filet, la hure, le boudin blanc ; ce sont ensuite toutes sortes de volailles et de gibier ; en poisson de mer, ce sont la morue, les merlans, le maquereau, les huîtres, la dorade, etc ; en poisson d'eau douce, ce sont l'anguille, la perche, le turbot, le brochet, l'esturgeon, la carpe, etc.

Ce n'est pas tout, avec du riz, on fait des tourtes et des pâtés, comme la *timbale de riz au beurre d'écrevisses*, et la tourte au riz, qui se prépare comme le macaroni au parmesan ; avec du macaroni, soit accommodé à la manière ordinaire, soit saucé de jus de bœuf et de velouté *(à la milanaise)*, soit mélangé de filets de mauviettes et saucé d'une espagnole au consommé de gibier *(au chasseur)*, soit mêlé d'un ragoût à la financière, on fait aussi des tourtes et des pâtés. Enfin, on fait des garnitures à tourtes et à pâtés avec des œufs et divers légumes.

Voyons maintenant comment s'accommodent ces garnitures si variées, en commençant par les préparations les plus usuelles.

Manière de passer aux fines herbes les volailles et gibier pour entrées de four. — Faire cuire entièrement les volailles ou le gibier, c'est les priver de leur saveur ; d'autre part, les mettre crûs dans les pièces de pâtisserie, c'est courir le danger de gâter la forme de ces dernières. Pour éviter ces deux écueils, il faut les *passer aux fines herbes* comme nous allons l'expliquer. Les bécassines nous serviront d'exemple.

Après avoir flambé et épluché huit moyennes bécassines, on sépare les cous et les pattes ;

ensuite on coupe chacune d'elles en deux parties, et l'on sépare les os du dos ; alors on essuie l'intérieur avec une serviette, et on les range sur un plat à sauter, dans lequel on a fait fondre préalablement 125 grammes de beurre, autant de lard râpé (à cet effet, on râtisse le dessus d'une bardière de lard gras, ce qui donne une espèce de saindoux), une cuillerée à bouche de persil, deux cuillerées de champignons, quatre cuillerées de truffes, le tout haché bien fin, puis une gousse d'échalotte hachée et blanchie, le sel épicé nécessaire à l'assaisonnement, et une pointe de muscade râpée. Alors on fait revenir les bécassines, en les laissant mijoter pendant vingt minutes sur un feu modéré, et, pendant ce laps de temps, on a soin de les retourner, afin qu'elles reçoivent un égal assaisonnement ; puis on les laisse refroidir.

Quand ce pâté chaud est dressé, et que le fond et le tour sont masqués de farce, après avoir paré la moitié des bécassines, c'est-à-dire en avoir coupé les parties osseuses pour leur donner une belle forme, on les place en couronne dans le pâté, en y joignant quelque bonnes truffes émincées, que l'on place entre les bécassines.

On prépare de la même manière les ris de veau ou d'agneau et les cervelles pour pâtés chauds, quand on ne les accommode point à la financière. Pour le pâté à la *Monglat*, on passe aussi des foies gras gras aux fines herbes, après les avoir fait blanchir et, les avoir coupés en escalopes.

Quand on veut régaler sa clientèle d'un pâté chaud *anglais-français*, on commence à passer aux fines herbes quatre carrés de mouton coupés et parés en escalopes, que l'on place ensuite en couronne dans le pâté dressé.

Manière de braiser les viandes pour les mêmes produits. — Les gros pâtés de viande de boucherie et de forte venaison, et même les garnitures de volailles et de gibier préparées à l'ancienne manière, se cuisent ainsi qu'il suit :

On pare des filets de bœuf, de porc frais, de veau, de mouton, selon l'objet que l'on veut préparer, et on les larde bien en coupant le bout excédant des lardons, de sorte qu'il y en ait très peu qui dépasse la 'surface du filet. Il est convenable de mettre un lardon de jambon entre deux lardons de lard, et de les incliner un peu les uns sur les autres en traversant la chair ; on ficèle ensuite cette pièce en lui donnant la forme que doit avoir le pâté. Lorsqu'elle est ainsi préparée, on garnit la casserole à sauce qui doit la recevoir.

Cette casserole, dont la grandeur varie relativement à la grosseur du pâté, recevra, au fond et à l'entour, des bardes de lard, puis des lames de chair de jambon. La pièce de viande sera placée dedans, entourée de deux carottes, de quatre oignons piqués de deux ou trois clous de girofles, d'un fort bouquet de persil, de ciboules, de laurier, de thym, de basilic ; elle sera arrosée de deux cuillerées à pot de bon consommé, d'une semblable cuillerée de bon dégraissé de volaille, et d'un verre de bon vin d'Espagne, sans oublier le sel, les épices nécessaires et les parures de viandes, de truffes, de champignons, etc., qui peuvent rester après qu'on a préparé la farce assortie. Le tout sera bien couvert, d'abord d'un rond de papier beurré, puis du couvercle de la

casserole, et placé, feu dessus, feu dessous, sur
le fourneau ou la *paillasse* (on nomme ainsi
l'âtre qui suit l'alignement des fourneaux pota-
gers), pour mijoter doucement pendant deux
ou trois heures, après avoir préalablement bouilli
pendant une demi-heure sur le fourneau. Lorsque
la cuisson est achevée, on retire la pièce pour
la mettre refroidir sur un plat, tandis qu'on
dresse le pâté, dans lequel on l'introduit après
l'avoir déficelée.

Pâté de filet de bœuf ou de grosse venaison. —
Cette méthode souffre quelques exceptions, d'après
la nature des viandes. Ainsi, pour une noix, ou
un gros filet de bœuf, une cuisse de sanglier, un
quartier de cerf ou de daim, on met dans la
braise, au lieu d'un verre de vin d'Espagne, une
bouteille de vin de Madère sec, avec un demi-
verre d'eau-de-vie et un verre de consommé.

Quant au temps nécessaire pour la cuisson,
la grosse venaison veut quelquefois plus de
quatre heures ; le mouton, le porc frais, après
un quart-d'heure d'ébullition, doivent mijoter
deux heures. Les dindonneaux, les chapons, les
faisans, doivent bouillir quelques minutes seulement, et cuire une heure à peine. D'ailleurs, pour
toutes les viandes, le liquide doit être réduit de
manière à ne pas former une sauce trop abon-
dante dans le pâté, où on l'introduit en sortant
du four.

Nous allons présenter maintenant divers
exemples choisis de l'application des principes
posés dans ce chapitre.

Pâtés de volaille aux truffes. — La croûte de
ces pâtés est la même que celles qui ont été
décrites précédemment. On place au fond de la

croûte, lorsqu'elle est dressée dans le moule, des bandes de lard ; on doit également en garnir toutes les parois ; on fonce avec une couche de farce fine recouverte de tranches de truffe, cuites au vin blanc ; on étend dessus une tranche de jambon de Bayonne recouverte de farce truffée ; on désosse une volaille, dont on pique les parties principales avec du lard fin ; on la place dans la croûte, de manière qu'elle ait l'apparence d'une volaille non désossée ; on la recouvre d'une bande de lard très mince, et d'une couche de farce et de truffes ; on assaisonne convenablement, on remplit les vides avec la farce et des truffes entières, autant que possible ; on place dessus une couche épaisse de farce truffée, et l'on recouvre le tout avec un faux couvercle en pâte coupée dans l'abaisse qui a servi à faire la croûte.

Le couvercle est recouvert en feuilletage ; on pince la crête et le tour de la croûte, on l'humecte légèrement et on la dore partout ; enfin, on forme une rosace sur le couvercle, on fait un trou au centre pour laisser échapper la vapeur, on met le pâté dans un four chaud et l'on fait cuire blond.

Si la pâte pèse 1 kilog., le pâté ne doit rester que une heure et demie au four ; si elle pèse 2 kilog., sa cuisson exige deux heures.

Quelques minutes après que le pâté a été retiré du four, on verse dessus par le trou du couvercle, avec un entonnoir, un bon jus de viande bouillant, on bouche aussitôt le trou avec de la pâte et on laisse refroidir.

Pâté aux mauviettes truffées. — Ce pâté se prépare comme le précédent. Le soin à donner à la préparation des mauviettes diffère seulement.

On enlève l'os dorsal en fendant la peau avec précaution ; on vide les mauviettes en mettant à part les foies après les avoir séparés du fiel ; on pile ces foies avec une farce fine assaisonnée et des rognures de truffes ; on bourre les mauviettes avec cette préparation ; enfin, on remet sur la chair la peau fendue afin de leur donner l'apparence d'oiseaux entiers.

On garnit la croûte d'une bande de lard ; on met un lit de farce truffée ; on étend les mauviettes dessus en remplissant les vides avec des truffes et de la farce, et l'on continue ainsi jusqu'à ce que la croûte soit pleine.

Le reste se fait comme nous l'avons dit pour les pâtés de volaille truffée.

Lorsque ce pâté sera sorti du four, on y infiltrera à l'intérieur du jus de viande.

Terrine de Nérac. — On prépare cette terrine comme nous l'avons dit pour les pâtés de volaille ; la différence consiste dans la forme ; au lieu d'une croûte, c'est une terrine qui doit renfermer le pâté. On soude le couvercle à la terrine par un bourrelet de pâte.

On place cette terrine au four ordinaire et on lui donne deux heures et demie de cuisson.

Pâtés de crevettes. — On met dans une casserole un bon morceau de beurre fin dans lequel on délaie une cuillerée de farine, en tournant toujours pendant qu'il fond ; on y ajoute un peu d'eau chaude, du poivre, du sel et de la muscade. Après que le tout a bien bouilli, on y ajoute les queues de crevettes dépouillées de leur test.

Cette garniture s'emploie pour les fortes tim

bales et le plus souvent pour les petits pâtés feuilletés. On les sèrt chauds.

Pâtés d'esturgeon, de truite ou de saumon. — Quand on veut préparer un pâté d'esturgeon, on le lave, on en enlève la peau ainsi que les arêtes, et on le pique alternativement avec un lardon d'anguille et un lardon de truffe. On coupe le morceau d'esturgeon en deux, on le pose cru dans le pâté sur un lit de farce de poisson, on en recouvre la partie supérieure, et l'on remet le second morceau d'esturgeon sur le premier. On agit de même pour les pâtés de *saumon* et pour ceux de *truites de Remiremont*, qui sont justement renommés;

Pâtés de turbot, de brochet ou de dorade. — Quant au turbot, au brochet, à la dorade, on les coupe par filets, et l'on place alternativement dans une croûte à pâté une couche de laitances et une couche de filets de l'un de ces poissons, puis une couche de farce d'anchois.

Pâté de filets de sole. — On place ces filets de poissons tantôt à plat, tantôt et le plus souvent roulés sur eux-mêmes par le bout le plus charnu, afin qu'ils soient bien ronds, après les avoir masqués de farce fine d'écrevisses, de truffes ou de champignons. Ces filets se posent verticalement comme une petite roue, et s'implantent dans la farce qui garnit le fond du pâté. Lorsqu'on veut mettre une seconde rangée de ces filets, on couvre la première avec deux cuillerées de beurre frais à peine fondu ; mais il vaut mieux, selon nous, s éviter cette peine, car ces filets ont si bonne mine qu'il est dommage de les cacher. On en garnit de préférence des vol-au-vent découverts, ou bien l'on en forme des couronnes

pour divers pâtés chauds. Quand on arrange
ainsi des filets de sole (poisson dont la chair est
consistante), et qu'on les a masqués de truffes
coupées en dés, après les avoir roulés dans le
beurre, on obtient un plat tout à fait gracieux
et distingué. On pourrait perfectionner encore
cette disposition en masquant alternativement
un filet de chapelure, un de gelée, ou bien de
beurre d'écrevisses, de petits croûtons de pain
concassés teints de différentes couleurs.

Pâté d'anguilles. — On place les anguilles en
couronne comme à l'ordinaire dans les pâtés
préparés avec ce poisson, soit qu'on l'ait désossé
et cousu dans sa peau, soit qu'on l'ait mis au
naturel après l'avoir passé aux fines herbes.
S'il s'agit d'un très gros pâté, on place les anguilles par étages en les séparant par de la farce.

Pâté de thon mariné. — On nettoie et l'on
écaille plusieurs carpes, dont on enlève la chair
en ayant soin de ne pas y laisser d'arêtes.

On prépare une panade au lait à laquelle on
joint les chairs de carpes ; on met le tout sur
un feu doux en remuant toujours ; on retire au
premier bouillon, on renverse sur le couvercle
et on laisse refroidir ; on pile le tout et on le
mélange avec un bon morceau de beurre, on pile
encore et l'on assaisonne ; on termine en cassant
des œufs dans ce mélange.

D'autre part, on garnit un moule d'une abaisse
comme pour les pâtés ordinaires et l'on en entoure
l'intérieur d'une bande de lard.

Sur ce fond, on fait un lit de farce ; on pose
dessus un beau morceau de thon mariné, on
l'enduit de farce et l'on en emplit le pâté que
l'on couvre, que l'on dore et que l'on met au

four ; une fois cuit, on introduit par le trou du couvercle du beurre fin cuit et parfumé à la noisette.

Pâté chaud à la marinière, ou matelotte. — Pour préparer un pâté chaud à la *marinière* ou *matelotte*, on mélange une darne (un tronçon) de saumon coupée en quatre, une sole coupée en six, une petite anguille traitée de même, quatre laitances de carpes, deux douzaines d'huîtres, quatre truffes émincées, et quatre champignons cuits bien blancs. On dispose le tout par couches, en le mouillant de beurre tiède aux fines herbes.

Bouchées aux huîtres. — On verse deux verres de vin blanc dans une casserole, on y place une douzaine de grosses huîtres, et l'on fait cuire au court-bouillon avec des oignons, du sel, du poivre, du laurier. Lorsqu'elles sont bien blanchies, on les retire et l'on fait réduire à moitié le court-bouillon.

Ensuite on met un morceau de beurre dans une casserole, on le fait fondre en y ajoutant de la farine, on place la casserole sur un feu doux et l'on remue le contenu pendant quelques minutes. On passe le court-bouillon au tamis et l'on mouille avec le blanc que l'on vient de faire ; on fait bouillir pendant un quart d'heure et l'on passe.

On prend alors les huîtres blanchies dans le court bouillon, on les place dans la sauce, on y joint des petits champignons, on fait bouillir pendant dix minutes, on retire la casserole, et lorsque l'ébullition a cessé, on lie le tout avec deux jaunes d'œufs, en sautant le contenu de la casserole ; s'il en est besoin, on assaisonne.

On enlève une abaisse à l'emporte-pièce, on

en fait de petits ronds, on les dore ; on les met au four jusqu'à ce qu'ils soient cuits blonds, ainsi que d'autres ronds un peu plus petits destinés à faire les couvercles que l'on place sur une tourtière, après les avoir également dorés ; on démoule et l'on emplit chaque croûte d'une partie des ingrédients préparés ; on enlève avec un couteau les ronds de dessus la tourtière et l'on en couvre les croûtes. Ces bouchées se servent chaudes.

Macédoine de légumes pour pâté chaud. — Cette garniture est en quelque sorte un pâté à la *julienne*, car elle se compose de carottes, de navets, d'oignons, de choux-fleurs, de petits pois, de fèves de marais, de haricots verts et blancs, de pointes d'asperges, de laitues, de concombres, de céleri, de fonds d'artichauts et de champignons. Les racines doivent être *tournées*, c'est-à-dire taillées en petites olives, et cuites à part, après avoir été blanchies avec du bouillon, du beurre et un peu de sucre. Quant aux autres légumes, étant plus tendres, ils doivent être cuits séparément dans le beurre étendu d'eau et légèrement salé, dans lequel on ajoutera un jus de citron. Le concombre cuit à l'ordinaire et bien pressé est jeté dans 180 grammes de beurre pour être coloré blond. Les petits oignons sont sautés dans un plat beurré. Tous ces légumes égouttés et saucés dans une bonne béchamelle sont placés en pyramide, d'après leur espèce et le goût du pâtissier. Des truffes, de petites pommes de terre, des crêtes de coq, une petite blanquette de filets de poularde, se mêlent avantageusement à cette préparation.

Quant aux préparations d'œufs, de macaroni,

elles sont bien connues, et nous en parlerons d'ailleurs plus loin. Nous allons donner maintenant quelques exemples de spécialités.

Pâté de foie gras de Strasbourg. — On prend six beaux foies gras de Strasbourg qu'on fait dégorger deux heures à l'eau froide ; ensuite on les met dans une casserole d'eau froide sur le feu, et dès qu'elle commence à bouillonner, on retire les foies et on les verse dans une grande terrine d'eau fraîche. Lorsque les foies sont refroidis, on les pare en ôtant les fibres et les parties qui se trouvent avoir touché au fiel. On les sépare ensuite en deux parties ; on prend trois des plus petits morceaux, que l'on coupe en escalopes, et on les met dans une casserole avec 1 kilogramme de lard blanchi pilé et passé au tamis à quenelles ; on y ajoute quelques échalottes hachées et blanchies, autant de persil, le double de champignons, autant de truffes, le tout haché très fin, et 45 grammes de sel épicé. On place ce mélange sur un fourneau modéré pendant un quart d'heure, on le verse ensuite sur un grand plafond, et on le laisse refroidir. Après cela, on épluche 1 kilog et demi de belles truffes du Périgord, que l'on met dans la balance avec les foies ; on pèse du sel épicé selon leur poids, c'est-à-dire 20 grammes de sel épicé par demi-kilogramme de foie et de truffes et l'on met ce sel de côté. On coupe six belles truffes en filets semblables aux lardons ordinaires, on fait une cheville de bois de semblable grosseur et pointue, avec laquélle on pique les foies en y introduisant un filet de truffe. Lorsque les neuf morceaux de foie sont bien garnis de truffes, on dresse ce pâté comme les précédents.

On commence à broyer dans un mortier les escalopes de foies passées aux fines herbes, on y joint le reste de leur cuisson ; lorsque le tout est bien mêlé, on y ajoute quatre jaunes d'œufs et tiers de cette farce dans le pâté, et l'on place par-dessus trois morceaux de foie, que l'on saupoudre de sel épicé ; on les masque avec de la farine, on met dessus des truffes coupées en deux, et encore trois parties de foie gras, que l'on assaisonne de sel épicé, puis on les couvre de la moitié du reste de la farce et de plusieurs truffes entières. Alors on pose par-dessus les trois derniers morceaux de foie, qui doivent aussi être les plus beaux ; on les entoure du reste des truffes, qui doit être au moins d'une douzaine ; on sème dessus le reste du sel épicé, puis on masque les foies avec le reste de la farce que l'on place bien également ; enfin, on recouvre le tout avec un demi-kilogramme de beurre frais, deux feuilles de laurier et une barde de lard. On termine le pâté de la manière accoutumée, en donnant quatre heures de cuisson, et en sortant le pâté du four, on verse dedans un bon verre de vin d'Espagne.

Pâté de Périgueux. — On prend quatre perdreaux rouges préalablement retroussés, préparés et lardés de quelques lardons qui ne percent pas la chair, on les fend par le dos, on les assaisonne de sel et d'aromates ordinaires, on les remplit d'une quenelle de volaille ou de gibier, à laquelle on ajoute leurs foies et des foies gras pilés avec des parures de truffes, enfin on y joint quelques truffes entières. On étale une couche épaisse de quenelles semées de truffes au fond du pâté, et l'on place les perdreaux dessus; puis on termine comme à l'ordinaire. Il entre environ 1 kil. 250 grammes de truffes dans ce pâté.

Pâté chaud russe. — Après avoir coupé par escalopes une petite darne de saumon, on les passe aux fines herbes avec du sel, du poivre et des muscades ; on passe de même aux fines herbes un petit foie gras de Strasbourg, coupé en escalopes. Ensuite, on hache douze jaunes d'œufs durs ; puis, le pâté chaud étant dressé comme de coutume, on le garnit tout autour et au fond avec du riz cuit dans un bon fond de poularde (le riz doit être froid, ainsi que le reste de la garniture) ; alors, on masque le fond avec des escalopes de saumon, sur lesquelles on sème du jaune d'œuf; puis on y place la moitié des escalopes de foie gras, et on les masque de jaunes d'œufs. On place une nouvelle garniture de saumon et de foie gras ; on passe dessus du beurre aux fines herbes (dans lequel on a passé le foie et le saumon) et l'on recouvre le tout avec du riz. On finit le pâté comme d'habitude; on lui donne une heure et demie de cuisson, et on le sert de suite.

Les cuisiniers russes ne mettent pas de sauce ; mais il nous semble qu'une bonne demi-espagnole à glace donnerait plus de goût et plus de moelleux à ce produit étranger.

Pâté de Pithiviers. — On fend par le dos huit douzaines de mauviettes préalablement épluchées ; on les vide, on hache les intestins avec de la farce fine de volaille ou de veau, on pile le tout ensemble, et l'on s'en sert pour farcir les mauviettes, qu'on environne d'une très mince barde de lard. On dispose ensuite, comme à l'ordinaire, un lit de farce au fond du pâté, puis un lit de mauviettes placées en couronnes, qu'on assaisonne au fur et à mesure ; on termine en recouvrant le tout d'un morceau de beurre manié, puis de bardes de lard. On achève de dresser le pâté, on le fait cuire pendant deux heures et demie, et on le sert froid.

Pâtés d'Amiens et de Chartres. — On apprête de la même manière les pâtés d'Amiens aux canards. et ceux de Chartres. Nous croyons inutile de leur consacrer un article spécial, malgré la célébrité dont ces deux produits jouissent à juste titre.

Pâté de Rouen. — On prépare une abaisse en pâte à dresser d'un centimètre d'épaisseur, on la relève dessus, on dispose au centre une couche de farce ordinaire mélangée de truffes, sur laquelle on place une tranche de veau piquée au jambon de Bayonne cru ; on assaisonne de nouveau, on met dessus du persil haché, puis une couche de farce, une seconde couche de veau, et ainsi de suite jusqu'à la hauteur voulue ; on enveloppe le tout d'une barde de lard et l'on remonte l'abaisse qu'on fait croiser en dessus, tant en largeur qu'en longueur, puis, avec les deux mains, on unit la surface et on lui donne une forme régulière. Alors on prépare une seconde abaisse un peu moins grande que la première, on les humecte toutes deux et l'on applique la seconde sur la première ; on pince adroitement la pâte, on la dore, on en mouille de nouveau la surface, et l'on applique le couvercle en feuilletage, qu'on dore également. On pratique un trou au centre du couvercle et l'on met le pâté dans un four chaud pour cuire environ une heure et demie. Dès qu'il est sorti du four, on y infiltre du jus de viande chaud, comme nous l'avons dit pour le pâté de volailles aux truffes.

Pâté de lapin. — On prépare une abaisse convenable que l'on relève sur une plaque ordinaire. On prend un jeune lapin dont on mélange le foie et le sang avec une farce ordinaire mouillée de bon jus, on pile le tout, on l'assaisonne et on le fait cuire dans une terrine. Ensuite on pique le lapin avec du lard frais, puis on garnit l'abaisse de farce et l'on pose le lapin au milieu, après l'avoir rempli de hachis ; enfin, on recouvre le tout d'une barde de lard. On ferme alors la pâte, on dore le tour, on humecte le dessus et l'on y applique un couvercle en feuilletage, qu'on dore et qu'on met au four, pendant une heure et demie ; on termine en infiltrant par le trou du couvercle du jus de viande chaud.

Pâté de lapin, de canard ou de pigeon, en terrine. — On prend la chair d'un lapin, d'un canard ou de deux pigeons. On pétrit avec deux œufs 500 grammes de chair à saucisse ; on dépèce l'animal, puis on garnit le fond de la terrine avec de la couenne de lard gras. On place au-dessus un lit de chair de l'animal, un lit de barde de lard, un lit de chair à saucisse, et ainsi de suite.

On recouvre le tout avec une barde de lard, un rang d'oignons en tranches fines, deux feuilles de laurier, du thym, du clou de girofle en poudre, du sel et du poivre. On pose ensuite le couvercle, que l'on joint avec de la pâte ; on met au four et on laisse cuire deux heures à une température douce.

Si l'on veut parfumer le pâté avec des truffes, on supprime les aromates.

Pâté de lièvre au gîte. — On prend une de ces terrines de lièvres au gîte qu'on trouve dans le commerce ; on en garnit le fond avec une barde de lard frais ; on détache les chairs d'un lièvre qu'on hache menu avec du lard ; on y ajoute le foie, des truffes, des assaisonnements ; on mouille ce hachis avec le sang du lièvre et un verre d'eau-de-vie ; on remplit la terrine avec ce hachis, on couvre de lard, on pose le couvercle de la terrine sur le joint de laquelle on place un bourrelet de pâte ; on met au four chaud, dans lequel on fait cuire deux heures ; enfin, on verse dans le pâté du saindoux chaud et clarifié, puis on laisse refroidir.

Dans les habitations particulières où il n'existe pas de four, on peut y suppléer en mettant du feu dessous et dessus la terrine hermétiquement fermée, et en laissant cuire en cet état pendant quatre heures.

CHAPITRE IV

HORS-D'ŒUVRE ET ENTRÉES DE PATISSERIE.

Nous nous proposons de décrire dans ce chapitre diverses entrées de pâtisserie qui ont une grande analogie entre elles ; ce sont les *vol-au-vent*, les *rissoles*, les *casseroles de riz*, les *croustades* et autres produits que le pâtissier garnit comme les pâté chauds ou les tourtes, dont nous avons décrit la confection dans le chapitre précédent. Nous commencerons par parler des vol-au-vent, qui nous serviront d'exemple pour la préparation des garnitures.

VOL-AU-VENT.

Nous avons parlé plus haut (page 92) de la confection du vol-au-vent *d'entrée*, que l'on confectionne le plus habituellement ; nous allons nous occuper maintenant du vol-au-vent *à la Nesle*.

Vol-au-vent à la Nesle. — On beurre légèrement un plat à sauter et l'on se munit d'une petite casserole remplie d'eau presque bouillante, dans laquelle on met une cuillère d'argent, soit à bouche, soit à café, selon la grosseur que l'on veut donner aux quenelles à préparer. On remplit de la farce à quenelles une cuillère semblable à celle que l'on a placée dans la casserole, on égalise son contenu avec la lame du couteau trempée dans l'eau chaude, de manière que cette portion de farce ressemble à la moitié d'un œuf coupé dans sa longueur. On enlève ensuite cette quenelle de la cuillère où on l'a formée, en passant au dessous la cuillère placée dans l'eau chaude, et l'on met cette quenelle dans le plat à sauter ; c'est ce qu'on appelle *pocher les quenelles*. Pour l'opération qui nous occupe, il vaut mieux les pocher au consommé qu'à l'eau. Il faut ensuite les égoutter sur une serviette, après les avoir fait sauter pendant quelques minutes avec du bouillon, et les ranger avec ordre dans le vol-au-vent, que l'on achève en le remplissant d'un bon ragoût de crêtes de coq, de ris d'agneau, de truffes, de champignons, de queues d'écrevisses, le tout saucé d'une allemande.

C'est la garniture des vol-au-vent la plus distinguée et la plus usuelle.

RISSOLES.

Rissoles ordinaires. — On abaisse d'un carré long un demi-litre de feuilletage tourné à dix tours. On place sur cette abaisse de petites parties de farce à quenelle de la grosseur d'une noix, de 2 à 3 centimètres de distance les unes des autres puis on mouille l'abaisse à l'entour de la farce, sur laquelle on replie le bord de la pâte, de manière à l'appuyer parfaitement, afin que la garniture se trouve contenue de toutes parts. On doit surtout éviter en appuyant les bords de la pâte, qu'il ne reste point d'air dans l'intérieur. Ensuite, on détaille les rissoles avec une videlle, ou avec un coupe-pâte rond cannelé de 5 centimètres de diamètre, mais en donnant aux rissoles la forme d'un croissant de 35 millimètres de largeur sur 55 millimètres de longueur. On recommence la même opération pour employer le reste de l'abaisse, de manière à obtenir vingt-quatre rissoles, que l'on place au fur et à mesure sur deux couvercles de casseroles légèrement farinées Au moment de servir, on les verse dans une friture qui ne soit pas trop chaude, et, avec la pointe d'un hâtelet, on les retourne de temps en temps ; dès qu'elles sont colorées d'un blond rougeâtre, on les égoutte sur une serviette double, on les dresse de suite et on les sert.

On fait ensuite des rissoles rondes comme des boules (on les nomme alors *rissoles à la pari-*

sienne), ou de la forme d'un cannelon, et garnies de croquettes de volaille ou de gibier (elles s'appellent alors *cannelons à la Luxembourg)*, ou bien encore en pâte fine, l'abaisse bien mince et garnie de godiveau de poisson (ce sont les *rissoles à la religieuse)*.

PETITS PATÉS

Petits pâtés au jus. — On abaisse au rouleau un morceau de pâte brisée gros comme le poing et épais de 2 millimètres ; on le coupe avec un coupe-pâte rond et un peu plus grand que le morceau de pâte ; on fait entrer les abaisses le mieux possible dans de petites timbales de cuivre très unies, dans lesquelles on met une forte boulette de godiveau, l'on couvre le tout d'un couvercle à petits pâtés, qu'on dore et qu'on met au four. Quand ils sont cuits, on les sort du moule, on coupe le godiveau en plusieurs morceaux, et l'on y verse une sauce espagnole ou un jus dans lequel on aura mis des champignons coupés en dés. On ne les sauce qu'au moment de servir.

Petits pâtés au naturel. — Après avoir donné deux tours au feuilletage, on en coupe un morceau, auquel on donne encore deux tours bien fins pour qu'il soit bien mince ; puis on l'abaisse pour qu'il n'ait que 3 millimètres d'épaisseur ; on le coupe avec un coupe-pâte rond ; on met une douzaine de ronds sur un plafond, et dans chacun l'on met gros comme la moitié d'une noix de godiveau, dans lequel on aura préalablement ajouté un peu de persil et de ciboules hachés bien fin. On peut encore employer comme garniture un hachis de chair de veau et de graisse de bœuf ; mais celle-ci est beaucoup plus commune. Enfin, on les couvre d'un rond pareil à celui de dessous, et on les dore. Il ne faut faire ces petits pâtés qu'au moment de les mettre au four, et une demi-heure avant de les servir.

Petits pâtés à la volaille. — Ces pâtés sont très bons et se font avec des restes de volaille que l'on hache avec du lard, du sel et du poivre, un peu de mie de pain trempée dans du lait, et des fines herbes.

On fait chauffer cette farce sans la faire bouillir.

On prépare des abaisses de pâte feuilletée ; on divise la farce en autant de parts qu'on veut faire de pâtés, et on la met au milieu de chaque abaisse. On forme alors le bourrelet, on dore au jaune d'œuf, et l'on fait cuire soit au four, soit sur une tourtière avec un four de campagne. Au moment de servir, on verse dans l'intérieur un coulis au jus de volaille.

Petits pâtés aux légumes. — On prépare un kil. de pâte avec 300 grammes de beurre, 50 grammes de farine, deux jaunes d'œufs, et 10 grammes de sel ; on la pétrit en arrosant la pâte au fur et à mesure avec 200 grammes d'eau jusqu'à ce qu'elle soit bien molle ; enfin, lorsqu'elle est bien lisse, on la laisse reposer pendant une heure. On l'abaisse alors et l'on s'en sert pour foncer dix-huit petits moules de 4 centimètres de diamètre sur 5 de hauteur ; on les saupoudre de farine, on les couvre d'un couvercle fait avec la même pâte, on pince les bords pour bien les rejoindre, on les dore extérieurement et on les met au four. Quand les petits pâtés sont cuits, on relève le couvercle sans toucher aux bords qui sont pincés, on brosse bien l'intérieur pour en retirer la farine, on dore l'intérieur et l'extérieur et on les remet au four pendant deux minutes pour les sécher. Enfin, on les garnit d'une macédoine de légumes préparée d'avance et on les sauce avec une béchamelle grasse peu liée, puis on les recouvre.

Bouchées à la Reine. — Sur une abaisse de feuilletage à six tours, on enlève de petites rondelles avec un emporte-pièce cannelé ou gravé, on retourne ces rondelles, on les dore au-dessus, on y pratique avec un emporte-pièce plus petit une empreinte assez profonde ou à demi-pâte, et on les fait cuire blond. Lorsqu'on défourne ces rondelles, on enlève avec un couteau le petit couvercle qui a été incisé sur la pâte, on remplit l'intérieur de l'empreinte avec une garniture semblable à celle des croustades, on ferme ces bouchées avec le petit couvercle, qu'on soude à l'abaisse en pressant sur le feuilletage et on les tient au chaud jusqu'au moment de les servir.

<h2 style="text-align:center">CASSEROLES DE RIZ</h2>

Les casseroles de riz sont de véritables vol-au-vent, dont la croûte est faite avec du riz ; on peut dire avec autant de raison que ce sont des plats de *pâte de riz.* Il est donc très important, pour obtenir un bon produit, de n'employer que du riz de première qualité, et de les préparer convenablement, avant d'y verser la garniture.

Manière de faire crever le riz. — On choisit 750 grammes ou 1 kilo de beau riz de la Caroline, de préférence au riz du Piémont, qui n'a pas assez de consistance. On le verse dans une grande casserole creuse, de 27 centimètres de diamètre, afin de le travailler commodément plus tard. On met le riz sur le feu à l'eau froide, et on l'égoutte après quelques minutes d'ébullition. On verse ensuite sur ce riz environ deux fois son volume de bon bouillon ou de consommé, et l'on y ajoute un bon dégraissé de volaille. Si ces préparations manquaient, ou si l'on voulait faire cette casserole de riz au maigre on pourrait employer de l'eau, du beurre et du sel, ce qui n'aurait guère d'autre résultat que de rendre le riz plus blanc. Il faut, dans tous les cas, que le liquide s'élève de 5 centimètres au-dessus de la surface du riz. On met la casserole sur un feu vif, et dès que le liquide est en ébullition, on la retire, on l'écume, puis on la place sur des cendres rouges, et on la couvre sans mettre de feu sur le couvercle, parce que cela dessécherait et raccornirait le riz, ce qu'il faut soigneusement éviter.

On fait ainsi mijoter le riz pendant une heure, puis on le remue légèrement avec une spatule pour qu'il crève également ; on le laisse encore mijoter vingt-cinq minutes, puis on le remue de nouveau, et s'il s'écrase facilement sous le doigt, on le retire du feu ; dans le cas contraire, on ajoute un peu de liquide et on le laisse achever de s'écraser, tout en le remuant de temps à autre. Pendant qu'il est encore tiède, on en forme une pâte lisse, en écrasant bien soigneusement tous les grains. S'il était trop épais, on ajouterait peu à peu du bouillon, mais en très petite quantité, parce que le riz doit être ferme quoique liant.

Formation de la casserole. — Ceci terminé, on verse en masse le riz sur une plaque ou sur une tourtière, et on lui donne 11 à 14 centimètres de hauteur sur 19 de diamètre ; on le lisse bien en passant et en repassant les doigts dessus.

Lorsqu'on veut imprimer sur cette masse une ornementation quelconque, on découpe des tranches de carottes ou de betteraves de formes diverses qui servent à marquer l'empreinte en creux du dessin sur le riz ; puis avec la pointe d'un couteau, avec les doigts et une petite baguette, l'on enlève la pâte ou on la comprime dans les parties qui doivent être creuses, afin de rendre bien saillantes les parties pleines. Il est nécessaire que les dessins soient au moins saillants de la grosseur du petit doigt et profondément détachés, afin qu'ils ne s'effacent pas à la cuisson, et que d'ailleurs leur surface soit colorée d'un beau blond, tandis que les parties creuses conservent en séchant une gracieuse blancheur. A cet effet, on dore les lignes saillantes avec du beurre clarifié, puis on termine en traçant à la pointe du couteau le couvercle de la casserole. Cette masse de riz contournée, enjolivée, dorée, est mise ensuite au four chaud où elle reste une heure et demie environ. Lorsqu'elle est d'un beau jaune vif, on la retire du four, on achève de cerner le couvercle, on l'enlève, puis on la vide complètement de tout le riz de l'intérieur, en ne laissant que celui qui tient à la croûte, afin que celle-ci soit bien mince. On met ce riz à part pour servir à une autre préparation, quelquefois même à la garniture de la casserole, comme nous le dirons bientôt, et on la remplit, au moment de servir, avec un ragoût quelconque. On fait ensuite une allume devant le four pour glacer les lignes saillantes, opération dont on peut se dispenser à la rigueur.

Casserole de riz à l'orientale ou au kerksou. — On délaye de la farine de riz avec un peu d'eau en la passant et repassant dans les mains, de manière qu'elle forme une quantité de très petits rouleaux. C'est là le kerksou, que l'on passe ensuite dans une passoire assez fine pour que ces rouleaux ou plutôt ces filets ne puissent s'échapper. Cette passoire doit être mise au-dessus du pot-au-feu en ébullition, de manière que la vapeur le pénètre. On peut également le mettre au-dessus d'une casserole contenant quelque ragoût de viande. Lorsqu'il est cuit, on le verse dans la casserole de riz, en l'assaisonnant de sel, de poivre, de cumin, d'épices diverses, de safran des Indes et de piment. On y répand un peu de bouillon, puis on garnit de crêtes, de rognons, de ris et de champignons ; le tout saucé d'une allemande ou d'une béchamelle.

Casserole de riz à la Toulouse. — Ce ragoût, qui a beaucoup de rapport avec le ragoût à la financière, est composé des accessoires précédents, de cervelles, de quelques quenelles ou boulettes de godiveau ; le tout saucé d'une allemande et chauffé au bain-marie.

Casserole de riz au naturel. — On met dans une casserole une partie de riz que l'on a ôtée de l'intérieur de la casserole de riz ; on y ajoute une sauce quelconque, et l'on remet ce riz saucé dans la casserole, que l'on *couronne* ensuite au moment de servir. Nous donnerons plus loin l'explication de ce mot.

Beaucoup de pâtissiers préparent ainsi une grande cuillerée du riz d'intérieur, le saucent avec une sauce assortie à celle de la garniture qu'ils posent ensuite sur ce riz mis en couche au fond de la casserole, comme on place les garnitures principales de tourtes et de pâtés sur un lit de farce.

On garnit *en gras* cette entrée : 1º avec des godiveaux et des quenelles de toutes sortes ; 2º avec des sautés et des blanquettes de volailles et de gibier ; 3º avec des ragoûts de grives, de mauviettes, et généralement de tous les petits oiseaux ; 4º avec de l'appareil des pâtés de foie gras, saucé d'une espagnole et d'une réduction de vin de Madère.

On la garnit encore *en maigre* : 1º avec trois crêtes de morue bien blanche, que l'on fait dessaler et bouillir ensuite dans de l'eau fraîche, dans laquelle on jette un charbon ardent pour enlever à la morue le mauvais goût de salaison qu'elle conserve souvent. Ce poisson égoutté sur une serviette, épluché de sa peau et de ses arêtes, et sauté d'une béchamelle maigre, est ensuite nourri d'un morceau de beurre et d'un peu de muscade ; 2º avec les filets de tous les poissons d'eau douce ou de mer, isolés ou combinés ensemble, et garnis de laitances, d'huîtres, de morilles, de fonds d'artichauts, etc. ; 3º avec du riz ou du macaroni, mélangé de quenelles de poisson ou travaillé au beurre de Montpellier.

Couronnes des casseroles de riz et autres entrées de four. — Ces entrées n'étant point couvertes, exigent un ornement qui supplée à celui du couvercle ; c'est au bon goût du pâtissier à déterminer cet ornement et à l'assortir aux garnitures.

Une rangée circulaire de belles écrevisses, les têtes rapprochées en dedans, les queues et les pattes étalées en dehors, forme une couronne distinguée qui est employée couramment. Un rang de filets marqués a plus d'originalité, de grâce, et convient aux garnitures maigres. Après cela, viennent la petite couronne de truffes tournées et sautées dans la glace, ou de beaux champignons, de gros rognons, de belles crêtes de coq, ou bien encore de petits cornichons bien verts. La couronne de petits ris d'agneau piqués placés et ornés de crêtes bien blanches, est l'une des plus agréables.

Casseroles de riz ayant la forme des pâtés chauds. — La casserole de riz est propre à recevoir de fines entrées, comme celles que nous avons précédemment indiquées pour les garnitures. Cette couronne imite alors spécialement le vol-au-vent, mais souvent aussi elle imite le pâté chaud, et ressemble ainsi à deux casseroles basses superposées. Il faut généralement que le dessin en soit simple ; et d'ailleurs, il est assez peu varié ; les cannelures en forment presque toujours la base.

Les casseroles de riz servent aussi pour les flancs et petits entremets fourrés. Nous en parlerons plus loin en décrivant ces articles.

On fait encore de petites casseroles de riz, hautes de 6 centimètres, et ayant 5 à 6 centimètres de diamètre, qu'on remplit comme les grandes.

CROUSTADES.

Les croustades ne sont à proprement parler que des *plats de pâte de mie de pain*, c'est-à-dire qu'elles se composent de mie de pain comme les casseroles se composent de riz, comme les pâtés et les vol-au-vent se composent de pâte ordi-

naire. Les formes en sont plus hardies, les con
tours plus ornés, parce qu'on les découpe avec
beaucoup de facilité dans la masse de pain, dont
la solidité ne laisse rien à désirer. On peut d'ailleurs leur donner telle forme qu'on voudra, en
rapport avec les besoins de la vente ou le goût de
la clientèle.

Deux jours avant de préparer une croustade,
on commande au boulanger un pain de 2 kilog.,
fort épais, puisqu'il ne doit avoir que 27 centimètres de longueur. Ce doit être un pain de pâte
à potage, mais un peu moins légère. Cette sorte
de pain convient mieux que celui de pâte ferme,
qui prend toujours à la cuisson une teinte gri-
sâtre, tandis que l'autre se colore d'une belle
nuance rougeâtre et claire très agréable à l'œil.

Ce pain étant donc rassis de deux jours, on
enlève la croûte, et laissant la mie en masse,
on la pare d'après la forme voulue, en agissant
comme pour la casserole de riz. En commençant
cette opération, on place sur le feu une casserole
contenant une assez grande quantité de beurre
clarifié ou de friture neuve pour que la croustade que l'on doit y plonger en soit parfaitement
couverte. On lui fait prendre ainsi couleur sur
un feu modéré. Aussitôt qu'elle présente un beau
coloris blond, on l'égoutte sur une serviette
tendue ; on ôte ensuite le couvercle que l'on a
dû cerner comme nous l'avons expliqué pour la
casserole de riz, puis l'on vide entièrement la
mie, en ne laissant après la croûte que la pâte
cuite et imbibée de beurre. La croustade vidée,
on en tapisse légèrement l'intérieur, à 5 millimètres d'épaisseur seulement, d'une farce légère
assortie à la garniture. Ainsi, lorsqu'on la com-

pose d'escalopes de levrauts, de cailles gratinées, etc.; on emploie une farce à quenelle de gibier ; si on la fait avec des objets maigres, on emploie la farce fine de poisson. Le but de ce petit *masque* de farce est de consolider la croustade et d'empêcher la sauce de s'échapper. Après l'avoir posé, on met la croustade à la bouche du four, et on l'ôte aussitôt qu'elle est fermée.

Petites croustades. — On fait de très petites croustades de la grandeur de moules à darioles, mais on les fonce avec des parures de feuilletage, que l'on brise en y mêlant un peu de farine pour leur donner plus de consistance ; puis on les garnit du reste de leurs parures, ou de farine, ou de pâte intérieure enlevée aux vol-au-vent vidés, parce qu'il faut absolument les remplir. On les fonce aussi de préférence avec de la pâte fine à 5 kilog.; parce que les jaunes d'œufs qu'elles contient rendent les croustades plus croustillantes. Elles doivent cuire au four gai et présenter une couleur un peu rougeâtre. Il faut les vider en les sortant du four, car autrement leur croûte se ramollirait, et les rendre un peu épaisses en pâte. On les garnit de nouilles, de blancs de volailles rôties coupés en petits dés ou en filets courts; de truffes bien noires et de champignons coupés de même ; on sauce d'une béchamelle, et l'on fait chauffer le tout au bain-marie; puis on en garnit les croustades au moment de servir.

Grandes croustades. — *Décoration.* — Ces produits, qui servent pour les grosses pièces dans les très grands repas, doivent être préparés sur un plat ovale et sont d'une dimension proportionnées. La décoration qui représente des guirlandes plus ou moins compliquées, se fait à part comme les bordures de plat. Pour cela, on découpe à l'emporte-pièce les feuilles sur de la mie de pain, et on les réunit ensemble sur la croustade avec de la colle de farine de riz un peu ferme. On peut avantageusement remplacer la mie de pain par le feuilletage ou la pâte fine, que l'on découpe également ; mais, dans tous les cas, ces ornements doivent être d'abord cuits à *blanc*, c'est-à-dire mis au four sans être dorés, et placés sur la croustade après qu'elle a bien pris couleur.

Les croustades de moyenne grandeur peuvent être décorées de même. Elles peuvent être garnies de tous les ragoûts en usage pour les pâtés chauds, les tourtes et les vol-au-vent. Elles se couronnent toutes comme nous l'avons expliqué à propos des casseroles de riz.

SANDWICHS

Dans un pain pétri spécialement pour cet usage, bien en mie et ayant la forme d'un pavé carré, on coupe des tartines minces mais assez consistantes pour se tenir droites ; on les graisse d'un côté avec du beurre fin légèrement salé, puis on coupe des tranches minces de jambon de bonne qualité, et plus habituellement de jambon d'York, que l'on place tranche par tranche entre deux tartines de pain qu'on presse fortement, de manière qu'elles adhèrent l'une à l'autre.

On garnit encore ces tartines avec du foie gras de Strasbourg, ou de toute autre manière, suivant le goût.

Ce hors-d'œuvre, que l'on sert ordinairement dans les goûters, les soirées et les bals, n'est pas un produit exclusivement préparé par les pâtissiers. Mais, comme ils en confectionnent et en vendent couramment en quantité considérable, nous avons jugé à propos d'en parler ici, pour que notre ouvrage soit aussi complet que possible.

TROISIÈME PARTIE
Pâtisserie d'entremets.

CHAPITRE PREMIER

PATES A GATEAUX FRANÇAIS ET ÉTRANGERS.

Quoique la dénomination de *gâteaux* s'applique à beaucoup de petits entremets, composés d'une abaisse de feuilletage et d'une garniture sucrée, ce nom convient spécialement aux pâtes non garnies, abaissées d'une certaine étendue. Nous avons déjà entretenu nos lecteurs de la pâte feuilletée ; ils savent donc maintenant qu'on entend par *gâteau de feuilletage* une abaisse plus ou moins grande de cette détrempe. Il y a d'ailleurs beaucoup de pâtes qui s'emploient princilement en gâteaux, et d'autres qui ne s'emploient pas autrement. C'est de ce genre de pâtisserie dont nous allons nous occuper.

GATEAUX DE PLOMB.

Gâteau de plomb commun. — On passe 125 grammes de farine, on y fait une fontaine et l'on y met 30 grammes de sel, 60 grammes de sucre, 750 grammes de beurre et douze œufs ; on détrempe le tout ensemble et l'on frase la pâte trois fois ; si elle était trop ferme, on la mouillerait avec un peu de lait. On rassemble la pâte, on la laisse reposer une demi-heure, on y ajoute

250 grammes de beurre, et on lui donne quatre tours comme au feuilletage. Ensuite on moule le gâteau, on l'abaisse très épais, on en coupe les bords en losange, on le dore, on le met sur un plafond, on le raye, on le pique et on le fait cuire à four chaud ; une heure et demie suffit pour sa cuisson. Quand il est cuit, on le relève sur une claie en osier.

Gâteau de plomb fin. — On prend 750 grammes de farine, 15 grammes de sel fin, 60 grammes de sucre en poudre, quatre jaunes d'œufs, 625 grammes de beurre fin et un verre de crême double, on les détrempe comme il vient d'être dit, et on les frase à cinq tours. La pâte doit alors se trouver un peu plus ferme que la pâte à brioche. Et cet état, on l'abaisse mince, et on la parfume soit avec deux gousses de vanille hachées très fin, soit avec 125 grammes de cédrat coupé en petits filets, soit avec 30 grammes de fleur d'oranger pralinée, hachée ou entière, soit avec un bon morceau de sucre citronné, soit avec café moka, soit enfin avec 60 grammes d'anis blanc de Verdun. On remue légèrement le mélange que forme avec la pâte le parfum choisi pour incorporer le tout ensemble ; puis, roulant le gâteau, on l'abaisse à 16 centimètres de largeur pour qu'il offre une épaisseur de 7 centimètres. On l'entoure alors d'une bande de papier fort, bien beurrée, et, pour empêcher que cette bande ne se dérange à la cuisson, on place autour de petites bandes de papier imbibées de dorure, et on les met à moitié sur le plafond ; cela contient la pâte et l'empêche de s'élargir, ce qui lui donnerait une forme trop plate et même désagréable.

Si l'on ne veut point préparer cette sorte de

caisse de papier, on peut faire cuire le gâteau de plomb dans des moules de fer-blanc de 8 centimètres de haut, de 16 centimètres de diamètre, à fond uni et à bord cannelé.

Lorsque ces gâteaux sont ainsi préparés, on dore légèrement le dessus, et, avec la pointe d'un couteau, on y trace des raies. Il ne faut point négliger de le percer dans le milieu pour faciliter l'évaporation des globules d'air qui se trouvent très souvent entre le plafond et la pâte. On met ensuite à four gai, et l'on donne deux heures et demie ou même trois heures de cuisson pour empêcher ce gâteau d'être indigeste. On le mange froid.

Gâteaux de plomb divers. — On peut varier ce gâteau en ajoutant à la détrempe 250 grammes de raisin de Corinthe, ou bien 375 grammes de bon fromage de Gruyère coupé en petits dés, ou 100 grammes de fromage de Brie ou de Neufchâtel, ou bien de fromage à la crème, ou bien encore 250 grammes de pistaches émondées ou de bon chocolat à la vanille cassé par petits morceaux. Ces derniers gâteaux servent pour la fête des rois, et figurent agréablement dans les goûters et les collations.

Gâteau au lard. — On prend du petit lard qu'on coupe en lames et qu'on fait dessaler dans de l'eau. Avec une pâte brisée, dans laquelle il entre moins de sel qu'à l'ordinaire, on confectionne un gâteau dont on échiquette les bords ; on le met sur un plafond, on le dore, puis on le couvre de lames de petit lard préalablement égoutté et desquelles on aura retiré les couennes.

BRIOCHES.

Les grosses brioches, que l'on sert ordinairement pour les thés, les goûters, les pains bénits, et comme grosses pièces dans les déjeûners dînatoires, se font en couronne dans les premiers cas, et en pain à tête dans le dernier. En cet état, elles sont beaucoup plus distinguées.

Quant aux brioches de toutes grosseurs, depuis les petites brioches jusqu'aux brioches de 500 grammes ayant la forme d'un pain, le débit en est immense dans les grandes villes ; mais il ne faut pas que ce débit entraîne le pâtissier à exposer en vente des brioches dures, à raison du manque de beurre, ou parce qu'elles sont restées de la veille. Il suffit, dans ce dernier cas, de les faire revenir au four.

Détrempe de la pâte à brioche. — On passe au tamis 1 kilogramme et demi de belle farine ; on prend le quart de cette farine et on la dispose en fontaine, puis on verse au milieu un verre d'eau tiède et 30 grammes de bonne levure, que l'on délaie petit à petit et seulement au moment de l'employer. On mêle la farine au liquide avec légèreté, en y ajoutant le peu d'eau nécessaire pour rendre la pâte mollette et légère ; après avoir été battue et travaillée pendant quelques minutes, la détrempe doit se séparer aisément du tour ainsi que de la main : c'est le *levain*. On le roule alors (non sans quelque difficulté, attendu que la pâte doit être molle) et on le met dans une petite casserole, que l'on couvre et que l'on place dans un lieu modérément chaud.

On prépare ensuite le reste de la farine en

couronne, et l'on met au milieu 30 grammes de sel fin, 40 grammes de sucre en poudre, et un demi-verre de crème ; on remue ce mélange et l'on y joint trente œufs s'ils sont petits et vingt-six s'ils sont beaux.

Tous les œufs étant cassés, on y mêle par petites parties 1 kilogramme de beurre frais (manié en hiver seulement), ensuite on y mélange petit à petit la farine et on rassemble le tout en remuant la masse et en tournant ; la pâte ainsi préparée, on la frase à trois tours (mais en hiver seulement), afin de bien amalgamer le beurre dans toutes les parties de la détrempe ; alors la pâte doit se trouver mollette ; dans le cas contraire, on y ajoute quelques œufs. Lorsque le levain dont il vient d'être question est arrivé à sa période de fermentation, on le verse sur la pâte, et on le mêle en coupant et remuant la détrempe, pour que le tout ne fasse plus qu'un même corps.

On met ensuite cette pâte dans une grande terrine vernissée ; on frase un peu le reste de la pâte qui se trouve sur les bords, puis on saupoudre avec de la farine la détrempe, et, après l'avoir couverte d'une serviette, on la place dans un lieu où il n'y ait point de courant d'air et dont la chaleur soit douce.

Ordinairement on détrempe la pâte à brioche le soir, pour la cuire le lendemain. Alors la première chose que l'on doit faire le matin, c'est de saupoudrer légèrement de farine une place sur le tour pour y placer ensuite la pâte à brioche, que l'on étale et que l'on replie ensuite sur elle-même. On nomme cette opération *corrompre la pâte*. Enfin, on la remet dans la même terrine, et trois ou quatre heures après, on la corrompt de nouveau.

Si, après avoir corrompu la pâte, on la voit flasque et tenace aux doigts, on peut être sûr qu'elle ne donnera à la cuisson qu'une brioche pesante et indigeste. Mais, si, au contraire, elle est alors élastique et douce au toucher, si l'on voit un grand nombre de petits globules d'air légèrement comprimés à la surface, on peut compter obtenir une brioche spongieuse, tendre, d'un excellent goût et d'une digestion facile.

Pour arriver à cet heureux résultat, on doit bien se garder d'attendre, pour enfourner, au delà de vingt-quatre heures après la préparation, car, après ce temps, la pâte passe rapidement à la fermentation acide et devient détestable sous tous les rapports. On peut parer à cet inconvénient et rafraîchir la pâte en y mêlant à peu près la sixième partie de pâte nouvelle, faite sans levure. Grâce à cette précaution, la cuisson peut être retardée jusqu'à trente-quatre et trente-six heures, mais toujours aux dépens de la délicatesse de ce gâteau.

La brioche demande un four bien atteint par la chaleur. Lorsqu'elle dépasse les dimensions ordinaires, il faut la soutenir avec une caisse de carton. Une bonne brioche doit faire beaucoup d'effet à la cuisson, à moins qu'en y ait mélangé du raisin de Corinthe, ou autres matières.

La crainte d'interrompre le cours de notre instruction sur la détrempe nous a fait remettre ici les conseils sur la levure. Elle doit être fraîche du jour ou de la veille, car dès le troisième jour, de ferme et cassante qu'elle était, elle devient molle, grasse et collante. Il est très important de là détremper à l'eau tiède seulement, et de tenir le levain d'une pâte un peu mollette.

La facilité de se procurer de la levure de bière, que l'on a dans les grandes villes et dans quelques localités qui possèdent des brasseries fait que bien des pâtissiers ne se donnent plus la peine de fabriquer eux-mêmes leur levain : ils se contentent de la levure qu'on leur livre à la brasserie à l'état liquide. Pour employer utilement ce ferment, voici comment on doit s'y prendre.

On fait dissoudre la levure dans une terrine qui contient beaucoup d'eau, puis on laisse reposer le liquide et l'on attend que la levure soit déposée au fond du vase et que l'eau se soit éclaircie ; alors on décante l'eau et l'on recueille la levure. Si l'on désire la conserver en bon état pendant plusieurs jours, on la couvre d'eau fraîche qu'on renouvelle matin et soir, en prenant soin de décanter complètement l'eau anciennement versée, puis de mélanger la levure avec l'eau fraîche à chaque opération, afin d'éviter qu'elle ne s'aigrisse et qu'elle contracte une mauvaise odeur. Une cuillerée à bouche de cette levure équivaut en poids à dix grammes.

Grosse brioche au fromage. — Lorsque la brioche est prête à mettre au four, on élargit la pâte sur le tour, et l'on sème dessus du fromage de Gruyère coupé en petits dés de 14 millimètres carrés, à raison de 125 grammes de fromage par demi-kilog. de pâte ; ensuite on commence à rouler la pâte par le bord, et l'on continue à la rouler sur elle-même. On coupe à peu près le huitième de cette pâte, et l'on enroule la plus forte partie, que l'on place de suite dans sa caisse ; on dore légèrement le tour et le dessus, on roule le reste de la pâte, et on la place sur l'autre partie, de manière qu'elle forme la tête de la brioche ; après l'avoir dorée légèrement, on coupe la pâte qui est à l'entour de la tête, puis on coupe de même l'épaisseur de la tête ; pour bien faire ces ciselures, on appuie légèrement la pâte, puis on met la brioche au four.

Après une heure de cuisson, on la retire doucement du four, pour observer si la tête est bien détachée du reste de la masse, autrement on la détache légèrement avec la main, on la couvre de plusieurs feuilles de papier, et on la remet bien vite au four ; mais on la place un peu plus au milieu du four, et on ne la touche plus que pour la retirer. On doit prendre soin que le fond de ses grignes soit légèrement coloré, tandis que la tête et le reste de la brioche se trouvent d'une belle teinte rougeâtre. Cette différence de couleur fait la beauté de cette grosse pièce.

Brioche à la crème vanillée. — On fait aussi des brioches à la crème vanillée. A cet effet, on met infuser quatre gousses de vanille dans quatre verres de crème bouillante ; on passe après une demi-heure d'infusion, et l'on joint cette crème à la détrempe, en supprimant six œufs. On peut remplacer la vanille par tout autre parfum.

GATEAUX AU BEURRE.

Solilemne. — On dispose en fontaine le quart d'un litre de farine, et l'on met au milieu 12 grammes de bonne levure et un peu de crème tiède ; on joint peu à peu la farine à ce mélange. On rassemble ensuite la détrempe afin qu'elle soit bien mollette, on la travaille, et on la verse dans une casserole pour qu'elle lève deux fois la grosseur de son volume primitif. On prépare ensuite le reste de la farine en fontaine, dans laquelle on met 8 grammes de sel fin, 30 grammes de sucre pulvérisé, quatre jaunes d'œufs, 150 grammes de beurre tiède, et un demi-verre de crème très peu chaude. On fait du tout une détrempe dont la consistance doit être molle, et on la travaille quelques minutes en la battant avec le plat de la main, puis encore de nouveau après y avoir mêlé le levain, qui se trouve alors levé à point. Pendant que la pâte est élastique et satinée, on la place dans un moule beurré uni, ayant 10 centimètres de diamètre, et 135 millimètres de haut. Il faut avoir soin d'opérer dans un lieu chaud, pour que le solilemne lève ; sa fermentation achevée, ce qu'indique son gonflement, on le dore et on le met au four gai. Après une heure de cuisson, on le retire, on le coupe transversalement au milieu de sa hauteur, et on retourne sens dessus dessous sa partie supérieure. On le saupoudre alors d'une pincée de sel fin, et on le recouvre de 150 grammes de beurre fin et tiède. On rejoint ensuite les deux moitiés comme elles étaient au sortir du four, et l'on sert bien chaud ce délicieux gâteau avec le thé, le café ou le chocolat.

Kouques au beurre. — La détrempe de ces gâteaux est semblable à la précédente. On prépare la même qualité et la même quantité de pâte pour faire dix-huit kouques ; puis on la sépare en quatre parties, on roule chacune en forme de rouleau long de 19 centimètres, et l'on divise ensuite chaque rouleau en cinq morceaux pareils. On prend alors les premiers morceaux divisés, on les allonge de 10 centimètres, et on leur donne la forme d'une navette en les roulant sur le tour, puis on les place au fur et à mesure sur une plaque beurrée que l'on met-au four ; il doit y avoir dix kouques sur chaque plaque. Au bout de deux heures, les kouques doivent avoir levé du double de leur première grosseur. On les termine alors comme le solilemne. On peut encore les faire avec de la pâte à brioche.

Kouques à bière ou semelles. — On met dans la fontaine, au milieu de 2 kilogrammes et demi de farine, 30 grammes de bonne levure de bière, délayée dans une mesure de lait tiède et huit œufs. On travaille la pâte et on la fait lever au-dessus du four. On y ajoute ensuite 125 grammes de beurre et autant de sucre qu'on mêle bien intimement. On divise la pâte en seize parties égales, et.on les roule sur le tour saupoudré de farine et de sucre en poudre mélangés par égale partie. On roule sur ce mélange les quatre *semelles*, que l'on forme avec chacun des seize morceaux. Les plaques qui les reçoivent sont mises sur le four pour faire lever les kouques, qui sont alors saupoudrées d'une poudre formée d'un tiers de farine et de deux tiers de sucre, puis cuites au four modéré.

ÉCHAUDÉS.

Echaudés ordinaires. — 'Les échaudés ont pris leur nom de la manière dont on les prépare : en effet, c'est la seule pâte que l'on expose à l'action de l'eau après l'avoir pétrie. On prend, pour soixante échaudés, un litre de farine, sept œufs, 12 grammes de sel et 125 grammes de beurre.

On les détrempe ordinairement le soir pour échauder le lendemain matin ; cependant, on peut échauder trois heures après.

La fontaine creusée à l'ordinaire et remplie des ingrédients convenables, on mêle le tout, en rassemblant la farine avec légèreté. Il faut que la pâte soit un peu molle ; dans le cas où elle aurait trop de consistance, on y ajouterait un œuf ou un jaune d'œuf..

On roule cette pâte pendant un demi-quart d'heure, en la tapant assez fort pour qu'elle s'attache au dedans de la main. Elle doit être d'un beau luisant et très souple, alors on la met sur une planchette circulaire, puis on la saupoudre légèrement de farine, et on l'enveloppe d'un linge pour la mettre au frais.

On coupe ensuite cette pâte en quatre morceaux égaux et allongés, en forme de *rouleaux* de 25 milliinètres de diamètre, que l'on divise en quinze parties, qu'on place au fur et à mesure sur un couvercle semé de farine, le côté coupé posé sur celle-ci.

Quand tous les échaudés sont ainsi divisés, on les verse dans une grande casserolée d'eau bouillante, en ayant soin de les remuer légèrement avec une écumoire, pour éviter qu'ils ne se touchent, ce qui rendrait leur forme désavantageuse.

Si ces gâteaux montent sur l'eau et s'ils sont un peu fermes, ils sont assez échaudés. Alors on les soulève avec l'écumoire, et on les place dans une grande terrine d'eau fraîche, où ils doivent tremper pendant cinq heures environ. C'est alors qu'il faut les égoutter sur un tamis un peu clair ; on les range ensuite sur des plaques bien minces, au moins à 5 centimètres de distance les uns des autres. Quand ils sont secs, on les met au four, que l'on tient fermé pendant la cuisson, autant que possible. Elle dure environ vingt minutes. Les beaux échaudés se fendent au four et forment plusieurs grignes. Ce résultat est vraisemblable quand, au sortir de l'eau bouillante, le côté coupé est grenu.

On fait aussi les échaudés allongés ; il suffit pour cela de diviser les rouleaux en trois ou quatre parties.

Préparée sans sel, cette pâtisserie sert à la nourriture des petits oiseaux et prend le nom de *colifichet*.

Echaudés d'après ÇARÊME. — Les *échaudés* confectionnés d'après la méthode de Carême se traitent comme les kouques et les solilemnes, c'est-à-dire qu'au sortir du four on les coupe par le milieu dans leur largeur, qu'on sale très légère-ment chaque partie, sur laquelle on verse une cuillerée de beurre frais tiède. On réunit les deux morceaux, et on les sert bien chauds pour le café, le thé et le chocolat. Du reste, les uns et les autres se font comme à l'ordinaire.

Echaudés du temps de carême. — Les échaudés du temps de carême se font avec 125 grammes d'huile d'olive d'Aix superfine, en place do beurre. A cette différence près, leur préparation est la même que celle des échaudés ordinaires.

CHAPITRE II

PATES DIVERSES.

Pâte d'office ou Croquante.

On prend un litre de farine, 250 grammes de sucre pilé, gros comme une noix de beurre, un peu de sel, de l'eau de fleur d'oranger, deux œufs et un jaune d'œuf, puis on détrempe le tout ensemble. Il faut que cette pâte soit très ferme. Pour obtenir ce résultat, on l'assemble et on la bat avec le rouleau ; on la frase ensuite cinq à six fois. Si elle se trouve trop ferme, on y ajoute un peu de blanc d'œuf, on la manie, puis on la laisse reposer ; elle se ramollira un peu. Cette pâte sert à faire des fonds de rochers, des maisonnettes ou des chaumières et des croquantes découpées ; il faut toujours avoir soin de beurrer légèrement les moules ou les plafonds sur lesquels on veut la dresser. On la fait cuire à l'entrée d'un four à chaleur douce.

Nous indiquerons plus loin la manière de la découper d'après un dessin quelconque ; mais dès à présent, nous recommanderons de l'appuyer doucement sur le moule ou la plaque avec le bout des doigts, afin d'empêcher que l'air ne s'introduise entre ce moule et la pâte, ce qui produirait le plus mauvais effet à la cuisson. Si ce désagrément avait lieu, il faudrait passer entre eux la lame d'un couteau, et quand la pâte serait assez cuite pour être enlevée, la retourner sens dessus dessous.

Pâte à nouilles.

On emploie quelquefois cette étrange pâte qui est à proprement parler un vermicelle, pour garnir des entrées servies en timbales comme le macaroni, mais plus souvent des entremets, comme les génoises soufflées, les gâteaux fourrés, etc.

On mêle sur le tour 185 grammes de belle farine avec une pincée de sel et huit jaunes d'œufs, puis on frase à cinq tours cette pâte que l'on divise en quatre morceaux et que l'on roule. On abaisse ces morceaux bien minces, puis on coupe la première abaisse par bandes larges de 55 millimètres, on les masque d'un peu de farine, et l'on place quatre de ces bandelettes les unes sur les autres pour les couper en travers aussi minces qu'il est possible. Dès qu'on en a divisé quatre, on les secoue légèrement pour les détacher et en former une sorte de vermicelle que l'on place aussitôt sur quatre grands couvercles de casserole pour les empêcher de se coller ensemble. On agit de même pour les trois autres abaisses.

Si l'on destine ces nouilles aux entrées, on les verse dans une casserole pleine de bouillon bouillant ; pour les entremets, on substitue au consommé de la crème bouillante.

Pâte à pouplin ou poupelin.

On met dans une casserole un demi-litre d'eau, 60 grammes de beurre, une écorce de citron et un peu de sel, puis on pose la casserole sur le feu. Lorsque l'appareil est près de bouillir, on passe un litre de farine au tamis de soie, et l'on verse dans la casserole autant de farine que l'eau pourra en boire. Quand la pâte est devenue très épaisse, on la fait cuire en la remuant toujours avec une cuillère de bois, on la laisse refroidir, puis on casse dedans un œuf que l'on mêle avec la pâte ; on ajoute ainsi autant d'œufs qu'il en faut pour que la pâte soit molle. Cette quantité varie de cinquante à soixante pour un pouplin de grosse pièce.

On beurre ensuite une grande casserole ou un moule assez grand pour contenir la pâte, et on la met cuire pendant deux heures au four chaud. Alors la pâte s'élève au-dessus du moule et tombe dans le four ; mais il ne faut pas s'inquiéter de la perte inévitable de ce superflu. Toutefois, si l'on veut en profiter, on peut placer au-dessous du moule une large plaque bien mince. Il faut encore une heure ou une heure et demie de cuisson, suivant la grosseur du pouplin. La cuisson terminée, on le masque extérieurement et à l'intérieur de confitures assorties.

Pâte à choux.

Pour un demi-litre d'eau dans une casserole, on met un peu plus de 126 grammes de beurre, une écorce de citron, 60 grammes de sucre et un peu de sel ; dès que l'eau commence à bouillir, on y jette la farine et l'on travaille la pâte comme celle du pouplin, mais en la tenant un peu plus ferme, afin qu'elle soit maniable. On lui donne la forme que l'on veut, on la glace, ou bien on la masque avec des amandes et des pistaches ; s'il n'y a rien dessus, on la garnit intérieurement de confitures.

Les choux doivent cuire à feu doux, et être servis lorsqu'ils sont bien ressuyés et de belle couleur, car autrement ils s'affaisseraient.

On verra, à la fin de cet ouvrage, combien de parfums et de façons ils sont susceptibles de recevoir. Nous nous bornerons à l'indication d'un seul exemple, parce quelques mots suffiront pour donner la clef de toutes ces combinaisons.

Choux de toutes sortes. — 1º Tous les sucres parfumés, joints à la pâte, produisent des choux d'espèces différentes, tels que le choux à la vanille, au citron, etc.

2º Des zestes de cédrat, de bigarade, d'orange, de confits, hachés très fin et mêlés à la pâte à la dose de 60 grammes, forment une seconde série de choux.

3º Un masqué d'anis blanc ou rose de Verdun, d'avelines colorées ou naturelles, de non-pareille, de gros sucre, placé après la dorure, fournit la troisième série.

4º Une décoction de café, de chocolat, une addition de fleur d'oranger, de marasquin, d'anisette, de rhum, font encore autant de choux différents.

Quant aux formes, elles sont de quatre sortes : 1º On les couche en les arrondissant avec une cuillère à bouche ; 2º on les allonge en leur donnant la forme et le volume des biscuits à la cuillère comme les *choux à la d'Artois* ; 3º on leur donne la forme de navette, à la longueur de 8 centimètres comme les *choux de la Mecque* ; 4º enfin, on les dispose en caisses de papiers rondes ou carrées, comme les choux suivants.

Choux soufflés. — On fait bouillir dans une casserole 60 grammes de beurre et deux verres de crème. Dès les premiers bouillons, on sature légèrement le mélange avec de la farine de riz. On change alors de casserole et l'on ajoute 30 grammes de beurre, deux œufs et un grain de sel ; on mêle bien le tout et l'on y ajoute encore deux jaunes d'œufs et 90 grammes de sucre avec le parfum choisi. On travaille bien le tout, on fouette fortement les deux blancs, et on les ajoute à la pâte avec deux cuillerées de crème fouettée. On met ces choux en caisse, on ne les dore pas et on les renverse sur du sucre concassé.

Ramequins.

Les ramequins sont une variété de pâte à choux, à laquelle on ajoute du fromage de parmesan ou de gruyère râpés. Quelques personnes y mettent du sel et même un peu de poivre ; d'autres au contraire y mettent une demi-cuillerée de sucre pilé, pour adoucir l'âpreté du fromage. Il s'ensuit deux goûts bien opposés pour cette pâte.

On verse dans une casserole un demi-litre d'eau et 125 grammes de beurre fin, le sel ou le sucre ; on fait bouillir, puis on retire la casserole du feu et l'on y délaie 300 grammes de farine. On replace la casserole sur le feu pendant quatre ou cinq minutes, en tournant toujours le mélange, puis on y incorpore 60 grammes de parmesan ou 90 grammes de gruyère, et 6 œufs entiers qu'on y jette successivement.

Lorsque la pâte ainsi formée est bien lisse,

on la dresse sur un plafond mouillé par cuillerées de la grosseur d'un œuf, puis on dore les ramequins. Quelquefois on pique sur chacun d'eux des petits morceaux de fromage de gruyère. On les fait cuire ensuite, soit à four gai, soit à feu doux sous un four de campagne, et on les sert chauds.

Pâte à la duchesse.

On verse un demi-litre de crème dans une casserole, une pleine cuillère à bouche d'eau de fleur d'oranger, 60 grammes de sucre, 125 grammes de beurre et un peu de sel. Lorsque la crème commence à bouillir, on y ajoute de la farine comme nous l'avons dit pour la pâte à pouplin ; on la travaille de même, c'est-à-dire qu'on jette successivement des œufs, en pétrissant toujours la pâte avec une cuillère de bois, jusqu'à ce qu'elle soit devenue aussi ferme que la pâte à choux. On donne à cette pâte la forme que l'on veut ; pour en faire des petits pains à la duchesse, on met la farine sur le tour à pâte et on la roule ; on peut aussi les coucher avec une cuillère sur un plafond. Lorsqu'ils sont ressuyés, on les fait cuire au four un peu plus chaud que pour les choux ordinaires. Dès qu'ils sont cuits, on les glace avec du sucre tamisé, en faisant, une allume à la bouche du four.

Cette pâte à la duchesse doit gonfler à la cuisson, de manière à présenter un creux intérieur que l'on garnit de marmelades de pêches, de pommes, de gelée de groseilles, ou de différentes crèmes. A cet effet, quand les pains à la duchesse sont refroidis, on les coupe d'un côté et l'on referme l'ouverture après les avoir garnis.

Petits pains de toute espèce.

Les petits pains qui présentent une grande analogie avec ceux dont nous venons de parler sont fort nombreux ; mais les observations que nous avons faites relativement aux choux leur sont tout à fait applicables.

On les masque, on les remplit de raisin de Corinthe, de pistaches ou d'amandes. On les glace à la rose, au caramel, aux anis roses mêlés ou non de gros sucre. On les garnit en mélangeant 125 grammes d'amandes pilées avec un demi-pot de marmelade d'abricots ; on obtient ainsi les *petits pains à la reine.*

Lorsqu'on veut avoir des *petits pains à la rose,* on emploie la même quantité d'amandes, mélangées avec trois cuillerées d'eau de rose et le double de crème pâtissière.

Les *petits pains à la paysanne,* en forme de navette, se remplissent de crème fouettée.

D'ailleurs, les choux à la *reine,* à la *rose,* à la *paysanne,* au *raisin de Corinthe,* et tous les autres pains et choux particuliers, se font de même. Nous allons donc seulement indiquer deux façons spéciales de petits pains.

Petits pains de marrons. — Après avoir épluché trente-six beaux marrons cuits dans la cendre ou sur un gril spécial percé de trous[1], on en retire les parties colorées par le feu, on pèse 185 grammes de ce fruit et on les pile avec

1. Quand on veut faire cuire les marrons ou châtaignes à l'eau, il faut y ajouter une branche de sauge, qui leur communique une saveur aromatique agréable.

60 grammes de beurre frais. Lorsqu'on ne distingue plus aucun fragment de marrons, on passe cette pâte au tamis de crin ; ensuite on pèse 125 grammes de farine, 90 grammes de sucre pilé, 60 grammes de beurre fin et deux grains de sel ; puis on place tous ces ingrédients au milieu de la fontaine formée avec la farine. On mélange le tout et l'on en forme une pâte ferme, bien lisse et sans aucune nuance de beurre ni de châtaigne.

On roule la pâte ainsi obtenue et on la coupe en quatre parties égales ; on roule encore chaque partie en l'allongeant de même volume. Ensuite on coupe les petits pains de la grosseur d'une forte noix, en forme de navette longue de 9 à 10 centimètres, et on les place au fur et à mesure sur une plaque de cuivre étamée et beurrée légèrement ; on les dore, et on les met au four modéré. Lorsqu'ils ont acquis une belle couleur, on les laisse un peu ressuyer, afin qu'ils soient bien croustillants. Ces petits gâteaux doivent s'émietter dans la bouche.

Petits pains d'anis de Sainte-Marie-aux-Mines. — C'est à l'emploi du sous-carbonate de potasse liquide que les pains d'anis de cette ville doivent leur supériorité. En voici la formule, tenue secrète pendant longtemps. On prend :

Farine blanche de premier choix.	500 gram.
Sucre blanc pulvérisé............	500 —
Semences d'anis vert entières....	60 —
Œufs...... quatre blancs et deux jaunes.	

On ajoute une cuillerée à café de sous-carbonate, on pétrit bien le tout, puis on donne une jolie forme aux **pains** **que** l'on laisse encore longtemps et même jusqu'à vingt-quatre heures sur le four avant de les cuire.

Pâte à madeleine.

On met dans une casserole 500 grammes de farine, autant de sucre pilé, 250 grammes de beurre que l'on a fait préalablement tiédir, un peu d'eau de fleur d'oranger ou de l'écorce de citron hachée bien fin, six œufs et deux jaunes ; on mélange bien intimement le tout ensemble et l'on y ajoute encore des œufs si la pâte est trop épaisse. Carême y met aussi deux cuillerées d'eau-de-vie d'Andaye ou de Cognac. L'appareil étant lié, on le travaille seulement deux minutes.

Les moules doivent être beurrés d'une façon particulière. A cet effet, on fait fondre 300 grammes de beurre et on l'écume. Lorsqu'il ne pétille plus, on le décante dans une autre casserole et on le verse ensuite dans huit moules, puis de ceux-ci dans huit autres, et ainsi de suite jusqu'à ce que l'on ait ainsi rempli de beurre vingt-quatre moules, que l'on vide successivement dans la casserole de pâte, qui est mise ensuite sur un feu doux. Aussitôt que cette pâte commence à devenir liquide, on en garnit les moules avec une cuillère. On met au four à chaleur modérée, et l'on y laisse de 25 à 30 minutes les madeleines qui, pour être bonnes, doivent très peu gonfler à la cuisson.

Madeleines de toutes sortes. — Si l'on veut modifier la pâte à madeleine ordinaire et en faire des variétés, suivant le goût des clients, au moment de mettre en moules, on mêle à la pâte, soit 60 grammes de raisin de Corinthe séché au four, soit une égale dose de pistaches coupées, soit autant de cédrat confit en petits dés ou d'anis blancs, ou bien encore on glace d'un côté les madeleines avec 125 grammes de beau sucre cuit au cassé, puis on les masque avec du gros sucre ou encore avec des avelines, des amandes, etc. On peut aussi les vider en dessous lorsqu'elles sont démoulées et refroidies, et les garnir comme les petits pains. On les meringue aussi ; alors elles prennènt le nom de *madeleines en surprise*. On appelle *meringuer* l'opération qui consiste à couvrir l'objet de blanc d'œuf battu de sucre, et à le placer un moment au four pour lui donner belle couleur.

Pâte à génoises.

On émonde, on pile et l'on mouille petit à petit, avec la moitié d'un blanc d'œuf, 125 grammes d'amandes douces que l'on met dans une terrine moyenne avec 185 grammes de farine, 250 grammes de sucre pilé (dont 60 grammes de sucre parfumé), deux œufs, six jaunes, une cuillerée d'eau-de-vie et un grain de sel. On remue le tout avec la spatule pendant six minutes, et, d'autre part, on remue également pendant deux minutes pour l'amollir 250 grammes de beurre mis à la bouche du four. On mélange d'abord ce beurre avec un peu d'appareil, puis avec la masse entière, et l'on finit par travailler encore le mélange pendant cinq minutes.

On beurre ensuite une plaque à rebord, et à son défaut une plaque de carton ainsi disposée, ou deux caisses de papier de 27 centimètres carrés. On verse dedans l'appareil à génoises qu'on égalise avec la lame d'un couteau et l'on met au four doux. Dès que les génoises sont assez ressuyées, on les coupe de toutes les formes possibles et on les remet sécher au four pour qu'elles deviennent cassantes, mais sans reprendre de couleur.

Génoises de tous genres.

On ajoute à la pâte 60 grammes de fruits confits que nous avons indiqués pour varier les madeleines. On les parfume à la vanille ou à la rose, à la fleur d'oranger, au rhum, au marasquin, etc. On les meringue soit en tout, soit en partie, c'est-à-dire en plaçant le blanc d'œuf au moyen du cornet à perler. Entre chaque petite perle produite par ce cornet, on place sur la surface de la génoise, ou un grain de raisin de Corinthe, ou une perle de gelée de groseille, de coing, de pomme ou de marmelade d'abricots. Telles sont les *génoises perlées*. Les formes qu'on leur donne le plus souvent et qui leur sont le plus avantageuses sont : le losange, la couronne et surtout le croissant.

Génoises à l'allemande ou à la reine. — Ces génoises toutes particulières méritent d'être distinguées parmi les variétés confectionnées par un ouvrier habile et intelligent.

On détrempe huit jaunes d'œufs dans de la pâte à nouille et on les verse dans un mélange de cinq verres de crème bouillante et de 185 grammes de beurre ; on y ajoute 185 grammes de sucre parfumé, un grain de sel, et l'on fait mijoter le tout pendant une demi-heure. Après ce temps, on y mêle dix jaunes d'œufs, et l'on verse de suite la pâte sur un grand plafond à rebord légèrement beurré.

Les génoises de 7 millimètres d'épaisseur sont mises au four modéré ; après la cuisson, on les sépare en deux moitiés. La première moitié est enlevée au plafond, l'autre y reste pour être masquée de confitures ou d'une crème pâtissière. Alors la première moitié est remise sur la seconde, et le tout est coupé en croissant ou en ovale avec un coupe-pâte rond uni de 7 centimètres de diamètre. Les deux côtés doivent être également colorés.

Génoise pralinée. — On coupe une bande de génoise de dimensions convenables, on la dédouble et l'on garnit une des deux parties d'une couche de marmelade d'abricots, puis on rabat dessus l'autre partie ; on coupe ensuite en travers cette bande redoublée par petites bandelettes larges de 2 centimètres, qui sont garnies de marmelade d'abricots qu'on recouvre d'un appareil condé. On relève la pâte sur une plaque, on la met au four et on la fait cuire jusqu'à couleur blonde ; on la retire aussitôt et on la dépose sur une claie.

Génoise glacée. — On coupe, comme nous venons de le dire une bande de génoise, que l'on garnit de même, dedans et dessus, d'un corche de marmelade d'abricots ; puis on glace au chocolat, au curaçao, à l'anisette, au rhum, aux pistaches, etc. On fait cuire une seconde et on relève sur une claie.

Génoise marbrée. — Sur une génoise glacée à l'anisette, on verse une glace rose au curaçao. en formant à la surface de la bande des filets fins imitant un marbré, filets qu'avec le dos d'un couteau on mêle en partie à la glace anisée ; on met au four une seconde et l'on relève sur une claie.

Génoise Pompadour. — Ce produit demande la même préparation que le précédent, à cette différence près que la glace au chocolat est parsemée de sucre en grains ou cassoné.

Gâteaux d'amandes et gâteaux à la reine.

Ces gâteaux ne diffèrent des génoises que par l'addition de deux blancs d'œufs fouettés, et par leur épaisseur de 35 à 40 millimètres. On les fait aux avelines, au cédrat, au citron, à l'orange (avec un seul zeste), ou bien à la fleur d'oranger pralinée à la dose de 30 grammes. On peut encore supprimer les amandes et même les deux blancs distinctifs. On peut d'ailleurs traiter ces gâteaux absolument comme les génoises, les meringuer, les glacer, les perler, etc.

Pâte frotte ou pâte de Gênes.

On met sur le tour un litre de farine avec 375 grammes de sucre et 250 grammes de beurre ; on frotte le zeste de deux citrons sur une partie du sucre, on l'écrase avec le rouleau, et on le réduit en poudre. On fait ensuite un trou dans la farine, on y met un peu de sel, quatre œufs entiers et quatre jaunes, enfin, on manie bien le tout ensemble, de manière à en former une pâte que l'on frase deux ou trois fois avec la paume de la main. On rassemble alors cette pâte, on la coupe par bandes que l'on roule de la grosseur du petit doigt et que l'on coupe d'égale longueur. On en forme ainsi des espèces d'S ou des fers-à-cheval que l'on ciselle d'un côté et que l'on fend d'un bout ; on les arrange sur des plafonds beurrés, on les dore, et on les fait cuire à four chaud.

Ces préparations sont servies comme de petits entremets.

Nougats.

Nougats détachés. — On émonde 500 grammes d'amandes douces, qu'on lave avec soin et qu'on fait bien égoutter sur un linge blanc ; on les coupe en filets à raison de cinq par amande, puis on les met sécher à un four très doux, pour qu'elles prennent une couleur bien jaune et bien égale. D'autre part, on met 375 grammes de sucre en poudre dans un poêlon d'office et on le fait fondre sur un fourneau en le remuant avec une cuillère de bois. Lorsque le sucre est fondu, on y jette les amandes chaudes ; on retire alors le poêlon du feu, et l'on mêle bien les amandes avec le sucre. Préalablement, on devra avoir essuyé et huilé un moule ; on y met les amandes, et on les monte en dedans de ce moule le plus mince possible. Pour ne pas trop se brûler les doigts ou pour atteindre aisément les parties resserrées, on appuie sur les amandes avec une tranche de citron.

Nougats divers.

On fait aussi des *nougats d'avelines* avec l'appareil suivant : 375 grammes de ce fruit, 185 grammes de sucre pilé, 60 grammes de gros sucre coloré et autant de pistaches. Ce nougat est fort dispendieux.

Pour les *nougats à la vanille*, on substitue un bâton de vanille aux 60 grammes de pistaches de l'appareil précédent.

Quant aux *nougats aux anis, aux raisins de Corinthe*, on ne les moule pas, mais on les verse sur une plaque et l'on sème dessus une quantité suffisante des unes ou des autres. On les détaille ensuite avec un coupe-pâte en croissant.

Viennent ensuite les *nougats garnis* : Ceux-ci se mettent dans des moules unis et de préférence sphériques. Au moment de les servir, on les garnit de crème fouettée à la vanille, et on les renverse sens dessus dessous pour que la crème ne se voie pas. Tous ces nougats détachés composent des plats d'entremets, et sont plus ou moins nombreux, suivant leur grosseur. Nous parlerons des grosses pièces en nougat en traitant de la *Pâtisserie pittoresque*, à la fin de ce volume.

Nougat de Marseille. — Ce nougat, destiné à se conserver longtemps, doit être fait avec un soin extrême ; il faut éplucher et couper par tranches un demi-kilog. d'amandes, 30 grammes de pistaches également épluchées, et autant de pralines réduites en poudre.

On met dans un bassin le blanc de douze œufs, que l'on fouette fortement avec un demi-kilogramme de miel fin et un demi-kilogramme de sucre en poudre, puis on met le bassin sur un feu doux et l'on fait cuire au lissé ; à ce moment, on le retire du feu.

On y jette les amandes, les pistaches et les pralines préparées à l'avance, et on les remue constamment en faisant en sorte de ramener au centre de la bassine la partie solide, afin que le liquide reste seul sur les bords.

On garnit les moules de pain à chanter et l'on y verse le mélange ; lorsqu'il est refroidi, on démoule.

Nougat blanc. — On émonde et l'on coupe des amandes bien blanches. D'autre part, on met sur un feu vif un demi-kilogramme de beau sucre, et en y ajoutant une très petite quantité d'eau, on fait fondre le sucre en évitant de le laisser noircir. On jette les amandes dans ce sirop, on remue le tout et l'on coule à chaud.

Nougat parisien. — On prépare une abaisse de rognures de feuilletages que l'on couvre avec de la marmelade d'abricots ou d'autres fruits, on fait cuire à petit feu et on laisse refroidir. Quand le tout est froid, on prépare un appareil avec du sucre glacé délayé dans des blancs d'œufs pour former une pâte liquide à laquelle on mélange des amandes concassées. On étale cette pâte en couches minces sur l'abaisse, que l'on coupe en tranches plus ou moins minces, que l'on relève ensuite par morceaux bien séparés sur une tourtière, et l'on fait cuire à four doux jusqu'à ce que le nougat ait pris une belle couleur blonde.

Meringues.

Nous allons indiquer en détail la pâte délicate qui forme la base de ce délicieux entremets, puis nous donnerons la liste succincte des parfums, des garnitures et des ornements qu'il est susceptible de recevoir.

On fouette six blancs d'œufs, et lorsqu'ils sont

bien fermes, on y ajoute petit à petit 250 grammes de sucre pilé, et le parfum choisi, toujours en agitant les blancs avec le fouet de buis dont les rameaux blanchis doivent être fort écartés. Quand la pâte est assez travaillée, c'est-à-dire lorsqu'elle se sépare facilement de la cuillère, on pose des feuilles de papier blanc sur des plaques de fer-blanc, et l'on y couche les meringues par cuillèrées, à la distance de 15 millimètres. A cet effet, on pose à plat la cuillère remplie de pâte, de manière qu'étant enlevée, elle laisse la meringue moulée, la partie ronde en l'air et toute semblable à la moitié d'un œuf. On en sucre légèrement la surface avec du sucre pilé très fin, et on les met cuire à un four très doux. Quand elles sont cuites, on les enlève avec un couteau de dessus le papier, et si l'on veut les garnir de crème ou de confiture, on enfonce légèrement le centre avec une cuillère, sur un centimètre d'épaisseur, en ayant bien soin de ne pas déformer la meringue. On les entretient sèches à l'étuve sur des tamis ou sur des plaques.

Au moment de servir et jamais plus tôt, parce que l'humidité de la garniture amollit leur pâte légère, on remplit deux moitiés de la crème ou de la confiture choisie, et on les accouple ensemble, par la surface plate, de manière qu'elles affectent la forme d'un œuf entier aplati à ses deux extrémités.

Meringues diverses.

Les zestes de fruits à essence, l'eau de fleur d'oranger, l'eau de rose, le marasquin, le rhum, la vanille, les fraises, les framboises, les abricots, l'ananas, les pistaches, les amandes, les avelines, servent tous à parfumer les meringues.

Les confitures délicates, en marmelade, en gelée, en fruits, les crèmes plombières, fouettées, pâtissières, forment les garnitures de cet entremets, qui est uni pour l'ordinaire, mais qu'on sème aussi de pistaches hachées, de gros sucre et de raisin de Corinthe. Les grosses meringues forment de fortes pièces qui, de tout temps, ont été regardées comme très distinguées ; quand on sert à la fois une certaine quantité de petites meringues, on les dresse en buisson.

On fait encore assez souvent des *meringues au café*. Pour cela, on fait réduire deux décilitres de café à l'eau, très fort, et l'on fait avec 300 grammes de sucre un sirop à 38 degrés. Lorsqu'il est froid, on le mêle à la crème en fouettant fortement jusqu'à ce que le mélange soit parfait. Comme pour les meringues ordinaires, on n'emploie cette garniture qu'au moment de les servir.

CHAPITRE III

APPAREILS ET GARNITURES SUCRÉES.

§ 1. APPAREILS.

On donne le nom d'appareils, et aussi quelquefois de garnitures, à certaines préparations pour entremets que l'on confectionne le plus souvent d'avance, et qu'on applique ensuite sur les pâtes après qu'elles ont reçu elles-mêmes les préparations ou les formes qui sont propres à chacune d'elles, afin de parachever chaque produit et de lui donner les caractères qui lui sont particuliers. Les plus usités sont : les appareils *à macarons, à meringues, à nougat, à frangipane, à crème vanillée*, etc.

On conçoit que le nombre des appareils peut varier à l'infini, suivant le goût de l'industriel, la mode, le caprice des consommateurs, les ressources en provisions dont on peut disposer, et cent autres circonstances qu'il est souvent impossible de prévoir. La plupart du temps un produit ne se distingue d'un autre que par la différence que présente leur appareil, et deux appareils ne diffèrent souvent entre eux que par des nuances délicates qui servent cependant à distinguer nettement deux produits.

Nous aurons soin, dans la description des pièces diverses d'entremets ou de dessert, de donner la préparation des appareils qui leur conviennent ; mais nous croyons, comme exemple, devoir donner ici la composition de quelques-unes de ces préparations.

Appareil à meringues.

On prend douze blancs d'œufs bien frais, et on les bat dans un bassin jusqu'à ce qu'ils deviennent fermes et qu'ils se soutiennent d'eux-mêmes. On y ajoute petit à petit du sucre en poudre, quelques gouttes de fleur d'oranger, et l'on mêle légèrement le tout avec la spatule.

En remplaçant l'eau de fleur d'oranger par un peu de vanille, on obtient l'*appareil à meringues fines.*

En remplaçant le sucre en poudre par du sucre au petit cassé ou du sucre glacé, on obtient l'*appareil à meringues à l'italienne*.

Appareil à macarons.

Il se compose ordinairement de belles amandes douces, triées, mondées, lavées et séchées, qu'on pile avec des blancs d'œufs et auxquelles on ajoute du sucre et un peu de vanille, en pilant toujours.

Appareil à nougat.

On le prépare avec du sucre en poudre qu'on arrose de quelques gouttes de jus de citron et qu'on fait fondre sur un feu vif auquel on ajoute, lorsqu'il blanchit, des amandes concassées bien chaudes, qu'on y mélange intimement.

On fouette ensemble des blancs d'œufs, du miel de Narbonne et du sucre glacé ; lorsque le tout est cuit, on y jette des amandes fraîches, mondées et essuyées, des pistaches et des pralines fines ; on obtient ainsi l'*appareil à nougat de Marseille*.

Appareil à crème.

On mêle ensemble dans une casserole de la fécule, de la farine de riz, du sucre et un peu de vanille en poudre qu'on mouille avec un œuf entier et plusieurs jaunes, puis on délaie le mélange avec du bon lait, en y ajoutant du beurre frais. On pose ensuite la casserole sur un feu doux, en remuant toujours jusqu'à ce que le tout soit devenu compact ; on enlève au premier bouillon et on laisse refroidir. Telle est la préparation de l'*appareil à crème vanillée ordinaire*.

On pile des amandes jusqu'à ce qu'elles forment une pâte bien homogène, on y ajoute du sucre que l'on mouille avec du jus de citron, et l'on continue à piler ; au moment de s'en servir, on mélange cette pâte avec de la crème ou du bon lait, on obtient ainsi l'*appareil à crème d'amandes*.

Ces exemples suffiront pour expliquer le sens que l'on attache généralement au mot *appareil*. Dans le chapitre suivant, nous indiquerons, pour chaque produit, la préparation de l'appareil qui lui convient spécialement, en laissant au bon goût de l'opérateur le soin de les varier suivant les besoins de son industrie ou les demandes de sa clientèle.

§ 2. GARNITURES SUCRÉES.

POUR LES GRANDS ET LES PETITS ENTREMETS DE FEUILLETAGE ET AUTRES PATES LÉGÈRES.

1º FRUITS EN MARMELADE.

Marmelade de pommes, de poires, de coings, etc.

On coupe les pommes par quartiers, on en enlève la pelure et le cœur, on les coupe en petits morceaux, que l'on jette ensuite dans de l'eau à laquelle on ajoute un jus de citron pour que les pommes conservent toute leur blancheur. Quand on a ainsi préparé une quantité suffisante de pommes, on les égoutte et on les jette dans une casserole avec 250 grammes de sucre pour 500 grammes de pommes ; on y ajoute de la cannelle en bâton ou un jus de citron, c'est ce qui convient le mieux à la pomme. On place la casserole sur un feu un peu ardent et on la couvre. Quand les pommes sont fondues, on les remue sans interruption jusqu'à ce que la marmelade soit assez réduite ; on dépose ensuite dans un vase pour en garnir les tourtes d'entremets, les petites pâtisseries, les charlottes, etc.

La marmelade de poires et celle de coings se préparent de même.

Après avoir été épluchés, les fruits à noyaux se traitent aussi de la même manière, sans être divisés.

2° FRUITS EN COMPOTE.

Compote d'abricots.

On met dans un poêlon moyen d'office 125 grammes de sucre, deux verres d'eau, puis on y ajoute douze moitiés de beaux abricots de plein vent bien mûrs. Lorsque ces abricots ont jeté une douzaine de bouillons, on les retire du sucre avec une fourchette, et on les pose sur une assiette ; on les remet ensuite cuire dans le même sirop.

Lorsqu'on juge que cette cuisson est complète, on les retire du poêlon, on sépare la peau, puis on passe le sucre dans une serviette, et on le remet dans le poêlon pour le faire réduire jusqu'à ce qu'il produise un sirop un peu lié.

On prépare ainsi les poires, les pommes, les coings, les grosses prunes, les pêches, les brugnons, les fraises, les ananas, les pruneaux et les divers mélanges de ces fruits. On se contente de rouler dans le sucre en poudre les petits fruits, comme les cerises, les fraises, les framboises, les groseilles, les prunes de mirabelle, etc.

3° FRANGIPANE.

On verse dans une casserole placée sur un feu doux cinq cuillerées de farine délayée avec cinq œufs ; on y ajoute un demi-litre de lait, et du beurre gros comme un œuf, deux grains de sel en ayant soin de tourner toujours de peur que le mélange ne fasse gratin. Lorsqu'il est cuit, on le met refroidir dans un vase, puis on écrase une poignée d'amandes émondées, trois macarons, un peu de fleur d'oranger pralinée, et assez de sucre pour que la frangipane soit bien sucrée. Le tout, pilé bien fin, est joint au premier mélange en tournant.

Si l'on désire faire une frangipane aux avelines, on les substitue aux amandes, et l'on colore avec un peu de rose en tasse. Si l'on veut qu'elle soit aux pistaches, on substitue celles-ci aux amandes et l'on colore avec une peu de vert d'épinards. Il convient alors de supprimer une partie des macarons et la fleur d'oranger. On peut même se dispenser de mettre des macarons, quand on emploie des amandes ; seulement on met une plus grande quantité de celles-ci.

Lorsque la frangipane est bien travaillée à la cuillère de bois, on ajoute un œuf ou deux, si elle manque de consistance. On en fait un grand usage ; mais elle est fort connue, et la composition des darioles varierait avec avantage si l'on y employait les garnitures de tartes, de flancs, etc., ordinairement frangipanées.

4° CRÈMES.

Crème fouettée au naturel. — On verse dans une terrine deux litres de bonne crème fraîche, une quantité suffisante de sucre en poudre, une bonne pincée de gomme adragante également pulvérisée, et le parfum choisi, s'il est liquide, comme l'eau de rose ou l'eau de fleur d'oranger. Si l'on veut colorer la crème, c'est le moment de le faire, puis on la fouette avec un fouet à biscuit. Quand le mélange est bien renflé, on l'abandonne un moment ; on le lève ensuite avec une écumoire et on le dresse en pyramide sur la tourte ou sur une autre pâtisserie. Si, au bout d'un quart-d'heure, la crème ne se trouve pas fouettée, elle n'est pas propre à cet usage ; on doit la rejeter et recommencer l'opération avec une crème d'autre provenance.

Au lieu de la dresser à l'écumoire, quelques personnes la mettent égoutter après l'avoir fouettée un quart-d'heure, et la sucrent alors avec 185 grammes de sucre pilé. Elles la mettent ainsi deux heures dans de la glace concassée, avant de la fouetter.

Crèmes fouettées de tous genres. — Pour faire la crème fouettée au café, à la vanille, à l'orange, au citron, à la bergamote, il suffit d'employer une partie de sucre parfumé à ces différents parfums.

On la fait *au chocolat*, en fondant 125 grammes de chocolat dans une demi-verre d'eau bouillante qu'on joint à la crème avec 125 grammes de sucre avant de fouetter, ce qui se fait toujours.

Deux cuillerées de vert d'épinards tamisé,

délayé avec un demi-verre de marasquin, et
mêlé tout d'abord à la crème, donnent *la crème
fouettée printanière*. La crème fouettée *aux
fraises* reçoit, étant liquide encore, le suc de
375 grammes de fraises bien mûres, avec une
légère infusion de cochenille, et les 185 grammes
de sucre ordinaire.

On fait de la manière la plus simple d'excellentes *crèmes au punch*, en parfumant une crème
au naturel ou une crème ordinaire avec quelques
cuillerées de sirop de punch.

Crèmes fouettées garnies. — Cette crème placée
en pyramide reçoit, ainsi que la crème printanière de belles fraises ou framboises jetées çà
là. La *crème fouettée au naturel* se garnit de même
avec de petits filets d'écorce d'orange ou de
citrons verts confits. La *crème fouettée aux
pistaches* se hérisse de 125 grammes de pistaches
coupées en filets, qui s'entuilent les unes près
des autres dans la mousse légère qu'elle a formée.

Crèmes pâtissières. — On met dans une casserole six jaunes d'œufs et deux cuillerées de
farine tamisée, puis on délaie avec la spatule
cette pâte mollette ainsi obtenue, en y versant
peu à peu trois verres de crème bouillante et un
grain de sel. On tourne alors la crème sur un feu
doux et on la retire quand elle commence à
s'attacher à la spatule. Lorsqu'après l'avoir
tournée hors du feu, on la voit consistante et
lisse, on la remet sur le fourneau à un feu modéré,
et l'on continue de tourner pendant dix minutes
pour la cuire à point.

On clarifie ensuite 90 grammes de beurre, et
dès qu'il se colore, on le jette dans la crème qui
se trouve achevée.

On la verse alors dans une terrine et on la parfume, tout en y ajoutant 125 grammes de sucre et autant de macarons, le tout pilé. Ce sucre sera parfumé à une odeur quelconque. Après la cuisson de la crème et l'addition du beurre clarifié ou cuit à la noisette, on peut encore y joindre 185 grammes de chocolat râpé, 60 grammes de sucre et 125 grammes de macarons doux. Ces odeurs ou ce chocolat donnent leur nom à la crème.

Pour la *crème pâtissière aux pistaches*, après sa cuisson, on y mêle 125 grammes de pistaches pilées avec 30 grammes de cédrat confit et dix amandes amères, le tout bien broyé et délayé avec deux cuillerées de vert d'épinards. Avec cela, on met 185 grammes de sucre et 125 grammes de macarons d'avelines ou autres. Cette crème doit être d'un vert tendre.

On fait aussi des crèmes pâtissières au raisin de Corinthe ou aux avelines, en mettant 125 grammes de l'un ou des autres avec 125 grammes de macarons, et la dose de sucre accoutumée.

Crème aux pistaches. — On émonde 60 grammes de pistaches bien fraiches, qu'on lave et qu'on pile jusqu'à ce qu'elles deviennent en pâte que l'on pose sur un linge clair afin d'en exprimer tout le jus ; on verse ce jus dans un poêlon d'office avec 30 grammes de sucre en poudre et une tasse de lait que l'on verse petit à petit en remuant le mélange. On fait prendre sur un feu doux en remuant toujours avec la spatule ; on fait jeter trois bouillons, et l'on retire cette crème dès que l'appareil a repris sa tranquillité ; on la verse alors dans un vase profond et on la couvre dès qu'elle est refroidie jusqu'à ce qu'on l'emploie. Si l'on veut la rendre plus verte, on y joint un peu d'eau d'épinards.

Crème plombière au rhum. — On met dans une casserole huit jaunes d'œufs et une cuillerée de farine de riz, on ajoute trois verres de bon lait presque bouillant, et l'on place le tout sur un feu modéré, en remuant toujours la crème avec une cuillère de bois. Lorsqu'elle commence à prendre, on ôte du feu et on la remue parfaitement pour la délayer jusqu'à ce qu'elle soit bien lisse ; après quoi, on la fait cuire sur un feu doux pendant quelques minutes. Cette crème doit avoir la consistance d'une crème pâtissière bien faite. Alors on y mêle 125 grammes de sucre en poudre et un grain de sel ; après l'avoir fait refroidir, on la change de casserole, puis on la met à la glace, mais en ayant soin de la remuer de temps en temps. En refroidissant, elle s'épaissit un peu. Lorsqu'elle est frappée par la glace, et au moment de la servir, on y mêle un demi-verre de bon rhum, et ensuite une assiettée de bonne crème fouettée bien égouttée. Le tout, bien amalgamé, doit donner une crème veloutée légère et mœlleuse.

Diverses crèmes plombières. — On remplace le rhum par du rack, du curaçao ou du marasquin, ou bien par le jus exprimé de 500 grammes de fraises ou de framboises, par une marmelade liquide d'abricots, de prunes de reine-claude ou de mirabelle, ou encore d'ananas, de pommes de rainette, de poires, de pêches, de coings et de cantalous.

Après avoir dressé ces crèmes en rocher, on les garnit de fruits assortis comme les crèmes fouettées.

5º GELÉES.

Ces préparations qui sont l'épouvantail des ménagères et qui causent l'ennui de beaucoup de pâtissiers, sont en réalité bien faciles à faire. Il est vrai que les procédés complexes et embarrassants, employés à cet égard, que les recettes obscures, prolixes et multipliées, contribuent pour beaucoup à ce fâcheux résultat ; mais nous espérons simplifier tellement notre description, que nos lecteurs pourront désormais préparer une gelée ou un blanc-manger aussi facilement qu'un potage.

La matière employée sera ou de la colle de poisson, ou de la colle d'écaille, ou de la gélatine. La seconde et la troisième surtout sont à bien meilleur marché que la première [1]. Cette matière collante doit être sucrées, et le sucre doit être clarifié. Nous allons les clarifier simultanément, ce qui nous évitera des soins, des frais de combustible, et nous permettra de conserver la colle toute prête pour le moment où nous voudrons nous en servir.

Manière de clarifier simultanément le sucre et la colle. — On fait tremper dans de l'eau froide de la colle de poisson, de la colle d'écaille ou de la gélatine, jusqu'à ce qu'elle soit bien amollie et gonflée, ce qui peut durer cinq à six heures pour la gélatine, et dix à douze pour la colle de

---

1. La *Grenetine*, gélatine de première qualité qui porte le nom de son inventeur, *M. Grenet*, de Rouen, se recommande par sa pureté, sa transparence et une saveur douce insipide.

poisson. Si l'on est pressé, on peut abréger cette
macération, pendant laquelle on change l'eau
deux fois. A la troisième macération, on fera
dissoudre entièrement la colle dans l'eau en la
chauffant jusqu'à l'ébullition. La dissolution
étant obtenue, on la laisse un peu refroidir, puis
on y ajoute du beau sucre concassé et du blanc
d'œuf battu dans l'eau filtrée ; il faut un blanc
d'œuf pour 2 kilog. de sucre. On remet la dissolution sur le feu, et dès que le mélange commence
à bouillir, on y verse le jus de deux citrons, ou
bien quelques gouttes d'acide nitrique ou tartrique. On passe le tout à la chausse et l'on
divise le liquide par verres, chaque verre contenant 30 grammes. On verse cette dissolution
dans de petits flacons qui contiennent un ou
deux verres, et on la conserve ainsi pour en
préparer à l'instant même le blanc-manger ou
le fromage bavarois, qui serviront à garnir les
charlottes, les puddings, les flans, les tartes, etc.

*Doses de la matière collante et de la matière
sucrée.* — Nous allons dire maintenant quelle
est la dose du sucre et de la colle pour une gelée.
Bien qu'on ne puisse la déterminer d'une manière
absolue, on peut affirmer cependant qu'elle
dépend de la grandeur du moule ou de la saison ; il faut un sixième de colle en plus lorsque
le temps est humide et pluvieux. Cela dépend
aussi de la nature du liquide ; en effet, les gelées,
qui se composent de vins et de liqueurs spiri-
tueuses, doivent être moins collées et moins
sucrées que les sucs de fruits et que les infusions
de fleurs. Il y a des sucs de fruits comme ceux
de citrons, d'oranges, de verjus, d'épine-vinette,
d'ananas, qui demandent un surcroît de sucre,

tandis que les jus de framboises, de fraises et raisins muscats, doivent être moins sucrés, et exigent encore·l'addition de suc de citron, pour que leur douceur ne dégénère pas en insipidité. Voici cependant des règles générales :

En principe, il faut 30 grammes de colle par gelée ; mais on peut additionner cette quantité de 4 à 12 grammes, suivant les circonstances. Quant au sucre, il en faut de 300 à 375 grammes, suivant la nature de l'arôme. L'opérateur peut varier ces proportions, en joignant le sucre à la dissolution de colle au moment de la clarification. On pourrait mettre égale partie de l'un et de l'autre, et avoir d'ailleurs du *sirop de sucre* ou sucre clarifié, pour ajouter la quantité nécessaire aux deux verres de dissolution. Cela ferait une mesure usuelle d'une grande commodité.

Manière de préparer les gelées.

Pour une gelée de fleurs, on fait infuser leurs pétales, à la dose d'environ 30 ou 60 grammes, dans le sirop de sucre bouillant. On bouche hermétiquement le vase dans lequel on aura mis l'infusion, pour conserver le parfum, et quand le sucre est tiède, on le passe au tamis de soie et l'on y joint les deux verres de dissolution sucrée de colle à peine tiède, puis on remue ce mélange avec une cuillère d'argent.

D'autre part, on pile 7 kilog. et demi de glace, que l'on jette dans un vase ou sur un grand tamis. On place le moule à gelée au milieu, en ayant soin qu'il soit entouré partout d'une égale épaisseur de glace, puis on verse le mélange dans ce moule, que l'on couvre avec un couvercle de casserole ou un plat à sauter sur lequel on place des morceaux de glace pilée. On abandonne le moule en cet état pendant trois ou quatre heures environ.

Au moment de servir, on emplit d'eau chaude à ne pouvoir y tenir la main, une terrine qui peut tenir le moule ; on l'y plonge promptement et de telle sorte que l'eau passe par-dessus la gelée. On renverse alors promptement la gelée dans la charlotte préparée à l'avance, en enlevant le moule ; cette opération doit être faite aussi rapidement que possible.

Gelées de fleurs. — Il est essentiel de ne pas déposer les gelées de fleurs et de fruits rouges dans aucun vase étamé, de ne les point toucher avec des cuillères d'étain, car on risquerait ainsi de les faire tourner au violet terne. Pour animer le coloris des gelées de violettes, d'œillets, de roses, de fraises, de framboises et de groseilles, on mêle à l'infusion des pétales une pincée de graines de cochenille. Pour les gelées de jasmin, de jonquilles et de tubéreuses, on ajoute à 30 grammes de l'une de ces fleurs quelques légers brins de safran.

Gelée de fruits. — Prenons comme exemple la gelée au verjus ; pour la préparer, on pile 1 kilog. de ce fruit avec une poignée d'épinards ; on filtre à la chausse, et l'on mêle la liqueur filtrée avec 45 grammes de colle sucrée et 430 grammes de sirop de sucre. Si l'on n'a pas le temps de filtrer le verjus, on l'écrase et on le met simplement infuser dans le sucre. On emploie principalement ce procédé rapide pour les gelées de fruits rouges ; il en faut 500 grammes ordinairement, pour les doses indiquées ci-dessus, en supprimant les épinards qui ne servent qu'à donner au verjus une couleur verte plus intense.

Gelée d'abricots. — Pour les gelées de pêches ou d'abricots, on fait un sirop avec dix-huit de ces fruits, 300 grammes de sucre et deux verres de colle clarifiée ; on y ajoute le jus d'un citron.

Gelée de grenades. — On prend le jus filtré de cinq belles grenades que l'on verse dans le sirop à la dose précédente, et que l'on colore avec du carmin ; on emploie la quantité de colle ordinaire.

Macédoine de fruits. — On prépare un sirop de fruits que l'on réduit en gelée. On prend un moule à gelée que l'on frappe à la glace et que l'on garnit d'une couche de sirop, en se servant pour cette opération d'une cuillère d'argent. On met dessus, avec grand soin, un lit de fraises bien entières que l'on recouvre avec une couche de sirop, que l'on fait frapper, puis on met une autre couche avec des quartiers d'abricots ; on laisse frapper, puis on recouvre les abricots d'une couche de sirop ; on pose encore d'autres fruits, et ainsi de suite jusqu'à ce que le moule soit plein. Il est essentiel de ne mettre les couches successives que lorsque les précédentes sont prises ; sans cette précaution, elles se confondraient toutes entre elles. On doit de même observer, dans l'arrangement des fruits, de maintenir les distances et de ne pas les poser l'un sur l'autre ; il faut que les fruits de la seconde couche soient posés entre ceux de la première. Alors on couvre le moule et on l'entoure de glace, pendant deux heures et demie à peu près ;

on démoule et l'on pose sur le dessus un bouquet fait avec de l'angélique.

Gelées à la vanille, à l'orange, au citron, au cédrat, au café. — On ajoute aux dissolutions précédemment décrites du sucre parfumé à ces odeurs.

Gelée au thé. — On colore en rose 325 grammes de sirop de sucre, puis on y jette 8 grammes de thé. On laisse refroidir ; on ajoute un demi-verre de kirsch, un verre d'eau, et l'on filtre. On termine l'opération en collant comme à l'ordinaire.

Gelées aromatiques. — Pour la gelée à l'*angélique*, on substitue au thé de la recette précédente 60 grammes d'angélique verte et 30 grammes de sa graine. On ne colore pas l'infusion.

Pour la gelée *à la menthe*, on substitue au thé 45 grammes de menthe frisée et le zeste de deux citrons. Quand l'infusion est tiède, on y fait dissoudre 2 grammes d'essence de menthe poivrée.

Gelées de vin et de liqueurs. — On emploie pour ces préparations les vins de Champagne, de Madère sec, de Malaga, d'Alicante, de Frontignan, de Calabre, à la dose de deux verres pour 45 grammes de colle et 375 grammes de sucre ; on y ajoute le suc d'un citron et un peu de cochenille pour les vins qui ne sont pas assez colorés.

On emploie le parfait amour, les anisettes de Bordeaux, les eaux d'or, d'argent, de la côte, les crèmes de Moka, le cacao de Barbade, la vanille de Malte, le marasquin, le vespetro, à la dose de deux verres et demi pour autant de colle sucrée, et l'on y ajoute 375 grammes de sucre.

Gelées fouettées. — Ces gelées ne sont autre chose que les gelées ordinaires fouettées sur la glacé. Elles sont moins distinguées que les gelées limpides, mais elles se font en une heure et demie, et servent à réparer une gelée ordinaire manquée.

Après avoir préparé une gelée, on en verse le quart dans le moule ; tandis qu'elle prend, on fouette le reste dans un vase mis à la glace, avec un fouet de buis, comme des blancs d'œufs. Aussitôt qu'elle mousse, on la jette dans le moule, dans lequel elle prend avec la partie qui y a déjà été versée.

Ces moules ressemblent beaucoup à ceux dont on se sert pour les fromages bavarois, dont nous allons bientôt parler.

Blancs-mangers. — Cette préparation n'est pas plus difficile à réussir que les précédentes ; elle ne demande que du soin et beaucoup de propreté, sans laquelle on risque de perdre sa peine et son temps.

On jette dans de l'eau bouillante des amandes douces et quelques amandes amères en très petite quantité. On les retire quand elles sont suffisamment attendries et on les pèle ; on les jette alors dans de l'eau fraîche et on les met égoutter. On les verse ensuite dans un mortier où on les pile, en y ajoutant quelques cuillerées d'eau froide et on les passe à travers un linge. Il résulte de cette opération un mucilage plus ou moins épais, selon que le linge aura été plus ou moins fin ; on le sucre, puis on y ajoute un bon verre de lait de bonne qualité, quelques gouttes d'eau de fleur d'oranger et 30 grammes de colle de poisson. Avant que ce liquide soit pris en glace, on le verse dans un moule, puis on le dresse pour le servir.

Si l'on est pressé, on peut préparer six verres

d'une solution épaisse de sirop d'orgeat ; on y ajoute un peu plus de deux verres de colle et la dose de sucre ordinaire.

On parfume les blancs-mangers au rhum, au rack, aux fruits à zestes, aux fruits rouges, aux sucres parfumés, aux avelines et aux pistaches, en joignant à ces ingrédients, selon leur nature, aux amandes pilées, au lait qu'on en obtient, ou au sirop d'orgeat.

Fromage bavarois. — On fait infuser un parfum ou une saveur quelconque dans deux verres de crème froide, ou dans trois verres de lait bouillant, d'après la nature du parfum ou de la saveur demandés. On y ajoute, après avoir passé à l'étamine, un verre de colle clarifiée un peu tiède, et 250 grammes de sucre pilé ou de sirop de sucre. On verse ce mélange dans un moule en dôme, profond de 1 centimètre et d'un diamètre de 27 centimètres, ou à son défaut dans un bol d'une dimension convenable, puis on place l'un ou l'autre dans 7 kilog. et demi de glace pilée. Au bout d'un quart d'heure, on remue de temps en temps la crème avec une grande cuillère d'argent ; dès qu'elle se lie, on remue sans interruption jusqu'à ce qu'elle soit prise, puis on enlève la glace.

Cela fait, on y mêle par parties égales et aussi rapidement que possible un fromage à la Chantilly, bien égoutté et du même volume que le moule de la charlotte ou de tout autre entremets de pâtisserie que l'on doit remplir. On continue à remuer toujours ce mélange, afin d'affaisser la crème fouettée, qui, par ce moyen, donne un fromage bavarois extrêmement moelleux. On le verse dans le moule placé au milieu de la glace, et l'on démoule après une heure et demie de congélation.

Tous les parfums de fleurs et de fruits nouveaux, tels que le café, le chocolat, le thé, l'odeur des zestes, les saveurs des diverses amandes, des liqueurs choisies, comme le parfait-amour, le curaçao, le marasquin, la vanille, la fleur d'oranger, l'essence de menthe, l'anis étoilé, le caramel, etc., conviennent aux fromages bavarois. On les emploie mélangés ou séparés, selon le goût de la clientèle.

6° GRANDS SOUFFLÉS ET FONDUS.

Soufflé au riz.

On fait infuser deux gousses de vanille dans neuf verres de lait bouillant pendant un quart-d'heure, et l'on se sert de ce lait pour délayer 500 grammes de farine de riz. Après un pareil intervalle de temps employé à faire cuire sur un feu doux, on y ajoute 500 grammes de sucre pilé, 250 grammes de beurre fin et une pincée de sel, en remuant toujours. Pendant ce temps, on fait fouetter seize blancs d'œufs. Dès qu'ils sont presque assez fermes, on retire le mélange du feu, et l'on y mêle les seize jaunes. Le soufflé doit offrir alors la consistance d'une crème pâtissière ; au cas contraire, on ajoute un peu de crème fouettée au liquide. On mêle d'abord le quart des blancs, puis le reste avec légèreté, comme on mélange la pâte à biscuit. On verse alors le soufflé dans la croustade, la casserole de riz, la tourte de feuilletage ou la corbeille de pâte d'office, tous cuits à l'avance. On le soutient par des bandes de papier fort et beurré, placées autour du haut de la croustade, puis on le place au four modéré pendant deux à deux heures et demie.

Au moment de servir, on sort le soufflé, on le masque de sucre pilé et on le glace avec la pelle rouge, en le tenant d'ailleurs sur un plafond glacé sur de la cendre rouge. Toutes ces précautions ont pour but d'empêcher le soufflé de s'affaisser. Il doit être servi aussitôt qu'il est terminé.

Les crèmes indiquées pour les fromages bavarois s'emploient aussi pour les soufflés.

Soufflé de fécule ou omelette soufflée.

On casse deux œufs dans 130 grammes de sucre en poudre qu'on bat jusqu'à ce que l'appareil soit devenu blanc et léger ; on y ajoute deux jaunes d'œufs, de la fleur d'oranger et 25 grammes de fécule, et l'on mélange bien le tout ensemble. On fouette en neige quatre blancs d'œufs, et on les mêle doucement aux ingrédients déjà préparés. On beurre un plat d'argent, on y dresse l'appareil et on le met sur un feu doux, en recouvrant le tout avec un four de campagne qu'on a fait chauffer à l'avance. Lorsque le soufflé est complètement levé, on le sert de suite ; cet entremets ne doit pas attendre.

Pets de nonnes ou beignets soufflés.

Dans une casserole, on verse un quart de litre d'eau, qu'on fait bouillir et à laquelle on ajoute 60 grammes de beurre, 10 grammes de sucre et une pincée de sel de cuisine ; quand l'eau bout, on y jette 125 grammes de farine, et l'on mélange parfaitement le tout ensemble avec une cuillère de bois. On place la casserole sur un feu doux pendant quelques minutes, puis on la retire sur le coin du fourneau. Alors on ajoute à la pâte un œuf entier et l'on mélange de nouveau jusqu'à ce que l'œuf soit entièrement absorbé ; on ajoute un deuxième œuf, en procédant de la même manière, puis un troisième puis un quatrième ; il est important d'incorporer le mélange après chaque œuf et de ne pas mélanger les quatre œufs ensemble.

Autant que possible, la pâte doit avoir été préparée quelques heures avant de s'en servir, afin de pouvoir la travailler pendant qu'elle est tiède.

Quand on veut préparer les beignets soufflés, on met sur un feu vif de la friture neuve. Lorsqu'elle est assez chaude, ce qui se reconnaît en y projetant des gouttelettes d'eau froide, on prend avec l'extrémité d'une cuillère à ragoût un morceau de pâte, aussi rond que possible, et on le jette dans la friture ; on continue ainsi et l'on a soin d'y promener les beignets avec une fourchette jusqu'à ce qu'ils en soient bien imprégnés. Quand ils sont devenus d'une belle couleur blonde, on les retire, on les fait égoutter dans une passoire, on les saupoudre de sucre en poudre, et on les sert aussi chauds que possible.

On trouvera plus loin, à la page 264, les recettes des divers *petits soufflés,* que l'on prépare le plus habituellement.

Fondus.

On remue ensemble 500 grammes de beurre avec 250 grammes de fécule, et l'on verse dans le mélange six verres de crème, avec le parfum choisi, et six cuillerées de sucre pilé. On tourne sur le feu.

On ajoute quinze blancs fouettés, puis leurs jaunes, comme pour le soufflé. Lorsqu'on a obtenu la même consistance, on fait cuire en caisse au four modéré pendant vingt minutes. Les fondus doivent être servis de suite et bien chauds comme les soufflés.

Quand on confectionne le fondu au fromage, on y met seulement une cuillerée de sucre.

CHAPITRE IV

GRANDS ENTREMETS DE FEUILLETAGE ET DE PATES FINES.

§ 1. GÂTEAUX FOURRÉS.

On prépare un demi-litre de feuilletage que l'on tourne à huit tours, puis on le sépare en deux parties, l'une d'un tiers de la pâte, l'autre des deux tiers ; on abaisse celle-ci assez grande pour pouvoir lui donner en rond 24 centimètres de diamètre. Cette première abaisse sert de dessus au gâteau. Pour faire le dessous, on joint les parures à l'autre partie de feuilletage, et l'on abaisse le tout à 19 centimètres de diamètre. On place cette dernière abaisse, un peu mouillée au bord, sur une plaque, et l'on verse dessus la garniture qui doit *fourrer* le gâteau. Ensuite on place l'autre abaisse dessus ; on soude bien ensemble les bords de l'une et de l'autre ; on cannelle avec le coupe-pâte ou la pointe du couteau, puis, après avoir doré, on trace sur le dessus une palmette ou une rosace, ou seulement de simples raies. On fait cuire ce gâteau au four gai pendant trois quarts d'heure, pour que la croûte soit bien croustillante, puis on le glace à la flamme devant le four. On le sert froid.

Gâteaux fourrés divers. — Quand ces gâteaux sont fourrés d'une préparation d'amandes, ils prennent le nom de *gâteaux de Pithiviers.*

Garnis de quatre cuillerées de marmelade d'abricots, d'autant de marmelade de pommes, et de deux cuillerées de beurre frais que l'on fait fondre, ils prennent le nom de *gâteaux à la d'Artois.*

Quand on doit les garnir de crème, après avoir fait l'abaisse du fond, on place dessus une bandelette de pâte épaisse de 9 millimètres et large de 14 millimètres, afin de soutenir la garniture On termine d'ailleurs à l'ordinaire.

Nous traiterons plus loin de tous les autres genres de garnitures que ces gâteaux peuvent recevoir.

Tourtes d'entremets.

Ces tourtes, qui se font toutes de la même façon, se divisent en plusieurs séries d'après leurs garnitures. Ainsi, on compte : 1º les tourtes aux fruits, soit entiers, soit en marmelade ordinaire ; 2° les tourtes aux confitures ; 3° les tourtes à la crème ; 4° les tourtes soufflées, c'est-à-dire qu'on mêle à la garniture des dernières indiquées, trois blancs d'œufs fouettés bien ferme. Il est indispensable alors de servir cet entremets à la sortie du four, autrement on le mange froid.

Manière de dresser les tourtes d'entremets. — Sur un plafond beurré, de grandeur convenable, on fait une abaisse ronde de pâte à foncer ou de pâte brisée, ensuite on bande la tourte, c'est-à-dire que l'on étend en feuilletage une bande large de 4 centimètres, que l'on pose autour du fond, en rejoignant avec adresse les deux bouts, qu'on a préalablement taillés en biseau, afin que la soudure ne s'aperçoive pas.

La tourte ainsi préparée, il s'agit de la garnir et de la recouvrir.

Si on la garnit de fruits nouveaux, il faut, avant de la faire cuire, mettre dans l'intérieur un rond de papier beurré, et par-dessus un rond de pâte commune, qui sert à maintenir la tourte à la cuisson.

On pique cette pâte, on dore la bande du tour, puis on la fait cuire au four gai. Après dix minutes de cuisson, on regarde si elle s'élève également ; au cas contraire, on soulève avec la pointe du couteau les parties affaissées, mais il faut agir avec la plus grande rapidité. La cuisson achevée, on retire la pâte et le papier de l'intérieur de la tourte, et l'on met dans la tourte une bonne compote de fruits.

Si, au contraire, on la remplit de frangipane, de confitures, ou de toute autre garniture qui ne puisse fuir à la cuisson, on étend cette garniture sur l'abaisse du fond, en laissant au bord 4 centimètres libres, puis on bande la tourte. Quelquefois, lorsqu'elle est de grande dimension, on met dans la moitié de la tourte de la frangipane, et dans l'autre moitié des confitures.

La couverture varie assez communément : on place sur la garniture, avant de la bander, un grillage croisé formé d'étroites bandelettes de pâte découpées à la roulette ; mais souvent aussi on forme avec ces bandelettes des chiffres et des fleurs. En ce cas, on les saupoudre fréquemment de non-pareille ou de gros sucre coloré. Souvent aussi on couvre la garniture d'une seconde abaisse épaisse ou travaillée à jour, que l'on masque quelquefois d'amandes. Ce dernier mode est plus rare. Sur les compotes de fruits nouveaux, on ne place aucune couverture. On les saupoudre de sucre râpé, et on les glace devant le four.

Les pâtissiers de maison bourgeoise bandent ordinairement les tourtes sans soudures : pour cela, ils posent sur une abaisse de feuilletage un couvercle de casserole, et agissent comme s'ils voulaient faire un vol-au-vent. Ils ôtent ensuite ce couvercle, mettent au milieu de leur abaisse alors arrondie, un couvercle plus petit, de 5 centimètres environ, et, coupant la pâte tout autour, ils obtiennent une bande circulaire qu'ils placent autour du fond. Cette minutieuse précaution ne convient guère aux pâtissiers commerçants.

Vol-au-vent d'entremets.

On prépare comme à l'ordinaire un vol-au-vent de feuilletage, et, après l'avoir vidé, on le saupoudre dessus et à l'entour avec du sucre pilé, puis on le glace à l'allume. D'autre part, on fait cuire dans un petit sirop de 185 grammes de sucre, dix-huit poires de moyenne grosseur, dont on conserve soigneusement la queue en les pelant. On les dispose en pyramide ou en gerbe dans le vol-au-vent, et on les masque avec leur sirop réduit, au moment de servir.

Avec les fruits de la saison, on peut préparer ainsi des vol-au-vent extrêmement agréables. Les cerises, les prunes de reine-claude, toujours munies de leurs queues, les pêches et les abricots, se placent près les uns des autres, et présentent une surface brillante et glacée de sucre, hérissée de petites queues glacées également, et décorés dans les interstices laissés par les fruits avec d'autres fruits confits.

Vol-au-vent et tourtes moulées. — Ces gracieux vol-au-vent se font aussi en pâte d'office glacée et masquée de sucre en poudre : les fruits forment, comme de coutume, une agréable couche au fond, et du centre s'élève un ornement léger en pâte d'office, qui s'enlève à volonté. Cette disposition peut décorer aussi les tourtes de feuilletage.

Flans.

Les flans sont des pâtés bas, en pâte fine, remplis de garnitures semblables à celles des tourtes. Avec un demi-litre de pâte fine un peu ferme, on forme une abaisse de 30 centimètres de diamètre, et on la dresse à 55 millimètres de hauteur, ce qui produit un flan de 19 centimètres. On peut encore faire l'abaisse d'une part, puis une bande que l'on pose droite tout autour.

Tous les flans exigent les procédés de confection suivants. Une bande de papier fort et beurré doit être placée autour pendant trois quarts-d'heure de cuisson au four gai ; après que la bande a été enlevée, le flan est doré, remis quelques minutes au four, saupoudré de sucre tamisé, et glacé à l'allume.

Flans de fruits. — On dispose en couronne dans le fond du flan les premiers quartiers de fruits de la garniture, puis de la même manière, les seconds quartiers, après avoir légèrement arrosé les premiers du sirop dans lequel on a fait cuire ces fruits, si ce sont des pommes, des poires ou des abricots ; ou bien, après les avoir saupoudrés de sucre, si ce sont des prunes de reine-claude ou de mirabelle. En ce dernier cas, on fait cuire le reste des prunes avec 125 grammes de beurre et 125 grammes de sucre, un demi-verre d'eau, et lorsque le sirop est réduit comme il convient, on le verse dans le flan après y avoir placé les prunes. Il faut traiter de la même manière, les pêches et les brugnons. Pour les cerises, les merises et les bigarreaux, le sirop se fait cuire à la nappe.

Les flans se servent chauds ou froids ; mais dans ce dernier cas, s'ils sont garnis de pommes, on supprime les 125 grammes de beurre qu'on a coutume de mettre avec autant de sucre pour douze belles pommes coupées en quatre.

Flan à la portugaise. — Au moment de servir, on masque généralement le dessus des flans de pommes et de poires, avec quelques cuillerées de gelée d'abricots, de pommes ou de groseilles Quand les pommes sont entières, vidées par le cœur, et couchées sur une marmelade d'autres pommes, on place sur chacune d'elles une belle cerise confite.

Flans de crème pâtissière et autres. — Toutes les crèmes dans lesquelles on met un peu moins de beurre qu'à l'ordinaire peuvent servir à remplir les flans : on les saupoudre de sucre après la cuisson, et l'on passe dessus le fer à glacer presque rouge.

Les flans, qui d'ailleurs peuvent se faire en casserole de riz ou en croustade, se garnissent aussi de vermicelle, de nouilles, de sagou, de fécule de pomme de terre et de marmelade de marrons. Les appareils de talmouses, de darioles et de ramequins, mêlés de raisin de Corinthe, de *flans à la parisienne*, c'est-à-dire d'une couche de bon riz au citronné et d'une couche de pommes sautées, de *flans à la turque*, conviennent également aux flans, soit en casserole, en croustade ou en pâtisserie. Les fondus, la moitié des soufflés d'entremets servent aussi à les garnir ; mais, en ce cas, la croûte du flan doit être cuite auparavant. Les flancs ovales servent pour les grosses pièces.

Flan à la crème-vanille. — On beurre légèrement un moule appelé *cercle à flan*, on le garnit d'une abaisse mince de pâte à foncer, on le relève sur une tourtière, on le pique soigneusement, on pince le bord supérieur de la pâte et l'on garnit l'intérieur avec de la crème-vanille. On met alors au four, on cuit au blond, on retire le flan du four, on enlève le moule, on dore le tour du flan, on remet au four pour que le tout prenne une belle couleur blonde, on sort du four, on relève sur une claie, et, quand le flań est froid, on en saupoudre le dessus avec du sucre glacé.

Flan de riz. — Ce flan demande la même préparation que le flan crème-vanille, seulement on remplace celle-ci par une crème dite appareil de riz.

Flan meringué. — On met un flanc crème-vanille sur une tourtière, et on applique dessus une couche d'appareil meringue fine ; on lisse et l'on dresse, puis, au moyen d'une poche garnie de la même meringue, on décore le flan avec goût. On fait ensuite une bordure qu'on pourra garnir de confitures ; après la cuisson, on saupoudre le tout de sucre et l'on met au four doux. Dès que le flan est devenu blond, on le retire ; on garnit les dessins d'une gelée de fruits et on relève le flan sur une claie.

Gâteau de riz au citron.

Nous avons indiqué à la page 131 de ce volume la manière de faire cuire convenablement le riz pour obtenir les casseroles et les autres entrées confectionnées avec cette substance ; nous n'y reviendrons pas, afin de ne pas grossir inutilement la description suivante ; nous prions nos lecteurs de s'y reporter.

Pour préparer le gâteau qui nous occupe actuellement, on lave 300 grammes de riz à l'eau froide, on le fait blanchir dans de l'eau bouillante pendant cinq minutes, on l'égoutte et on le laisse refroidir. D'autre part, on fait bouillir 1 litre et demi environ de lait pur et de bonne qualité dans une casserole pouvant contenir trois litres de liquide ; on y ajoute 200 grammes de sucre, 40 grammes de beurre fin et un citron finement râpé. On verse le riz dans la casserole et on le fait cuire pendant une heure à feu doux, en recouvrant la casserole de charbons allumés placés sur un four de campagne ; on doit veiller attentivement à ce que le riz ne s'attache pas au fond. Si cet inconvénient se produisait, il faudrait le changer de casserole pour éviter qu'il prenne un goût de brûlé. Enfin, on casse trois œufs dans le riz, quand il est cuit, et on mêle bien le tout avec une cuillère en bois.

On étend, dans un moule uni de 12 centimètres de largeur sur 7 centimètres de hauteur, une couche de beurre fin de 3 millimètres d'épaisseur, qu'on saupoudre de mie de pain, puis on verse le riz dans le moule. On fait cuire à feu doux, en se servant d'un four de campagne, comme précédemment, pendant une demi-heure, puis on s'assure si le gâteau est cuit et de belle couleur ; alors on le démoule et on le sert chaud ou froid, selon le goût des amateurs.

Marquis aux fraises.

On emploie, pour confectionner ce gâteau délicat une pâte à la génoise fraîchement faite, ce qui est une condition indispensable pour le bien réussir.

On prend 360 grammes de sucre pulvérisé, 250 grammes de farine de bonne qualité, et 250 grammes d'amandes douces que l'on pile très finement. On mélange bien intimement le tout, puis on travaille la pâte sur le tour ; on étend sur une plaque 125 grammes de beurre fin, de manière que la couche soit assez mince, on le saupoudre avec 10 grammes de sel, et l'on pose la pâte tourée sur la couche de beurre ;

ensuite on la fait cuire au four à une chaleur moyenne.

Quand la pâte est ainsi préparée, on passe au tamis 1 kil. de fraises bién mûres et ''on sucre le jus qu'on a obtenu. On prend un demi- litre de crème double, que l'on bat et qu'on mélange avec les fraises. Cet appareil doit être conservé au frais, et, autant que possible, entouré de glace.

On prend alors une moitié de la génoise, sur laquelle on verse et l'on étále de l'appareil encore froid, puis on le recouvre de l'autre moitié de la génoise ; sans appuyer sur l'appareil. Si, après cela, il reste encore un peu de jus de fraises à la crème, on le verse tout autour, entre deux moitiés de génoise que l'on réunit avec les déchets de pâte qui n'ont pas été employés.

Ce gâteau doit être conservé dans un endroit frais jusqu'au moment de le servir.

Croûtes aux fraises.

On coupe des carrés de pain bien rassis et on les fait frire jusqu'à ce qu'ils soient durs. On prépare un sirop de sucre, en petite quantité, on y plonge les fraises et, lorsqu'elles en sont bien imbibées, on les place au milieu d'un plat creux, puis on les arrose avec le sirop. Tout autour des fraises, on range les croûtons pour en faire une sorte de couronne, puis, au moment de servir, on arrose chaque croûton de quelques gouttes de kirsch.

Gâteau napolitain.

Dans un litre de farine disposée en fontaine

on met 280 grammes de sucre en poudre, 275 grammes d'amandes fraîches hachées et des fleurs d'oranger ; on casse deux œufs, on manie convenablement la pâte, on y ajoute dix jaunes d'œufs, et on laisse reposer pendant deux heures environ.

Lorsque la pâte est bien reposée, on prépare dix abaisses rondes que l'on perce par le milieu d'un trou d'une vingtaine de centimètres ; on les relève sur des plaques et on les met au four ordinaire jusqu'à cuisson blonde ; on les retire alors, et, lorsqu'elles sont froides, on les enduit, cinq abaisses d'une couche d'abricots et cinq autres d'une couche de groseilles.

On applique les abaisses les unes sur les autres, puis on les relève sur un fond de pâte d'amandes un peu plus large que les abaisses.

On fait réduire une quantité convenable de marmelade d'abricots, en évitant qu'elle noircisse ; dans le trou laissé au centre du napolitain, on verse la marmelade d'abricots bouillante, au moyen d'un cercle coupe-pâte qui sert d'entonnoir ; on laisse alors refroidir, on glace ensuite et l'on décore selon le goût ou la demande ; on termine en plaçant une corbeille en nougat dans le trou laissé au milieu.

Charlottes.

Ce charmant entremets, qui figure dans tous les repas bien ordonnés, est dû à Carême. Il est à la fois simple et ingénieux.

La croûte en est formée avec des pâtisseries préparées à l'avance, et la garniture se compose des crèmes et des gelées les plus délicates : 1° la croûte faite de biscuits, comme dans l'exemple suivant, compose *la charlotte parisienne*, que l'on nomme à tort *charlotte russe*; 2° quand elle est foncée de *croquettes longues*, et garnie de *blanc-manger à la crème*, c'est la *charlotte française*; 3° la *charlotte italienne* est composée de *génoises au rhum*, semblables pour la forme aux biscuits à la cuillère, et garnie de *crème plombière au rhum*; 4° des parois formées de *macarons*, un fond pareil, une garniture de *crème aux macarons d'avelines* constituent la *charlotte turque*; 5° un entourage de gaufres aux pistaches, une garniture de *gelée fouettée au parfait amour*, forment la *charlotte des dames*.

Charlotte aux pommes ou à la bonne femme. — On fait cuire des pommes de reinette épluchées et coupées par quartiers, jusqu'à ce qu'elles soient en marmelade, et l'on y mêle un peu de confiture d'abricots ou de gelée de groseilles, pourvu qu'elle ne soit pas liquide; on beurre un moule dit *à charlottes*, puis on dresse sur le fond et le long des parois des tranches de mie de pain rassis.

On verse dans le moule ce mélange de pommes et de confitures, et on le recouvre de tranches de mie de pain; on place ensuite le moule dans un fourneau abondamment garni de charbon à moitié consumé et de cendres chaudes, on le recouvre avec un couvercle garni de cendres chaudes, de manière que le moule soit entièrement enterré dans les cendres, et on le laisse cuire doucement ainsi.

Charlotte aux cerises. — On garnit le fond et les parois d'un moule uni d'une bonne épaisseur de beurre, sur lequel on applique, au fond et tout autour, des lames de mie de pain taillées minces et appliquées les unes auprès des autres le plus exactement possible, de manière qu'elles forment une sorte de caisse après la cuisson.

On remplit intérieurement le moule avec de la marmelade de cerises, desquelles on a préalablement retiré les noyaux, on ajoute quelques cuillerées de gelée de groseilles et l'on recouvre le dessus avec de la mie de pain coupée en tranches.

On pose alors le moule sur des cendres chaudes, que l'on a soin de renouveler s'il en est besoin, et on le couvre avec un four de campagne, après avoir garni de beurre le dessus de la charlotte, afin qu'elle prenne une belle couleur.

Lorsqu'elle est bien dorée, ce dont on s'assure en soulevant le four de campagne, on la démoule en renversant le moule sur un plat et on la sert chaude.

Charlotte russe. — On prend 185 grammes de biscuits à la cuillère bien glacés, et une petite caisse de biscuit vert aux pistaches ; on coupe ce dernier en lames minces, et l'on surcoupe en losanges allongés de 35 millimètres, on en forme une double étoile au fond d'un moule uni et octogone. On dispose de petits biscuits en pointe et on les place sur l'étoile, afin de masquer le fond du moule. Avec le reste des biscuits, on masque la hauteur du moule, en les posant droits et tout près les uns des autres. On doit avoir soin de placer le côté glacé sur le moule. Alors on emplit la charlotte avec le fromage bavarois à la vanille, et on la verse au moment où elle se trouve prête à servir. Le moule étant plein, on couvre le fromage avec des biscuits ;

après quoi, on place le moule dans de la glace pilée et, une demi-heure après, on renverse la charlotte sur un plat d'entremets.

Charlotte brillante. — Cet entremets est composé de gaufres ou de biscuits ; elle doit son nom au gros sucre dont ils sont parsemés, ce qui rend sa surface brillante. Si cette surface est masquée d'avelines ou d'amandes hachées, elle prend alors le nom de *charlotte hérissée* ou *aux pistaches.*

On fait encore une sorte de charlotte avec des échaudés, garnie d'un fromage bavarois, et une autre de petits pains au zeste de citron, garnie de gelée citronnée.

Il importe d'observer que les crèmes, les chocolats, les cafés et les gelées destinés à garnir cet entremets doivent être fermes, comme si l'on voulait les servir démoulés.

Bavarois.

On fait des bavarois à la vanille, au chocolat, au café, aux pistaches avec des crèmes semblables à celles usitées pour les charlottes russes ; mais ils en différent en ce qu'ils sont glacés dans le moule sans garniture de fond, ni de tour. On peut aussi les panacher.

Diplomate.

On enduit légèrement d'huile d'amandes douces un moule à gelée qu'on frappe à le glace, on garnit le fond et sur chacun des côtés d'un grain de raisin de Malaga, qu'on couvre d'une couche mince de bavarois vanillé ; on place sur celle-ci une couche de fruits confits assortis,

puis une couche de bavarois et une couche de
fruits confits, et ainsi de suite jusqu'au haut du
moule, et l'on termine par une crème. On couvre
le moule d'une feuille de papier, puis d'une
tourtière qu'on charge de glace à rafraîchir, on
le dépose dans un endroit frais et on ne le démoule
qu'au moment de servir.

Ministériel.

Ces entremets se confectionne avec le même
appareil que le diplomate, mais les fruits confits
sont remplacés par des raisins secs imbibés de
sirop de punch.

Gâteau de la paix.

On met dans une casserole cinq jaunes d'œufs
délayés dans un demi-litre de sirop froid, et on
les fait prendre en remuant avec une spatule
sur un feu doux ; on verse cette crème dans une
terrine, on manie du beurre fin et on mêle avec
un fouet d'osier, de manière à obtenir une crème
légère.

D'autre part, on fait une pâte à génoise mate,
on en garnit deux cercles à flans de la même
grandeur que l'on place sur des tourtières beu-
rées, et on les fait cuire à feu doux.

On verse ensuite la génoise dans une des
tourtières et sur les abaisses qu'elles renferment,
on met dessus des amandes hachées, puis on
renverse dessus une seconde abaisse, que l'on
appuie de manière à la faire adhérer avec la
première. On pare alors le gâteau avec une forte
couche de crème saupoudrée de pistaches et

l'on en décore le milieu avec des pistaches coupées formant une branche d'olivier.

Richelieu.

On beurre un moule à savarin que l'on emplit d'une pâte à génoise, puis on place le moule sur une tourtière au four ordinaire, pendant environ 35 minutes. Dès qu'il est cuit à blond, on le retire et on le démoule, puis on le laisse refroidir ; on masque le dessus et les côtés avec la marmelade d'abricots.

Pour monter ce gâteau, on taille un cercle en papier destiné à en cacher le tour et on l'applique de manière qu'il empêche quoi que ce soit de pénétrer à l'endroit qu'il doit cacher.

On lisse et l'on enlève le cercle de papier, puis on emplit le vide qu'il a laissé avec de la marmelade d'abricots, que l'on parsème d'angélique pour le décorer.

Gâteaux de Compiègne.

On manie habituellement de la pâte à brioche avec un peu de lait pour la rendre plus légère, puis on la met dans un moule relevé sur une tourtière qu'on place dans l'étuve. Il est essentiel de ne pas emplir le moule jusqu'au bord.

On coupe une bande de papier fort et collé que l'on place dans le moule en la laissant dépasser de deux doigts ; elle est destinée à soutenir la pâte qui devra s'élever au-dessus des parois du moule.

On pratique çà et là quelques trous dans le gâteau, et on le met au four ordinaire ; lorsqu'il

est cuit, on le démoule, on fait clarifier à la
noisette du beurre fin salé légèrement et on le
verse au moyen d'un entonnoir dans les trous
que l'on a faits d'avance.

Gâteau de Compiègne ordinaire. — On commence ce gâteau comme si l'on voulait faire une
brioche, seulement on ajoute au levain fait avec
le quart des trois litres de farine, 15 grammes de
levure de plus. On prépare en seconde fontaine
le reste de la farine, et l'on y ajoute 30 grammes
de sel fin, 125 grammes de sucre pulvérisé,
1 kilogramme de beurre (manié en hiver, ce que
nous abstiendrons dorénavant de répéter) un
verre de crème, douze œufs entiers et douze
jaunes. On détrempe comme pour la brioche,
on ajoute le levain lorsqu'il est convenablement
levé, et l'on verse quelques cuillerées de crème
fouettée sur la détrempe bien battue. On place
alors la pâte, ainsi préparée, dans un moule
de grandeur assortie ; pour une grosse pièce
il doit être en cylindre cannelé de 22 centimètres
de diamètre et de 25 centimètres de hauteur.
D'ailleurs, le moule doit être fortement enduit
de beurre épongé, puis la pâte exposée, en hiver,
à l'abri d'un courant d'air, et en été, à l'abri du
soleil ; il lui faut en tout temps une chaleur
égale et tempérée. Si, hors les gelées, on avait
l'imprudence de mettre lever le gâteau sur le
four, ce serait un article perdu, et comme on
doit toujours craindre l'effet d'une trop forte
chaleur, on ajoute en hiver jusqu'à 60 grammes
de levure. Cette remarque s'applique à toutes
les détrempes fortement gonflées par la levure.
Elles se font ordinairement la veille, pour être
cuites dans la matinée du lendemain. Mais, si

avant ce temps, le moule qu'on emploie était presque rempli par la pâte fortement gonflée et bombée, on ne doit pas perdre de temps pour la mettre au four modéré, car après cet instant elle s'affaisse.

On y laisse le gâteau cinq quarts-d'heure, puis on l'examine, et, s'il est flexible et blond, on l'y remet environ une demi-heure. Si, au contraire, il est rougeâtre et ferme, on le démoule, en renversant le moule sur un plafond ; si la pâte est trop attachée au moule, on le frappe sur les côtés à plat avec une spatule : le gâteau démoulé est remis de suite au four pendant quelques minutes pour se ressuyer.

Gâteau de Compiègne au raisin de Corinthe. — A la composition précédente, on ajoute 185 grammes d'anis en dragées, autant de raisin de Corinthe, et un second verre de crème double.

Gâteau de Compiègne friand. — On mélange, d'une part, 1 kilogramme et demi de farine, 45 grammes de levure et 30 grammes de sel ; d'autre part, 125 grammes de sucre sur lequel on râpe des zestes de citron, et que l'on met dans une terrine moyenne avec 185 grammes d'angélique confite, coupée en filets, et autant de cerises confites partagées en deux, le tout arrosé d'un demi-verre de bonne eau-de-vie. Cela préparé, et la détrempe faite, on remue le mélange et on l'ajoute au gâteau, que l'on fait d'ailleurs lever et cuire à l'ordinaire.

Gâteau à la parisienne, d'après CARÊME.

On émonde et l'on torréfie un demi-kilog. d'avelines, qu'on pile, en les humectant d'une cuillerée de crème, puis qu'on transvase du mortier dans une terrine pour les mouiller, en plusieurs fois, avec quatre verres de crème ; on passe en deux fois ce mélange, et l'on met à part ce *lait d'avelines*. Cela terminé, on prépare un levain de brioche avec le quart' d'un kilog. et demi de farine, un verre de lait tiède, et 45 grammes de levure.

On met ensuite dans une terrine neuve 750 grammes de beurre frais, puis on verse dessus 250 grammes de beurre tiède à peine fondu. On mêle ce beurre avec une cuillère de bois neuve pendant six minutes, puis on y joint petit à petit, et toujours en travaillant ce beurre, deux œufs et dix jaunes. On obtient alors une *crème de beurre* à laquelle on mélange la moitié du reste de la farine et un verre de lait d'avelines, auquel on ajoute deux poignées de farine. On creuse alors cette pâte au centre et l'on y met 30 grammes de sel, un autre verre de lait d'avelines et 185 grammes de sucre pulvérisé. On mêle le contenu de cette sorte de fontaine, en ajoutant par degrés le reste de la farine et du lait d'avelines. Si cette détrempe n'avait pas la consistance du baba, on pourrait y ajouter quelques œufs.

C'est alors le moment d'y amalgamer le levain Quand cette opération est terminée, on ajoute au gâteau 185 grammes de pistaches fendues à moitié dans leur longueur, et 125 grammes d'écorce d'orange confite coupée en très petits filets. Ensuite, on verse le tout dans un moule grand comme celui du gâteau de Compiègne, et l'on donne à la fermentation et à la cuisson les soins importants expliqués plus haut.

Le judicieux auteur de cette excellente préparation veut que, pour la distinguer des précédentes, on prépare 185 grammes de pistaches comme nous l'avons expliqué, et qu'on en hérisse le gâteau parisien. Il ajoute qu'on peut remplacer les avelines par 305 grammes d'amandes douces et 185 grammes d'amères. Nous suivons ordinairement ce dernier conseil, et nous remplaçons aussi les pistaches de la garniture par des amandes, ce qui rend ce gâteau un peu moins coûteux.

Gâteau français.

On mêle dans une première terrine 185 grammes de sucre vanillé, citronné, ou à l'orange, avec un demi-verre de vieux rhum de la Jamaïque ou, à son défaut, d'eau-de-vie de Cognac, et 375 grammes de raisin de Corinthe. On remue le tout et on le couvre.

D'autre part, on prépare un levain de brioche avec 45 grammes de levure et du lait chaud. Tandis qu'il lève, on mêle dans une seconde terrine plus grande 1 kilogramme de beurre, douze œufs et douze jaunes pour faire une crème *de beurre*, comme nous l'avons expliqué plus haut. On y joint la moitié des trois quarts restants du kilogramme et demi de farine, puis trois verres de crème, puis l'autre moitié de la farine et 30 grammes de sel. Quelques œufs seraient nécessaires si la pâte n'offrait point la consistance du baba, dont nous parlerons tout à l'heure. Le levain et le contenu de la première terrine y sont mis après. Ces mélanges étant achevés, on moule, on fait lever, et l'on cuit comme le gâteau de Compiègne.

Gâteau royal.

Ce gâteau ressemble beaucoup aux précédents ;
pour le préparer, on substitue au raisin de
Corinthe du raisin de Malaga ou du raisin muscat
épépiné ; au rhum, du marasquin d'Italie ; au
parfum d'orange ou de citron, quatre gousses de
vanille bien grasses et bien givrées, que l'on hache
très fin. On opère d'ailleurs en tout comme pour
le gâteau français, dont nous venons de parler.

Savarin.

Pour faire un gâteau de grosseur ordinaire
(12 personnes), on prend un demi-kilogramme
de gruau et l'on y joint 20 grammes de levure ;
on prend un quart de ce gruau que l'on délaie avec
un peu de lait tiède et sans laisser ce mélange
devenir trop dur ; il faut cependant qu'il ait du
corps. On le fait revenir ensuite dans un endroit
chauffé à la température d'une étuve, jusqu'à
ce qu'il ait quadruplé de grosseur.

On joint aux trois autres quarts de gruau qui
restent 60 grammes de sucre en poudre, 15
grammes de sel fin, et six œufs battus, que l'on
ajoute à ce mélange, en fouettant de manière
à rendre la pâte légère ; on verse ensuite goutte
à goutte un demi-verre de lait. On manie 375
grammes de beurre fin et l'on mêle intimement
le tout, de manière que le beurre ne se voie plus
On place le levain au centre de cette pâte et
l'on mêle le tout en fouettant légèrement ; on
peut laisser reposer la pâte, mais, s'il en est
besoin, on peut l'employer de suite.

On met cette pâte dans un moule dit à savarin ;

on en beurre les parois, on sème sur ce beurre des amandes coupées en filets, on verse la pâte de manière à remplir le moule à moitié, et on le pose sur une tourtière, qu'on met à l'étuve jusqu'à ce que la pâte ait atteint les bords ; on cuit au four doux pour obtenir une couleur blonde, on le retire et on le renverse. Alors on glace au sirop de sucre dans lequel on mêle un peu de kirsch, de l'anisette, du noyau, de la fleur d'oranger et du lait d'amandes par quantités égales, on fait égoutter et l'on sert.

Cambacérès.

Ce gâteau se fait comme les précédents. Lorsqu'il est sorti du four avec sa couleur blonde, on le renverse et l'on glace avec un sirop dans lequel on verse une cuillerée à café de vanille ; on fait égoutter et l'on verse dessus, de manière à l'envelopper, une couche légère de marmelade d'abricots, puis on glace à la vanille.

Il est bon de le mettre un instant au four pour le sécher et pour donner de la consistance à la glace.

Trois frères.

On beurre le moule, puis on fait une pâte à biscuits mélangée d'amandes amères dont on l'emplit à moitié. On met ce gâteau au four ordinaire jusqu'à ce que la pâte ait atteint les bords du moule et qu'elle soit devenue blonde. Alors on le sort du four et on le renverse, en laissant refroidir ; on l'enduit ensuite d'une couche de confitures d'abricots et l'on y sème une couche d'amandes hachées.

Cussy.

On beurre avec soin un moule à caisse, et l'on mélange dans une pâte génoise une petite quantité d'amandes douces, émondées et pilées très fin, dont on garnit le moule aux deux tiers ; on le relève ensuite sur une tourtière, on cuit bien blond, on renverse le gâteau sur une claie, on étend dessus une légère couche de glace à la vanille, et on l'enveloppe enfin dans un papier d'étain, pour le conserver frais le plus longtemps possible.

Beauvilliers ou biscuit mousseline.

On prend dix œufs, dont on sépare les jaunes des blancs, on met 500 grammes de sucre avec les jaunes et l'on travaille longtemps le tout. On mélange avec les jaunes 60 grammes de farine séchée au four, 60 grammes de fécule, 60 grammes de farine de riz ; on fouette ensuite les blancs dans un bassin et l'on mêle le tout ensemble. On emplit les moules à moitié, on cuit à four doux et lorsque la pâte est cuite et refroidie, on glace au fondant de vanille. Enfin, on enveloppe le gâteau dans un papier d'étain, comme le précédent.

Gâteau la pensée.

On prend un bassin, dans lequel on met 180 grammes de sucre avec huit œufs entiers, et l'on fouette le tout ensemble sur un feu doux. Quand le mélange est bien pur, on y ajoute 500 grammes d'appareil en poudre et 375 grammes d'appareil liquide, dont nous donnons ci-après les formules.

Appareil en poudre. — Amandes en
poudre .... 500 gram.
Avelines en poudre .... 500 —
Sucre .... 500 —
Farine de gruau.... .... 540 —
Farine de maïs.............. 210 —

Appareil liquide. — Beurre fondu 250 gram.
Marmelade d'abricots .... 250 —
Vanille en poudre............. 30 —

On mélange bien le tout et l'on emplit le moule presque entièrement, cette pâte ne faisant presque pas d'effet au four. Il lui faut à peu près la même température que pour la génoise. Quand le gâteau est cuit et refroidi, on glace au fondant à la vanille.

Gâteau Victoria.

On garnit le fond d'un moule à charlottes russes d'une forte couche de pâte à biscuits, d'une seconde de crème d'amande, d'une troisième de fruits confits, et ainsi de suite jusqu'à ce que le moule soit rempli. En cet état, on le met au four et on le laisse cuire jusqu'au fond.

On renverse ensuite et on laisse refroidir ; on couvre alors d'une couche de confiture quelconque et l'on glace avec l'arome demandé.

Saint-Honoré.

On fait une pâte à brioches et l'on en forme une abaisse relevée sur une tourtière, autour de

laquelle on ménage un bourrelet que l'on enfonce
à distances égales. On fait ensuite de petits
choux destinés à garnir les bords du gâteau. On
dore l'abaisse, on la met au four et on la fait
cuire au blond ; lorsqu'elle aura atteint ce point
on la retire et on la relève sur une claie ; on dore
ensuite les petits choux et on les fait cuire au
four doux.

On fait égoutter des fruits confits, tels que des
cerises, des mirabelles, des prunes de reine-
claude ou des chinois.

On fait cuire du sucre au grand cassé, et l'on
y trempe les choux en ayant soin de les saupoudrer de sucre. On les place à distances égales
dans les creux préparés sur le bourrelet de
l'abaisse, et on les entremêle de fruits confits.

On fait ensuite une crème fine à la vanille
comme celle qu'on emploie pour les charlottes
russes ; on en emplit la croûte et l'on sert.

Gorinflot.

On place dans un moule à six côtes, dit à
gorinflot, une couche de beurre fin enduit
d'amandes coupées, puis on emplit le moule de
pâte à savarin, à laquelle on ajoute des amandes
hachées, enfin, on l'expose à la chaleur, afin
que la pâte, en se levant, emplisse le moule ; on
met alors au four.

Lorsque le gâteau a acquis une belle couleur
blonde, on le renverse et l'on glace avec un sirop
à 35 degrés, parfumé au kirsch, à l'anisette, au
marasquin ou à tout autre arome.

On peut remplacer les amandes par des fruits
et des écorces d'oranges confits, que l'on hache

en menus morceaux ; on les glace ensuite avec un sirop parfumé à l'orange et à l'amande, soit plus simplement avec de l'eau de fleur d'oranger et du sirop d'orgeat.

Baba.

Cet entremets, originaire de la Pologne, mais qui a acquis depuis longtemps chez nous son droit de nationalité française, se confectionne ainsi :

On fait d'abord le levain avec 45 grammes de bonne levure et l'on veille à ce qu'il lève à point· On détrempe ensuite une pâte à brioche avec les 375 grammes mis de côté sur quatre litres de farine, 30 grammes de sel, 125 grammes de sucre en poudre, un verre de crème, vingt œufs et 1 kilogramme de beurre. On mêle alors le levain à la pâte, on la travaille et on la bat.

Ensuite, on fait au milieu de cette pâte un creux que l'on remplit d'un demi-verre de Madère ou de Malaga, et d'une infusion de 4 grammes de safran dans le quart d'un verre d'eau. Pour les petits babas usuels, on remplace cette infusion par un peu d'eau de fleur d'oranger. On sème ensuite sur la pâte 185 grammes de raisin de Corinthe, autant de raisin muscat épépiné, et 30 grammes de cédrat confit, coupé en petits filets. Ces deux dernières substances sont supprimées dans les babas moins soignés. On incorpore également les raisins dans la pâte, que l'on moule et que l'on fait fermenter comme le gâteau de Compiègne, en ayant soin de retirer en moulant les gros grains de raisins saillants qui s'attacheraient après le moule pendant la cuisson. Elle doit durer environ cinquante minutes ; il est indispensable d'y apporter les mêmes soins qu'à celle du gâteau précédent. Ce baba peut être servi comme grosse pièce.

On met les petits babas dans des moules un peu plus grands que ceux des nougats ; ils sont de même forme. Ce sont ceux qui ont le plus grand débit ; par conséquent, il est nécessaire d'en préparer. toujours une certaine quantité d'avance, suivant la vente.

Autre procédé.

Voici une recette plus simple et plus facile à exécuter que la précédente, ce qui nous a engagé à la donner ici tout en faisant remarquer qu'en raison même du petit nombre d'ingrédients employés, le produit ne peut être aussi fin que celui obtenu par la recette indiquée ci-dessus.

On verse dans de l'eau tiède :

Farine........................	2 litres.
Sel de cuisine..................	30 gram.
Beurre fin	250 . —
Raisin de Corinthe.............	250 —

que l'on mélange bien intimement, puis on ajoute 8 œufs entiers et gros comme un œuf de levure. La pâte ainsi obtenue doit rester molle et bien liée. On prend ensuite un moule, qu'on beurre dans tous les sens et qu'on emplit de la pâte ci-dessus décrite ; on la laisse reposer jusqu'à ce qu'elle se gonfle et, lorsqu'elle est en cet état, on fait cuire le gâteau au four.

Quand on veut réchauffer des gâteaux de la veille *non feuilletés*, tels que les babas, les génoises, les trois-frères, etc. on les coupe en tranches minces, on les dresse sur un plat d'argent, et, suivant l'espèce de gâteau, on verse dessus un ou deux verres de vin d'Espagne, de Muscat, de Frontignan, ou autre vin de liqueur, puis on fait chauffer le plat, sans laisser bouillir ni blanchir. On obtient ainsi, à peu de frais, un nouvel entremets très délicat.

§ 2. ENTREMETS FRAPPÉS.

Gâteau Malakoff.

On place sur une tourtière une abaisse de pâte à brioche, comme nous l'avons expliqué pour le saint-honoré ordinaire ; on dresse la pâte, puis on fait un bourrelet que l'on enfonce à intervalles égaux. On couvre alors l'abaisse de marmelade d'abricots et on la met au four. Lorsque la cuisson qui doit toujours être blonde est achevée, on prépare des bâtons en pâte à choux et on les fait cuire ; on garnit ensuite l'intérieur de la tourte avec les bâtons de pâte, au moyen desquels on forme des compartiments que l'on remplit avec de la crème à la vanille, de la marmelade de coings ou d'abricots, ou bien de la gelée de groseilles, suivant le goût. On glace la crème, soit au café ou au chocolat, soit au kirsch, au rhum, ou au sucre cuit ou cassé ; enfin, l'on emplit chaque creux fait au bourrelet de l'abaisse, avec un fruit confit.

Saint-Honoré frappé.

On prépare ce gâteau frappé comme le Saint-Honoré ordinaire, en ayant soin de frapper la crème avant de la mettre dans l'abaisse ; on le sert de suite, afin qu'elle ne fonde pas.

Gelée d'ananas.

On coupe en travers par la moitié un bel ananas, et l'on enlève à la partie supérieure le bouquet de feuillage qui la surmonte [1].

On vide chaque moitié de l'ananas de manière à ne laisser que l'extérieur, qui doit rester intact ; on pile la pulpe ou chair que l'on a retirée, on en exprime le jus et l'on en fait un sirop en le joignant à une quantité suffisante de sucre. Ce sirop est versé dans les deux moitiés du fruit après qu'elles ont été vidées.

On prend une certaine quantité de glace que l'on pile et que l'on verse dans une terrine ; on saupoudre cette glace de salpêtre et de sel de cuisine, jusqu'à ce que le liquide soit congelé. On prend ensuite les deux moitiés remplies de sirop, on les place au milieu de la glace pilée jusqu'à parfaite congélation du liquide sirupeux, puis on les rejoint ensemble de manière à leur redonner la forme du fruit que l'on place sur un socle en pâtisserie préparé à l'avance, puis, si

1. En replantant de suite, dans un large pot garni de bonne terre très consistante et sèche, ce bouquet garni d'un morceau de la pulpe ou chair qui y adhère, on peut obtenir un nouveau sujet ; l'ananas est cultivé en France dans des serres chaudes, d'après des méthodes appropriées, dont nous n'avons pas à nous occuper ici.

l'on ne veut pas conserver le bouquet de feuillage pour le repiquer en terre, on le pose sur la moitié supérieure du fruit, à sa place naturelle.

Cette gelée se sert de suite, afin que le sirop glacé n'ait pas le temps de fondre à la chaleur.

Gelée aux fruits.

On emplit un moule de sirop de sucre (15 à 20 degrés), et l'on y joint le jus de quatre citrons.

Ce mélange est placé dans un poêlon qui contient 35 grammes de gélatine dissoute et une très petite quantité de cochenille ; on mélange bien intimement le tout et l'on place le poêlon sur un feu vif, puis on bat continuellement avec un fouet d'osier jusqu'à ce que le mélange soit en ébullition. Au premier bouillon, on retire un peu le poêlon pour entretenir la chaleur à ce degré ; au bout d'un instant, on verse dedans un verre d'eau froide, on laisse reposer et l'on passe à la chausse.

On écrase ensuite le fruit avec lequel on veut faire la gelée, et l'on fait couler le jus dans un vase à travers un tamis ; lorsqu'on en aura obtenu un quart de litre, on verse dans le jus un blanc d'œuf fouetté dans un peu d'eau ; on met le jus dans un poêlon et l'on fait bouillir comme à la première opération. Au premier bouillon, on verse un demi-verre d'eau fraîche et on laisse reposer ; on passe ensuite à la chausse ; puis on mêle le tout ensemble et on le fait frapper à la glace pilée.

Blanc-manger frappé.

On prend un demi-kilogramme d'amandes

douces bien épluchées, que l'on pile, en ayant soin de les mouiller avec de l'eau bien claire (3 ou 4 verres) ; on obtient ainsi un lait d'amandes d'un beau blanc de neige. On passe alors dans un linge clair que l'on tient au-dessus d'un poêlon d'office. On ajoute à ce lait d'amandes 250 grammes de sucre en poudre et 25 grammes de gélatine dissoute à l'eau tiède. Lorsque ce mélange est terminé, on met le poêlon sur un feu doux, de manière à bien incorporer les substances en évitant l'ébullition, on passe l'appareil dans un tamis et on le laisse refroidir ; on le verse ensuite dans un moule à gelée, dont on a eu soin d'huiler préalablement les parois avec de l'huile d'amandes douces bien fraîche ; on frappe à la glace et l'on ne démoule qu'au moment de servir.

Si le démoulage offrait quelques difficultés, il faudrait tremper le moule dans de l'eau tiède, pendant quelques instants.

Dame-Blanche,

On pile 250 grammes de belles amandes bien épluchées et très blanches : lorsqu'elles sont réduites en lait, on les passe dans un tamis très fin et on les met ensuite dans un poêlon d'office avec du sucre en quantité suffisante pour faire un sirop de 15 à 20 degrés. On fait cuire à feu doux jusqu'à l'ébullition, puis on verse dans un vase et on laisse refroidir. On verse alors le mélange dans une sorbetière et on le frappe à la glace.

Pour dresser cet entremets, on garnit l'intérieur d'un moule à plombière avec un papier, on verse dans l'appareil frappé une première couche mince que l'on recouvre de fruits glacés, on verse une deuxième couche de l'appareil frappé, que l'on garnit également de fruits, et ainsi de suite jusqu'à ce que le monde soit rempli. On met le moule dans le récipient de glace, dont on l'entoure de tous côtés, et on l'abandonne en cet état jusqu'au moment de servir. On renverse alors le gâteau sur le plat, on enlève le moule et le papier, et l'on sert.

§ 3.   ENTREMETS ÉTRANGERS.

Puddings.

Cet entremets englaïs est l'un des plus distingués qu'on puisse offrir ; il présente à la fois beaucoup de variétés dans les produits et de simplicité dans la manière de le préparer.

On détrempe un litre de pâte fine un peu ferme, que l'on partage en deux, et l'on fait avec la moitié une abaisse épaisse de 2 millimètres, dont on se sert pour foncer le moule, qui, comme nous l'expliquerons plus bas, est en forme de dôme percé comme une écumoire. A son défaut, on peut employer un bol ordinaire. Le moule étant foncé de manière à présenter une surface bien unie quand on le retournera, on le remplit de la garniture choisie, puis on abaisse l'autre moitié de la pâte en deux abaisses rondes très minces. On place une de ces abaisses, en la mouillant, sur le bord de la pâte qui a foncé le moule. Ce bord, qui doit excéder le moule, doit être replié et bien soudé. La surface du pudding étant bien égalisée,, on place la seconde abaisse dessus et de la même manière, on appuie bien dessus, puis on la coupe tout autour et tout près des bords du dôme, que l'on recouvre de son couvercle beurré. Cette façon d'agir est infiniment préférable à l'emploi de la serviette dans laquelle beaucoup de pâtissiers placent simplement la pâte. En effet, quand on s'en sert, le pudding s'y déforme et finit toujours par se fendre.

Lorsqu'on emploie un bol, il faut, après l'avoir foncé, garni et fermé avec les deux abaisses, placer sa surface plate sur le milieu beurré d'une serviette, et serrer avec une ficelle cette serviette en manière de nouet, au-dessus de la surface bombée du bol. Le moule en dôme se place d'ailleurs de la même façon, excepté qu'on ne beurre point la serviette.

Pendant ces apprêts, on fait bouillir de l'eau dans une marmite. On y place le dôme ou le bol renversé, que l'on charge d'un poids de 5 kilogrammes pour le fixer pendant la cuisson, les bouts de la serviette en dessus, et l'on fait bouillir sans interruption pendant une heure et demie. Après cela, on dégage le moule ou bol du poids et de la serviette qui le recouvraient, on place dessus le plat à servir, puis on le retourne et on le démoule de suite. On saupoudre alors le pudding de sucre pilé, et on le sert tout bouillant.

On peut encore, si cela est plus commode, le faire cuire au four dans une casserole beurrée au lieu de le soumettre à l'ébullition.

Plumpudding, d'après la méthode anglaise.

On prend :

Raisin de Corinthe, bien épluché et

lavé. .... 240 gram.
Raisin de Malaga, dont on ôte les
  pépins .... 240 —
Cassonade grise .... 240 —
Mœlle de bœuf hachée menu.... 120 —
Farine fine .... 120 —
Œufs entiers (et le zeste d'un citron
  haché menu)................. 1 kilog.
Cannelle pulvérisée .... 2 gram.
Lait de vache.................. 1/2 litre.
Rhum de bonne qualité, un verre ordinaire (175
  grammes environ).

On mélange d'abord le lait, le rhum et les
œufs, puis on y ajoute les autres ingrédients,
de manière à former avec le tout une pâte assez
ferme qui doit être préparée environ douze
heures à l'avance ; on enduit avec soin de beurre
très frais une serviette de toile forte, ce qui se
fait pour tous les puddings préparés en Angleterre, et on la saupoudre ensuite de farine.
A l'aide d'un moule, dont nous parlerons plus
loin, on fait cuire la pâte en boule : ce plumpudding doit cuire pendant sept ou huit heures ;
on entretient l'ébullition en remplaçant par de
l'eau chaude celle qui s'évapore.

Pour varier le goût de cet entremets, quelques
personnes y ajoutent des amandes douces, des
écorces de cédrats, d'oranges et de citrons confits,
de l'angélique confite hachée très menue, des
clous de girofle, de la muscade et d'autres aromates pulvérisés.

On sert le plumpudding au moment où il sort
de l'eau et de la serviette ; la sauce se sert sépa-

rément dans une saucière. En voici la composition :

A un demi-litre de rhum et un verre d'eau que l'on fait chauffer dans une casserole d'argent ou de porcelaine, on ajoute 750 grammes de sucre, et trois ou quatre boulettes, grosses comme une noix, de beurre très frais, roulé dans la farine. On sert très chaud.

Une sauce plus simple, qui rend ce mets d'un aspect tout à fait pittoresque, est celle-ci :

On met environ 750 grammes de cassonade blanche dans un demi-litre de rhum ; on fait bien chauffer le tout, et on le verse sur le plum-pudding ; ensuite, on y met le feu, et on le sert tout enflammé sur la table.

Plumpudding, d'après la méthode de Carême.

Pour faire le plumpudding, dit de Carême, on doit avoir un moule de fer-blanc en forme de dôme, de 12 centimètres de profondeur sur 18 de largeur. Ce moule est tout entier percé comme une écumoire, son couvercle est arrondi comme le fond d'une cafetière ; le couvercle doit emboîter parfaitement.

Cet instrument est, pour ainsi dire, l'étui sphérique du pudding : il est destiné à recevoir et soutenir la pâte qui se déforme lorsqu'on la roule simplement dans une serviette. En effet, cette serviette fait des plis qui affaiblissent la pâte par place, et, de plus, le dessous du pudding manquant de solidité, finit par faire fendre la pâte.

Si l'on n'a pas de moule à sa disposition, on le remplace par un bol de 20 centimètres de diamètre. On garnit intérieurement le bol de pâte fine, on le remplit de la garniture choisie, puis on le couvre de pâte. Ensuite on beurre le milieu d'un linge de 28 à 30 centimètres environ de largeur, sur lequel on place le bol sens dessus dessous. On fixe le linge avec une ficelle au-dessus de ce bol ainsi renversé, et on le met dans l'eau bouillante. Au moment de servir, on déficèle, on ôte le bol du linge, on place dessus le plat dans lequel on veut dresser le pudding, on le renverse de manière que la partie sphérique du bol soit en l'air, et l'on découvre le pudding en enlevant le bol qui lui a donné une belle forme bombée.

Le bol manque-t-il encore ? On étale la pâte sur un linge beurré, et l'on enfonce cette serviette dans un pot sans anse, renversé, peu profond, et du diamètre du bol. On garnit la pâte ainsi montée dans la serviette et, lorsque la capacité du pot est remplie, on serre à la fois pâte et serviette avec une ficelle, comme le haut d'une bourse ou d'un nouet ; on met de côté le surplus de la pâte. On fait ensuite bouillir ; après l'ébullition, on replace le pudding dans le pot pour le mouler de nouveau. On desserre le linge que l'on étale ; puis on dresse le pudding en le renversant sur un plat, et en levant, l'un après l'autre, le pot et le linge.

Les précautions à prendre pendant l'ébullition sont :

1º De se servir d'eau bouillante ;

2º D'attacher à la serviette un poids pour empêcher le pudding de pencher d'un côté ou de l'autre ;

3º De lier **fortement** la serviette au-dessous du

pudding, car s'il était lié trop lâche, l'eau s'introduirait à l'intérieur, et le gâterait plus ou moins. Un pudding bien serré ne doit jamais s'affaisser ;

4° De prolonger l'ébullition pendant une heure et demie ;

5° De masquer l'extérieur du pudding, soit de sucre fin, soit d'un sirop léger, soit d'une marmelade d'abricots ou autre fruit s'il est sucré, ou bien de crème, ou encore d'une sauce appropriée ;

6° Dans le cas où l'on fait cuire les puddings dans le linge seulement, il faut placer au fond du vase d'eau bouillante une assiette ou une soucoupe, pour empêcher que la masse ne s'attache au fond ;

7° Enfin on prépare ordinairement pour ce mets une sauce assortie.

Puddings de fruits. — On les remplit de fruits, et préférablement de pommes, tantôt les sautant par quartiers avec 185 grammes de sucre parfumé à l'orange ; tantôt les mélangeant avec 250 grammes de raisin de Corinthe ou de raisin muscat ; tantôt sautant ces pommes avec seulement 90 grammes de sucre et 60 grammes de beurre tiède, et les liant de crème froide, en les plaçant dans le moule foncé ; tantôt encore en remplaçant la crème par 125 grammes de pistaches entières et la moitié d'un pot de marmelade d'abricots, ou bien par un pot entier de belles cerises confites ou de verjus.

Les puddings de pêches, de brugnons, d'abricots, de prunes de mirabelle, de reine-claude, de monsieur et autres prunes ; ceux aux fraises et à tout autre fruit rouge, n'exigent d'autre préparation que de rouler le fruit dans du sucre râpé. Les prunes demandent 125 grammes de sucre, et les autres fruits 185 grammes. Il faut mélanger les framboises, les groseilles et les fraises, pour qu'elles se fassent mutuellement valoir.

Pudding de Cabinet. — Il est une autre sorte de pudding qui est aux puddings ordinaires ce que la charlotte russe est aux tourtes et aux vol-au-vent. Voici comment on le compose :

On coupe des lames de brioche ou de gâteau de Savoie, épaisses de 7 millimètres, et un peu moins larges que le moule uni d'entremets qui doit les recevoir. On beurre grassement ce moule, puis on place au fond une des lames sur laquelle on parsème une bonne cuillerée de raisin de Smyrne, Corinthe ou Malaga que l'on a fait mariner 1 veille, avec quatre cuillerées de vieille eau-de-vie de vin ou de marc, 60 grammes de sucre pilé, une demi-gousse de vanille pilée aussi, et 30 grammes de cédrat coupé en filets. Ces doses sont composées pour 375 grammes de raisins. Sur cette première lame, on en place une seconde et ainsi de suite, jusqu'à ce que l'on ait placé six lames. On remplit ensuite le moule qui doit avoir 19 centimètres de diamètre, de crème à la vanille, et l'on fait prendre ce pudding au bain-marie. On démoule et l'on sert chaud.

De cette façon, un gâteau de Savoie peut servir à la fois à préparer deux entremets : l'intérieur forme le pudding de cabinet, et l'extérieur la charlotte russe ; cette confection est bien plus rapide que s'il fallait rassembler de petits biscuits.

On fait aussi des lames avec du pain à potage, ou du pain au lait, et l'une des préparations de pommes indiquées pour les puddings ordinaires. On peut encore employer des lames de gaufre et le riz à la turque, des kouques en forme de *semelles*, et des quartiers d'abricots ou de pêches, sautés dans le sucre et mélangés de raisins marinés. C'est au pâtissier judicieux à développer et à varier ces combinaisons.

Mince-pie, gâteau anglais.

On prend 500 grammes de graisse de rognons de bœuf, qu'on hache fin ; 500 grammes de langue de bœuf à l'écarlate cuite, que l'on aura hachée de même ; 500 grammes de pommes de reinette que l'on aura pelées, épluchées et hachées ; 250 grammes de raisin en caisse, épépiné, et 625 grammes de raisin de Corinthe lavé, épluché et séché. Après les avoir de nouveau hachés, on met ensemble tous ces ingrédients dans un vase, on y ajoute 250 grammes de sucre, 8 grammes de macis pilé, autant de muscade, une pincée de poudre de girofle, autant de poudre de cannelle, du sel en quantité suffisante, et un double décilitre de bonne eau-de-vie ; on manie bien le tout ensemble avec six œufs, jusqu'à ce qu'on obtienne une espèce de pâte. On prend des rognures de feuilletages, qu'on abaisse, et l'on en fonce des moules à tartelettes ou des moules un peu plus creux qu'on remplit de cet appareil. D'autre part, on prend 125 grammes de cédrat confit qu'on coupe en petits dés et du zeste d'orange ou de citron, que l'on aura fait cuire dans du sucre ; on en poudre les mince-pies, on les fait cuire dans un four modéré pendant trois quarts d'heure, et on les sert chauds.

En Angleterre, il est d'usage de servir ces espèces de pâtés le jour de Noël.

Kouglauffle, gâteau allemand.

On prend ordinairement le quart de la farine à employer pour en fabriquer le levain des trois autres quarts ; on les met dans une terrine avec le tiers de beurre, le sixième de sucre, autant d'amandes coupées en tranches longues, et autant de raisin de Corinthe, ce qui fait, pour 1 kilog. et demi de farine, un demi-kilog. de beurre, 250 grammes de sucre, etc. On sale la pâte comme celle à brioche, on fait tiédir le beurre sur un quart de farine ; on verse dessus un verre de crème, et le reste du mouillement en œufs, puis on délaie le tout ensemble. Quand la pâte est devenue molle, quoiqu'un peu épaisse, on y ajoute le levain, qu'on mêle bien avec la pâte ; après cela, on beurre une casserole ou un moule et l'on fait revenir la pâte pendant cinq ou six heures à une température douce ; dès qu'elle est bien revenue, on la met au four au même degré de chaleur que pour le baba.

Gâteau de Berlin.

On bat en crème dans une terrine 1 kil. 250 grammes de beurre ; on y ajoute petit à petit autant de farine et 250 grammes d'amandes pilées, autant de sucre en poudre, une demi-cuillerée de levure à bière et soixante jaunes d'œufs. D'autre part, on bat en neige, avec un balai de buis, les soixante blancs, et on les jette dans la terrine, en mêlant bien le tout. On dresse la pâte dans des moules carrés, larges de 16 centimètres et hauts de 54 millimètres. On la fait lever à l'étuve pendant quelques instants, puis on la met au four modéré. On défourne après trois quarts-d'heure environ, on démoule, et l'on coupe le gâteau par tranches épaisses ou par moitié. En cet état, on peut le servir avantageusement avec le thé.

Pour tout autre usage, on le glace, au rhum, au citron, à l'orange, au vin de Madère ou au chocolat.

Gâteau turc.

On pile bien exactement 250 grammes d'amandes mondées et bien fines ; on mêle 500 grammes de farine, 250 grammes de beurre, 375 grammes de sucre en poudre, et plein une cuillère à café de safran en poudre, puis on pile le tout ensemble, en y ajoutant des œufs au fur et à mesure, jusqu'à ce que l'appareil soit mou. On beurre ensuite au plafond, et l'on dispose dessus l'appareil en lui donnant une égale épaisseur, puis on met cuire la pâte à un four doux. Lorsqu'on l'en retire, on lui donne la forme que l'on veut ; mais ordinairement on la laisse en abaisse, qu'on partage au couteau ou au coupe-pâte. On peut y mettre des pist. ches en place d'amandes.

Les gâteaux de Savoie, ceux d'amandes et de sable, les Hékerlys de Bâle, seront décrits dans la quatrième partie de ce Manuel (*Pâtisserie de petit-four*).

CHAPITRE V

PETITS ENTREMETS DE FEUILLETAGE
ET DE PATES LÉGÈRES.

Ces petits entremets sont pour la plupart la répétition d'autres entremets dont nous avons déjà parlé, comme les *rissoles d'entremets*, parfaitement semblables aux rissoles de hors-d'œuvre, si ce n'est qu'on remplace la farce à quenelle par des confitures. Ils en sont le plus souvent encore les diminutifs, comme les *petits gâteaux fourrés*, les tartelettes, les petits vol-au-vent, etc. Mais avant de décrire ceux-ci, nous commencerons par les plus simples de tous.

Petits gâteaux de feuilletage.

En détrempant le feuilletage, on y ajoute un peu de sucre pilé et un parfum quelconque, comme de l'eau de fleur d'oranger ou de l'essence de citron, puis on étend une abaisse pour former un grand gâteau, après avoir calculé ce que l'on peut en tirer de petits. On le dore et, avec la pointe d'un couteau, on trace en lignes droites les divisions que l'on désire faire par la suite, en ayant soin que ces lignes soient peu profondes, afin de ne pas trancher l'abaisse. Pour un gâteau de 35 centimètres de longueur sur 20 de largeur, ces lignes croisées, distantes entre elles de 4 centimètres, doivent donner vingt-quatre petits gâteaux de même dimension.

Pour les détailler en losanges, on marque d'abord sept lignes droites, puis on trace six lignes en diagonale sur chacune, de manière qu'elles forment cinq losanges dans chaque bande et qu'elles produisent trente gâteaux. Si l'on désire avoir des gâteaux ronds, on se sert d'un coupe-pâte en croissant de 55 millimètres, ou d'un instrument semblable, long de 8 centimètres et large de 4 centimètres. Ces coupe-pâtes sont seulement appuyés sur l'abaisse, et leur contour est cerné à la pointe du couteau.

On met alors le feuilletage au four gai et on le saupoudre de sucre fin, puis on le glace à l'allume ; quand il est parfaitement refroidi, on sépare les gâteaux en les coupant selon les tracés. Si l'on désire les masquer, au lieu de les dorer, on les passe au blanc d'œuf et on les saupoudre du masqué convenable. On y met pour l'ordinaire une petite couche d'amandes pralinées teintes en rouge. Ces petits gâteaux ont un grand débit.

Petits gâteaux fourrés.

On prépare un large gâteau fourré que l'on divise comme le précédent et que l'on traite en tout de la même manière ; mais après avoir divisé la pâte, on perce séparément chaque gâteau.

Les garnitures indiquées pour les précédents entremets, c'est-à-dire toutes les crèmes diversement parfumées ; les préparations de riz diversement mélangées ; les marmelades de fruits, soit simples, soit en confitures mélangées d'amandes ou d'avelines pilées ; les fruits à pépins et à noyaux, sautés et glacés ; les compositions amandées des gâteaux de Pithiviers ; la frangipane ;

es cerises confites ; les raisins marinés, comme pour le *pudding de cabinet*, tout cela peut convenir aux petits gâteaux qui nous occupent. Les masqués élégants, comme les avelines, les pistaches, le gros sucre, leur conviennent également.

Petits gâteaux bandés.

Quand la première abaisse du grand gâteau est étendue et garnie entièrement de crème ou de confiture, au lieu de placer la seconde abaisse en couvercle, on couvre la garniture de bandelettes roulées, posées en travers et placées à 7 millimètres de distance les unes des autres. On marque ensuite les divisions et l'on termine comme à l'ordinaire.

Biscuits niauffles.

On prépare un demi-litre de feuilletage, auquel on donne un tour ou deux de plus qu'à l'ordinaire et l'on en forme deux abaisses carrées de l'épaisseur d'une pièce de 2 francs ; on couvre une plaque d'une de ces abaisses, on y étale de la crème pâtissière de l'épaisseur du doigt, dans laquelle on aura jeté une bonne poignée de pistaches pilées, des amandes amères jointes à une poignée d'amandes douces émondées et un peu de vert d'épinards ; on y ajoute un peu de sucre en poudre, de la fleur d'oranger et deux œufs entiers bien mélangés à cette crème ; on l'étend également sur la première abaisse, on la couvre de la seconde, on la dore, on la pique, et l'on coupe la moitié en formant des carrés de

8 centimètres de long sur 4 centimètres de large, on les dore, on les saupoudre de sucre en grains, de fleur d'oranger pralinée, ou d'amandes coupées en filets, on fait cuire à four doux. La cuisson achevée, on retire les gâteaux du four, on les divise par carrés, on les pare et on les sert pour entremets.

Petits gâteaux à la royale.

Dans une abaisse de feuilletage épaisse de quatre millimètres, on détaille trente gâteaux avec un coupe-pâte ovale long de 7 centimètres, large de 5 centimètres, et dont les extrémités sont pointues. On prépare d'autre part un glacé avec un bâton de vanille pilée et 185 grammes de sucre, le tout tamisé et mélangé avec du blanc d'œuf dans une petite terrine, où l'on remue ce mélange avec une cuillère pendant quelques minutes. On verse sur les gâteaux un quart de cuillerée de cette glace, qu'on étale avec la lame d'un couteau, afin qu'elle ait partout une épaisseur égale de 2 millimètres, puis on attend une demi-heure avant de mettre les gâteaux au four modéré ; ce temps suffit pour que l'air ait pu hâler le glacé, ce qui l'empêche de se rider et de se fendre par places. En défournant, pour que cette couverte fragile ne se brise pas, on doit encore avoir soin d'appuyer sur le glacé qui aurait trop gonflé, effet qui se produit fréquemment.

Pain de la Mecque.

Avec de la pâte à choux, on fait des petits tas sur une tourtière, en ayant soin de les espacer, afin d'éviter toute adhérence ; on les couvre d'une forte couche de sucre qu'on laisse entrer dans la pâte, puis, au bout de dix minutes, on renverse la tourtière, de manière à faire tomber le sucre qui resterait sur la pâte, et l'on met au four ordinaire ; aussitôt que ces petits gâteaux sont blonds, on les détache de la tourtière.

Petits gâteaux glacés.

On emplit un moule avec de la pâte à biscuit, on fait cuire les gâteaux à feu doux et on les retire du four ; on les glace de la manière suivante :

Gâteaux glacés au chocolat. — On râpe du chocolat, on le mélange avec du sucre en poudre, fin et passé au tamis et on le délaie avec un blanc d'œuf.

On étend ce mélange sur les gâteaux qu'on lisse avec la lame d'un couteau puis on les remet au four doux jusqu'à ce que la glace soit bien prise.

Gâteaux glacés aux avelines. — On pèle parfaitement des avelines en les mêlant avec du sucre en poudre et un blanc d'œuf on les passe au tamis fin, puis on décore les gâteaux comme nous venons de le dire.

Gâteaux pralinés à la marmelade d'abricots. — On prépare une abaisse en pâte feuilletée très légère, qu'on emplit de marmelade d'abricots ; ensuite, on couvre cette première abaisse avec une seconde plus mince, que l'on recouvre elle-même avec une légère couche de marmelade ; on la dore et l'on masque avec des tranches d'amande. On fait cuire ces gâteaux au four doux.

Nougat d'abricots.

On fait une abaisse en pâte à brioche, que l'on place dans une tourtière, en le garnissant de marmelade d'abricots ; on met au four modéré jusqu'à cuisson blonde, et l'on ajoute une nouvelle couche d'abricots, que l'on parsème de bonbons mignons, de raisins de Corinthe et de pistaches coupées en petits morceaux.

Ce nougat se sert en gâteau, ou, si l'on veut le conserver, on le coupe en bandes de 4 centimètres de largeur sur une longueur raisonnable, et on le fait sécher ensuite sur une claie.

Condé.

On prépare une abaisse en feuilletage, que l'on garnit d'une couche de marmelade d'abricots. Cette pâte doit avoir été préalablement mouillée sur le four, afin que l'abricot, lorsqu'il y est enfermé, ne puisse s'en échapper.

On met dans une terrine 130 grammes de sucre en poudre, on y ajoute deux blancs d'œufs, en ayant soin de n'y pas laisser de jaune, et l'on fouette jusqu'à ce que ce mélange ait pris du corps. On ajoute alors 120 grammes d'amandes hachées, que l'on incorpore parfaitement, et l'on étend cet appareil en couche mince sur la superficie. On saupoudre de sucre fin, on recouvre avec une seconde abaisse et l'on met au four doux.

Éclairs.

On place sur une tourtière de la pâte à choux, que l'on dispose de manière à lui donner une forme allongée. Les petits tas de pâte étant éloignés les uns des autres, on les dore et on les fait cuire au four ordinaire ; lorsqu'ils ont acquis une belle teinte blonde, on les retire du four, on les détache de la tourtière, puis, avec un couteau d'office, on les fend sur le côté. On garnit alors l'intérieur de crème au café ou bien au chocolat. On les glace avec la glace au café ou au chocolat, selon la crème que l'on a mise à l'intérieur, et on les remet un instant à la bouche du four pour les sécher.

Mirlitons.

Nous n'entendons point par ce nom les longues et ridicules flûtes qui se vendent dans les guinguettes à Paris, mais de petits gâteaux arrondis en feuilletage, sur lesquels on étale une couche de macarons pilés, ou d'une préparation amandée qui se bombe agréablement.

Avec un litre de feuilletage, ou des parures d'autres gâteaux tourés à douze tours, on fait une abaisse épaisse de 5 millimètres, que l'on détaille en trente rondelles avec un coupe-pâte rond, cannelé, et que l'on place sur trente moules à tartelettes, larges de 55 millimètres et creux de 15 millimètres.

D'autre part, on met dans une terrine deux œufs, deux jaunes, 125 grammes de sucre pilé, 90 grammes de macarons écrasés, quelques gouttes d'eau de fleur d'oranger ou un peu de vanille, avec un grain de sel. On remue pendant deux minutes, puis on mêle à l'appareil 60 grammes de beurre tiède. On fouette deux blancs d'œufs bien ferme, et on les ajoute au mélange dont on garnit les rondelles feuilletées, puis on les saupoudre de sucre. On fait cuire à four gai, et l'on sert chaud ou froid.

On fait encore des mirlitons aux amandes, aux pistaches, au chocolat, à la marmelade d'abricots, c'est-à-dire qu'on réunit ces objets aux macarons pilés qui forment la base des mirlitons. Les parfums varient aussi suivant le goût et la convenance du pâtissier.

Fanchonnettes.

On met dans une casserole 60 grammes de farine, 90 grammes de sucre, du zeste de citron vert, deux jaunes d'œufs, un œuf et 60 grammes d'amandes pilées, 30 grammes de beurre et un peu de sel, puis on délaie le tout avec un double-décilitre de lait. On met cet appareil sur le feu, et on le fait prendre comme une crème. D'autre part, on enfonce avec du feuilletage des moules à tartelettes, comme pour les mirlitons, et l'on y verse l'appareil, puis on le met sur un plafond à four gai. Aux trois quarts de leur cuisson, on les retire, on les meringue, on les poudre de gros sucre, puis on les remet au four, et on leur fait prendre une belle couleur.

Pour les *fanchonnettes au chocolat,* on met dans la casserole 125 grammes de chocolat et l'on supprime 60 grammes de sucre. On remplace aussi le lait ordinaire par du lait d'amandes pour les *fanchonnettes au lait d'amandes.*

Tartelettes.

On détrempe un peu ferme 250 grammes de farine, de pâte fine à 5 kilog., et on l'abaisse de

2 millimètres d'épaisseur. On la replie en deux, et on la coupe en vingt-quatre bandelettes, on la déplie ensuite et on la coupe en rondelles de 55 millimètres pour en foncer vingt-quatre moules à tartelettes. On roule après cela, entre les doigts et le tour, les bandelettes pliées en deux, pour les tordre, et l'on place ce cordon autour du bord de la tartelette. On dore, on saupoudre de sucre et l'on garnit ces gâteaux que l'on place sur une grande plaque, et que l'on met à four chaud. Après la cuisson l'on verse le sirop dans l'intérieur.

Ces tartelettes, qui ne sont que de petites tourtes ou tartes, se garnissent comme les grandes tourtes d'entremets.

Tartelettes mosaïques.

On prépare trente rondelles et on les place sur un plafond légèrement mouillé ; on verse sur chacune d'elles une cuillerée de marmelade ou de confiture, pralinée ou non, aux amandes. Cela fait, on recouvre la garniture d'une abaisse en rondelle à jour ou *mosaïque*, on soude les bords des deux rondelles, on dore et l'on met au four chaud. Après la cuisson, on masque ce gâteau avec un sirop assorti, du sirop de sucre, du sucre cassé rose, ou encore du caramel.

On prend ensuite une petite planchette de noyer ayant 18 millimètres carrés et composée de petites bandelettes larges de 2 bons millimètres, séparées entre elles par un intervalle de 5 millimètres. Ces bandelettes se croisent et présentent un petit treillage en losange ou en carreaux ; elles sont triangulaires, et la pointe de l'angle se trouve au fond de la gravure ; une bande circulaire les encadre. Lorsqu'on veut s'en servir, on abaisse de 2 millimètres d'épaisseur de la pâte fine, on la divise en trente rondelles avec un coupe-pâte uni de 55 millimètres de diamètre ; on saupoudre ensuite ces rondelles avec de la farine ainsi que la planchette à mosaïque. Alors on appuie fortement une des rondelles sur celle-ci, afin de l'incruster dans la gravure ; puis on la soulève avec la pointe du couteau ; alors, avec le bout des doigts, on l'enlève de dessus la planchette dont elle a gardé l'empreinte.

Petits vol-au-vent glacés, meringués et panachés.

On abaisse à l'épaisseur de 2 millimètres un litre de feuilletage touré à six tours et demi, puis, avec un coupe-pâte cannelé de 54 millimètres, on en fait trente petites abaisses allongées, que l'on réunit ensuite en anneaux. D'autre part, avec leurs parures et le reste de la pâte, on étend une deuxième abaisse semblable à la première, et on la détaille en trente rondelles que l'on place sur une plaque ; puis on appuie un anneau autour de chacune. On dore, on fait cuire à four chaud et, un peu avant la cuisson, on glace au sucre fin et à la flamme.

Pour glacer au gros sucre ces petits gâteaux, on ne fait point d'allume, mais on passe les vol-au-vent au sucre cuit au cassé, et l'on sème dessus ce gros sucre, ou tout autre masqué choisi.

Quant aux garnitures, Carême en porte le nombre à plus de cent cinquante, et certes, il n'exagère pas. Fruits de la saison roulés, ou sautés au sucre, crèmes fouettées à tous parfums, fromages bavarois à la Chantilly, crèmes plombières, gelées, fouettées, marmelades, frangipanes, confitures de toutes sortes, telles sont en effet ces garnitures ; il est de bon goût de mettre en pyramide celles qui peuvent prendre cette forme.

Petits puits d'amour.

Avec un coupe-pâte uni, large de 4 centimètres, rond et uni, on divise en vingt-quatre rondelles une abaisse semblable à celle des petits vol-au-vent. On les évide au centre avec un coupe-pâte de 25 millimètres de diamètre, ce qui produit vingt-quatre petites couronnes. On prépare une autre abaisse et on la détaille aussi en vingt-quatre autres rondelles avec un coupe-pâte cannelé, large de 55 millimètres. On les pose sur une plaque, on les dore et l'on place dessus les petites couronnes, que l'on dore, puis que l'on met au four chaud. Après la cuisson, le feuilletage ayant gonflé, ces gâteaux forment au milieu un petit puits que l'on enfonce encore avec le doigt pour le garnir d'un peu de confiture. On bouche quelquefois ces puits avec une fraise ananas, une cerise confite, une prune de mirabelle, etc.

On donne quelquefois à ces puits une forme carrée ou ovale en losange, et on les embellit de tout masqué délicat.

Canapés.

On prépare une large abaisse avec un litre de feuilletage à sept tours ; on la détaille en petites abaisses que l'on replie sur elles-mêmes, comme si l'on voulait faire des rissoles, mais sans fermer le devant ; on introduit sous le repli un filet de gelée de groseilles, de pommes ou d'abricots ; on dore et l'on fait cuire à four chaud.

Cannellons.

On forme vingt-quatre bandelettes larges de 2 centimètres, en feuilletage à dix tours. On beurre autant de colonnettes de hêtre tourné, ayant 15 millimètres de diamètre, 16 centimètres de long, et amincies par un bout, afin qu'elles quittent plus facilement la pâte quand on démoule, car chaque colonnette est un moule autour duquel on tourne en spirale la bandelette de pâte. Tous ces moules étant ainsi garnis, on les met sur deux plaques, à 55 millimètres de distance les uns des autres ; on les dore, on les enfourne au four chaud, et on les glace à l'allume. On démoule les cannellons, on les place au fur et à mesure sur une plaque froide, et on les garnit de gelées ou de confitures.

On peut encore les meringuer une heure après le refroidissement et même les masquer avec les garnitures fines que nous avons déjà indiquées. On les remet au four seulement quelques minutes.

Darioles.

Avec de la pâte fine on fonce dix-huit petites timbales comme pour les petits pâtés au jus, et l'on met dans chacune un petit morceau de beurre gros comme une noisette, puis on y verse la garniture suivante ;

On met dans une petite casserole 30 grammes de farine tamisée, avec un œuf ; on remue pour faire une sorte de pâte, puis on ajoute six jaunes d'œufs, autant de macarons pilés, un autre œuf, un grain de sel et 125 grammes de sucre en poudre. On agite bien le mélange, et on y joint de la crème dans la porportion de dix fois un moule à darioles plein, puis on y ajoute le parfum choisi, tel que du citron, de la fleur d'oranger, etc. Si l'on veut faire des darioles au café ou au chocolat, on prépare la crème à l'une ou l'autre substance.

Lorsque ces darioles sont remplies, on les met au four gai ; la cuisson doit seulement les faire monter de 7 millimètres au-dessus du moule ; on les enlève, alors on les glace à blanc et on les sert bien chaudes.

Darioles soufflées.

On fonce les moules, soit avec de la pâte fine, soit avec des croustades, et on les fait cuire à part, parce que la cuisson de ces croûtes et celle de la garniture est bien différente. Pour cette garniture, on mêle dans une casserole 60 grammes de riz et autant de beurre fin, on'y ajoute 125 grammes de sucre pilé, deux verres de crème vanillée et l'on fait cuire le tout sur un feu doux, comme une crème pâtissière. On varie le parfum à volonté ou suivant la demande.

Talmouses.

On abaisse aussi mince que possible un demi-litre de pâte fine à 5 kilog., une peu ferme, ou bien des parures de feuilletage, puis on détaille l'abaisse en trente rondelles de 55 millimètres. Au milieu de chacune, on place l'appareil suivant, en lui donnant la grosseur d'une pomme d'api.

On mêle dans une casserole, deux verres de lait et autant de beurre. Ce mélange étant en ébullition, on le remplit avec une petite quantité de farine. Dans une autre casserole, on mêle deux fromages affinés de Neufchâtel, ou 185 grammes de fromage de Brie peu salé que l'on aura préalablement broyé dans un mortier, et l'on y ajoute deux cuillerées de crème fouettée et quatre œufs, suivant la consistance de la pâte, qui doit être celle de la pâte à choux. Enfin, on réunit les contenus des deux casseroles dans une troisième et on les mélange bien intimement. On relève les bords de la rondelle sur cet appareil, de manière à en former un triangle ou un petit chapeau à trois cornes, en repliant chaque pointe sur elle-même pour que le triangle ne soit pas pointu. On dore, on fait cuire à four modéré, on saupoudre de sucre fin et l'on sert chaud.

On peut parfumer la pâte comme nous l'avons dit à l'article qui concerne la pâte à choux, et en faire ainsi des talmouses de toutes façons.

Bouchées brésiliennes.

Ce mets brésilien, connu dans le pays sous le nom de *boa boucado* (bonnes bouchées), peut fournir un excellent entremets à dîner ; il sera aussi très apprécié dans les collations et les lunch.

On prend 500 grammes de farine de riz, 250 grammes de beurre, les jaunes de six œufs, les blancs de ces œufs battus séparément, 250 grammes de sucre en poudre et 100 grammes de fromage du Mont-d'Or. Si on le peut, ce qui n'est pas toujours facile en France, on ajoute la pulpe râpée d'une noix de coco, dont on rejettera le lait. On mêle bien intimement ces substances, en les pilant dans un mortier, puis on les met cuire au four dans de petits moules.

CHAPITRE VI

PATISSERIE DE MÉNAGE

Tartes économiques.

Il existe dans les campagnes des tartes rustiques qui y sont fort goûtées ; c'est une friandise à bon marché qui est inconnue dans les villes et surtout à Paris. Cette considération nous engage à en donner ici quelques recettes à l'usage des ménages peu aisés, où elles seront très appréciées surtout par les enfants.

Première recette.

On prend, dans la saison, des cerises douces ou de petites prunes sucrées, ou des raisins noirs ; on ôte les queues des premières, les noyaux des secondes (on les laisse à la rigueur) et les râfles des raisins. On mêle ces fruits à une pâte demi-liquide à laquelle, pour les rendre plus délicates, on ajoute un ou deux œufs. On étend ensuite sur une lame de tôle un lit de feuilles de vignes ou bien un grand papier ; on met dessus une couche épaisse d'environ deux doigts de cette pâte mêlée de fruits, et on la fait cuire au four après qu'on a ôté le pain.

Seconde recette.

On commence par préparer, soit une bouillie de potiron au lait, à laquelle on ajoute un peu de farine pour lui donner de la consistance, et du sirop de miel pour l'édulcorer, soit une bouillie de châtaignes, soit un ragoût de pommes de terre écrasées et pilées avec des râpures de fromage ou bien du lait, soit encore du fromage mou mêlé de farine, de beurre, de quelques œufs, et délayé avec de l'eau ou du petit lait. Cela fait, on pétrit une pâte à pâtisserie qu'on étend sur une feuille de tôle beurrée. On met dessus une couche épaisse de la bouillie que l'on a choisie, et l'on rabat sur elle, tout autour, l'excédent de la pâte. On dore ensuite avec la barbe d'une plume trempée dans un jaune d'œuf.

Crêpes roulées à la crème.

On prépare une pâte analogue à celle des crêpes ordinaires, à laquelle on ajoute de l'écorce de citron et du sucre râpé. A mesure que les crêpes sortent de la poêle, on les roule et on les dresse autour d'un plat un peu creux ; on fait ensuite une crème en l'épaississant avec un peu de farine. On verse cette crème dans le plat où sont déposées les crêpes, et on le place sur la cendre chaude pendant un quart d'heure avant de servir.

Nous joignons à ces recettes domestiques, d'autres recettes d'origine étrangère, d'une grande simplicité de confection, qui peuvent être préparées à peu de frais dans les campagnes et devenir ainsi une ressource pour les ménagères.

Pain perdu ou Persan :

Le *pain Persan*, que l'on appelle aussi *pain perdu*, est un entremets sucré fort délicat, dont les enfants sont très friands et dont la préparation est des plus simples.

On fait bouillir un peu de lait dans lequel on jette une petite pincée de sel, du sucre, de la fleur d'oranger et la valeur d'une cuillerée à café de zeste de citron. Dans un pain rassis, de préférence du pain à sandwich, on taille des rondelles de mie larges comme une pièce de cinq francs mais quatre fois plus épaisses, et on les trempe dans le lait chaud jusqu'à ce qu'elles en soient bien imbibées. On les fait alors égoutter dans une passoire, on les trempe une à une dans de l'œuf battu, jaune et blanc, puis on les jette dans de la friture. On les saupoudre de sucre au moment de les servir.

Tartines suédoises.

On coupe en minces tartines du pain à sandwich, que l'on beurre légèrement ; puis on couvre les tartines de crème fraîche, battue avec de l'anis vert et du sucre en poudre. Quand les framboises sont mûres, on ajoute à la crème un peu de jus de ces fruits ; le parfum est délicieux, et cela donne une couleur d'un rose charmant.

On peut se servir de l'anis vert et du jus de framboise pour parfumer la crème fraîche, que l'on sert alors dans un compotier.

QUATRIÈME PARTIE

Pâtisserie de petit-four.

INTRODUCTION

Le *Petit-four* comprend spécialement les gracieuses
et délicates pâtisseries de dessert. Cette partie de
l'Art du pâtissier, fort étendue et non moins perfec-
tionnée que les entremets dont il a été précédemment question, forme à elle seule, dans les grandes
villes, une spécialité qui occupe des établissements
particuliers. Exploitée autrefois par les Allemands
et les Suisses, elle était fort restreinte entre leurs
mains ; mais depuis les développements donnés à la
pâtisserie m.derne, depuis l'heureuse initiative de
la maison *Gross* frères, cette branche et l'art qui
nous occupe ne laissent plus rien à désirer sous aucun
rapport.

Le commerce du petit-four convient surtout aux
personnes adroites, soigneuses, qui n'ont ni assez de
force, ni assez d'avances pour fabriquer la pâtisserie
en général. Nous allons traiter cette quatrième division avec d'autant plus de soin, qu'elle peut ainsi
aider beaucoup de lecteurs à se faire un état, et que,
d'autre part, elle n'est pas moins importante pour
les pâtissiers commerçants et les pâtissiers de maisons particulières, qui ne peuvent pas ignorer un tel
accessoire. Il est aussi très essentiel pour les cuisinières et les maîtresses de maison qui habitent la
campagne.

Les produits de la pâtisserie de petit-four sont

excessivement nombreux ; c'est à cette cause sans doute qu'il faut attribuer le désordre qui règne dans tous les ouvrages qui en font mention. Nous désirerions vivement ne rien omettre d'utile, et pourtant nous ne pouvons faire de cette partie un volume à part. Nous espérons vaincre cette difficulté au moyen du plan que nous avons adopté ; nos lecteurs jugeront si nous avons réussi et ils voudront bien nous tenir compte de nos efforts.

CHAPITRE PREMIER

DES BISCUITS ET DES PÂTES ANALOGUES.

D'après la marche suivie jusqu'ici, nous allons rapporter à des principes généraux les mille recettes qui composent l'instruction du petit-four. Ainsi, dans ce premier chapitre, nous traiterons du genre *biscuit* et de ses dérivés, tels que les *gâteaux de Savoie*, etc. Dans le second, nous parlerons des *petites meringues*, des *petits soufflés*, des *couronnes royales* et autres gâteaux de sucre. Le troisième chapitre comprendra les *petits-fours* proprement dits ; le quatrième, les *croquants de pâte sucrée*, les *biscotins* et leurs dérivés ; le cinquième, les préparations de *pâte d'amandes*, les *macarons*, les *massepains*, etc. Enfin, le sixième chapitre traitera de toutes les imitations de légumes, de fruits et fleurs au moyen des pâtes précédemment décrites.

§ 1. BISCUITS SIMPLES.

Pâte à biscuit

On casse quinze œufs dont on met les blancs dans une terrine et les jaunes dans une autre ; avec ces derniers, on emploie 500 grammes de sucre en poudre fine, on ajoute un peu de fleur d'oranger ou un peu d'écorce de citron bien hachée, ou encore tel aromate que l'on jugera convenable. On bat bien les jaunes et le sucre avec une spatule ou cuillère de bois : lorsque les jaunes sont un peu blanchis, on bat les blancs avec un fouet de buis ; dès qu'ils seront fermes et qu'ils tiendront debout, on y joindra les jaunes. Si l'on veut confectionner un gros biscuit, on met 500 grammes de farine ; s'il s'agit d'un petit biscuit, on n'emploie que 375 grammes ; on mêle cette farine légèrement avec les jaunes et les blancs. Lorsque la pâte est bien mêlée, on l'arrange dans un moule bien beurré ou dans des caisses et l'on saupoudre l'extérieur avec du sucre en poudre.

On fait cuire ces biscuits ainsi travaillés dans un four ouvert. En les sortant du four, on les glace de la manière suivante : on prend du sucre en poudre très fine, un blanc d'œuf et le jus de la moitié d'un citron ; on bat le tout ensemble jusqu'à ce que le mélange devienne bien blanc ; on couvre le biscuit avec cette glace, puis on le laisse refroidir et sécher.

Biscuits à la cuillère.

La pâte de ces biscuits ne diffère pas de la

précédente, mais la disposition en est toute particulière. Pour *coucher* ces biscuits (c'est le terme consacré dans le métier), on replie en long des demi-feuilles de papier d'office, afin de donner seulement aux biscuits une longueur de 80 millimètres et la grosseur du doigt. On se sert, pour les coucher, d'un cornet de papier, en agissant délicatement et en laissant entre eux quelques millimètres de distance. Dès qu'une feuille est remplie ou couchée, on la prend avec les deux mains et on l'applique du côté des biscuits sur une légère couche de sucre en poudre passé au tamis de soie que l'on aura préalablement étendue sur une feuille de papier d'égale grandeur. On renverse ensuite sur une plaque la feuille couchée, et l'on continue à coucher des biscuits jusqu'à ce que toute la pâte ait été employée. Mais, s'il en est besoin, on interrompt ce travail pour mettre au four les premières feuilles dès que le sucre, en se fondant, commence à rendre les biscuits luisants.

La chaleur du four doit être modérée et le bouchoir entr'ouvert, afin de donner aux biscuits le temps d'agir. On ferme la bouche du four après dix minutes et l'on retire les biscuits dès qu'ils se colorent. A mesure qu'on les ôte, on plie les feuilles de papier en deux pour faire tenir droit les biscuits. Lorsqu'ils sont froids, on les soulève avec une lame de couteau très mince, puis on les accouple deux à deux en dessous.

Biscuits à la crème.

Après avoir travaillé les jaunes d'œufs comme à l'ordinaire et les avoir mêlés avec les blancs, on joint au mélange 45 grammes de farine tamisée et séchée au four, et quatre cuillerées à bouche de crème fouettée bien égouttée. Cette quantité convient pour trois œufs et donne douze petites caisses. On peut parfumer de vanille, de bigarade ou de fleur d'oranger pralinée.

Biscuits d'amandes.

On prend 250 grammes d'amandes douces, autant d'amandes amères, quinze blancs d'œufs, huit jaunes d'œufs, 60 grammes de belle farine et ½ kilog. de beau sucre en poudre. On verse de l'eau bouillante sur les amandes, et on la remplace un instant après par de l'eau fraîche ; on enlève la peau des amandes et on les met au fur et à mesure dans une serviette, puis on les pile dans un mortier de marbre, en y ajoutant par deux fois deux blancs d'œufs, en plus de la dose indiquée ci-dessus, pour que les amandes ne tournent pas à l'huile quand elles sont entièrement réduites en pâte. On bat les blancs d'œufs jusqu'à ce qu'ils soient en neige, et les jaunes à part avec la moitié du sucre ; on mêle les jaunes et les blancs bien battus avec de la pâte d'amandes ; on met le surplus du sucre dans une bassine, et l'on saupoudre le tout avec de la fleur de farine mise dans un tamis que l'on agite pour la faire tomber ; ensuite on remue continuellement le mélang, jusqu'à ce qu'il soit bien incorporé.

On doit avoir préparé d'avance de petites caisses de papier de la forme voulue ; on les remplit avec de la pâte et on glace les biscuits avec du sucre en poudre et de la fleur de farine, mêlés ensemble et mis dans un tamis que l'on agite au-dessus des moules. Le four dans lequel on fait cuire doit être médiocrement chaud.

On peut aussi de la même manière dresser des biscuits à la cuillère, en ayant soin de les faire chauffer quand on les retire du four, car si on les laissait refroidir, la glace dont ils sont recouverts s'enlèverait.

Biscuits aux avelines.

On prend 250 grammes d'avelines, autant de sucre, 30 grammes d'amandes amères, six blancs d'œufs, trois jaunes, 30 grammes de belle farine, et l'on pile les avelines et les amandes amères pelées ; on y ajoute ensuite un peu de blanc d'œuf pour les empêcher de tourner en huile. On bat les blancs jusqu'à ce qu'ils soient en neige, on y mêle les jaunes que l'on a dû battre séparément avec la moitié du sucre, et, tandis que l'on bat ce mélange sans discontinuer, on saupoudre avec la farine et le reste du sucre mêlés ensemble dans un tamis que l'on agite au-dessus. Le mélange étant bien fait, on verse la pâte dans des caisses de papier et l'on met au four comme il est indiqué ci-dessus. On donne du parfum aux biscuits en mettant dans les jaunes d'œufs, lorsqu'on les bat, un peu de râpure de citron.

Biscuits aux pistaches.

On prend 500 grammes de belles pistaches, 60 grammes d'amandes douces, autant de farine, seize blancs d'œufs, huit jaunes et 500 grammes de sucre, on échaude les pistaches et les amandes, dont on enlève la peau ; on les tient à l'eau fraîche pendant quelques minutes, on les met égoutter et on les essuie avec un linge ; on les pile ensuite dans un mortier de marbre, en y ajoutant de temps en temps quelques blancs d'œufs, en plus de la dose indiquée. On bat séparément les blancs et les jaunes d'œufs, ceux-ci avec la moitié du sucre, en y mêlant de la râpure de citron ; on les réunit, on les bat sans discontinuer, tandis qu'on les saupoudre avec la farine et le reste de sucre mêlés dans un tamis. On met ensuite la pâte dans les caisses et on la glace.

Plumcake, gâteau anglais.

On prend 500 grammes de beurre que l'on bat à la crème, 500 grammes de sucre que l'on bat avec douze jaunes d'œufs, les blancs de ces œufs qui seront battus à la neige, 120 grammes d'écorce de citron, 1 kil. 500 de raisin de Corinthe avec 500 grammes de raisin de Calabre. On mêle le tout ensemble en prenant bien garde de laisser les blancs tourner en eau, ce qui est toujours à craindre avec les pâtes au beurre. On place ensuite cette pâte sur des ronds de fer blanc de plusieurs grandeurs que l'on pose sur une plaque et que l'on double de papier qui sert de fond, puis on fait cuire dans un four très doux.

Ce gâteau se vend ordinairement par pains de 500 grammes, d'après la coutume anglaise.

Autre gâteau anglais.

On prend six blancs d'œufs, trois jaunes et trois œufs entiers que l'on bat, séparément avec 250 grammes de sucre et avec autant de beurre. Cela fait, on prépare 250 grammes de farine, la même quantité de raisins secs, dont on aura eu soin de retirer les pépins, la moitié d'un citron haché, un petit verre d'eau-de-vie ou de rhum, 5 à 6 grammes de clous de girofle en poudre et autant de cannelle, une noix muscade et 250 grammes de raisin de Corinthe. On mélange le tout et l'on met la pâte ainsi travaillée dans des ronds de fer blanc doublés en papier, comme pour les plumcakes. Quand ces gâteaux sont cuits, on les glace tout autour avec une glace royale bien unie et on les fait cuire à four doux.

Biscuits au rhum et à la marmelade d'abricots.

On prend 500 grammes de beurre que l'on bat jusqu'à ce qu'il ait acquis la consistance d'une crème. On prend ensuite six jaunes d'œufs que l'on bat avec 275 grammes de sucre blanc et 250 grammes de farine que l'on verse dans le beurre battu et un demi-verre de rhum. Ce mélange effectué, or bat les six blancs d'œufs que l'on ajoute au sucre et au beurre. Lorsque la pâte est achevée, on fait une caisse avec une feuille entière de papier, en y ménageant un rebord de 3 centimètres de haut, dans laquelle on place la pâte, puis on la fait cuire dans un four très doux. On reconnaît qu'elle est cuite à point quand, au toucher, elle a de la consistance. On la retire alors du four et on la laisse refroidir.

Ceci fait, on coupe le biscuit en deux parts bien égales ; on prend de la marmelade d'abricots que l'on étend sur une de ces parts, en ayant soin de verser un peu de rhum dans cette marmelade ; on place ensuite les deux parts l'une sur l'autre, de manière que la confiture se trouve dans le milieu.

Alors on fait fondre du sucre en poudre avec du rhum, pour glacer le biscuit, et si la glace se trouvait trop épaisse, on l'éclaircirait avec un peu d'eau. On étend cette glace sur le biscuit, et on le passe au four jusqu'à ce que la glace ne tache plus au toucher. Alors on retire le biscuit du four, et, quand il est froid, on le coupe selon le besoin.

Biscuits glacés à la fleur d'oranger.

On prend dix œufs, dont huit blancs sont battus à la neige avec deux œufs entiers, 500 grammes de farine avec autant de sucre, puis on mêle le tout ensemble comme dans la précédente préparation. On met le tout dans une caisse de papier et l'on fait cuire au four tiède. Après avoir retiré les biscuits du four, on les coupe en morceaux le mieux possible, puis on fait une glace à la fleur d'oranger qu'on délaie sans mettre du blanc d'œuf ; on glace ensuite et l'on passe au four un instant pour sécher la glace.

Biscuits au punch.

On prend six œufs dont on sépare le blanc du jaune, puis 125 grammes de sucre qu'on bat bien avec les jaunes ; on bat ensuite les blancs, puis on ajoute 155 grammes de farine, et l'on fait sécher au four. On mêle bien le tout ensemble et on étend la pâte sur des morceaux de papier de la largeur d'une pièce de 2 francs. Après quoi, on place les papiers sur une plaque, on les sucre et on les fait cuire dans un four un peu chaud. Quand les biscuits sont cuits et refroidis, on les détache du papier et on les joint deux ensemble avec de la marmelade d'abricots dans laquelle on verse du rhum. Cela fait, on râpe l'écorce d'une orange sur du sucre de manière que toute la fournée soit également sucrée. On fait alors une glace au rhum assez épaisse pour qu'elle ne coule pas sur la plaque, on l'étend sur les biscuits et on les fait sécher au four doux.

Les biscuits au chocolat, à la vanille, au citron, à l'orange, au café, aux ananas, à la cannelle, à la muscade, etc., ainsi qu'au vin et aux liqueurs se font de la même manière.

Biscuits russes.

On prend 200 grammes de sucre, cinq œufs et on les bat ensemble sur un feu doux. Lorsque la pâte aura acquis la consistance nécessaire et beaucoup de blancheur, on y ajoute 100 grammes de farine et 15 grammes de vanille pilée avec du sucre. On dresse ces biscuits sur une plaque graissée et enfarinée de la grandeur d'une pièce de deux francs, puis on les place sur l'étuve jusqu'à ce qu'il se soit formé une petite glace. afin qu'ils ne s'attachent pas à la main lorsqu'on les touche ; on les fait cuire alors dans un four modéré. Ces biscuits sont délicieux lorsqu'on les trempe dans toutes sortes de vins.

Gâteaux ou Biscuits de Savoie.

On prend douze œufs, 375 grammes de farine et 625 grammes de sucre pilé ; on casse les œufs et l'on sépare les jaunes des blancs, puis on les bat à part, les premiers avec le sucre et les autres jusqu'à ce qu'ils moussent, mais en évitant qu'ils tournent à la neige, car, en ce cas, la pâte présenterait des grumeaux et se lierait imparfaitement. Pour éviter ce désagrément, on ajoute aux blancs d'œufs un peu d'alun calciné en poudre ; on les mêle ensuite, ainsi que la farine, après l'avoir passée au tamis de soie et fait sécher à l'étuve, puis on y ajoute la râpure d'un citron. Ce mélange étant bien fait, on remplit de cette pâte les moules convenables que l'on devra avoir beurrés préalablement au beurre épongé ou clarifié, et saupoudré ensuite de sucre tamisé, en masquant à deux reprises avec le beurrage ce sucre. Pendant l'été, il faut beurrer à la cave, de peur que la chaleur ne fasse tourner le beurre à l'état d'huile. On place ensuite le moule sur un plafond et celui-ci au four modéré, au milieu, sur des cendres, en tenant les bouchoirs ouverts quelques instants.

Lorsque ces gâteaux sont suffisamment cuits, on les retire du four et on les ôte des moules. Lorsqu'on veut en dresser à la cuillère, on les coupe avec un couteau pendant qu'ils sont chauds. On les coupe aussi en carrés ou en losanges assez forts, et l'on revêt le dessus d'une glace colorée, comme nous allons l'expliquer plus loin.

On rend ces biscuits plus légers en mettant 60 grammes de farine de moins et deux blancs d'œufs de plus.

Biscuits manqués.

On met dans une terrine 250 grammes de sucre, 375 grammes de farine, 125 grammes de beurre, un peu de sel, un peu de fleur d'oranger, 125 grammes d'amandes pilées, six jaunes d'œufs et deux œufs entiers, puis on bat bien le tout ensemble. On fouette les six blancs d'œufs, qu'on incorpore légèrement dans l'appareil ; on fait une caisse de papier, que l'on beurre, on y verse cet appareil, et on le fait cuire au four comme le biscuit ordinaire. Durant la cuisson de ces manqués, on coupe des amandes en dés ou en filets, on y met du sucre en poudre dans la proportion d'un tiers de leur volume, et on les mouille avec des blancs d'œufs battus. Lorsque ces manqués sont arrivés aux trois quarts de leur cuisson, on les dore et on les masque avec cet appareil d'amandes. On les remet ensuite au four pour achever leur cuisson et leur faire prendre une belle couleur ; alors, on les retire et on les coupe en losanges, en carrés, ou de toute autre manière.

Quatre-quarts ou Tôt-fait.

On prend quatre œufs, que l'on pèse avec leurs coquilles ; on prend, d'autre part, de la farine, du sucre en poudre et du beurre fin, que l'on liquéfie à une chaleur douce, chacun en poids égal à celui des œufs.

On casse les œufs, jaunes et blancs, dans une terrine et l'on y mélange la farine, le sucre et le beurre ; on ajoute ensuite deux cuillerées d'eau de fleur d'oranger, un zeste de citron râpé, et une pincée de sel de cuisine. On pétrit le tout ensemble ; plus cette opération est longue, plus le gâteau est léger.

On beurre ensuite l'intérieur d'un plat d'argent, dans lequel on verse le mélange, puis on met au four doux. Ce gâteau doit cuire longtemps et doucement.

On sert cet entremets chaud ou froid indifféremment.

Zaute tarte, ou gâteau de sable.

On prend 500 grammes de beurre, 500 grammes de sucre, 500 grammes de fleur de farine, douze jaunes d'œufs crus ; on lave le beurre dans de l'eau tiède afin de le ramollir, on le place dans un mortier de marbre, et l'on y incorpore le sucre à l'aide du pilon ; on ajoute petit à petit la farine et les jaunes d'œufs ; on écrase une poignée de fleurs d'oranger pralinée, dont on saupoudre la préparation. On ne saurait trop travailler ce gâteau, car de ce travail dépend sa beauté. On fouette six blancs d'œufs, que l'on incorpore bien avec l'appareil ; on beurre une tourtière, on y verse le gâteau et on lui donne la même cuisson que le biscuit manqué.

Lorsqu'il est bien préparé, en le mettant dans la bouche, il doit s'émietter comme du sable ; de là, le nom qu'on lui a donné. Ce gâteau se mange froid ordinairement.

Biscuits de Provence.

On prend seize œufs, dont on sépare le jaune du blanc ; et 260 grammes de sucre en poudre, que l'on bat bien légèrement avec les jaunes. On prend ensuite 125 grammes d'amandes amères, et la même quantité d'amandes douces, que l'on pile avec du blanc d'œuf et la râpure de 60 grammes de citron, jusqu'à ce qu'on n'aperçoive plus de morceaux d'amandes. Cela fait, on les mêle avec les jaunes d'œufs qui ont été battus avec le sucre, en ajoutant 30 grammes de fleur d'oranger pralinée. Le tout étant bien mêlé, on fait durcir les blancs et on les incorpore en cet état avec le mélange obtenu.

On dresse les biscuits dans les petits moules aux biscuits de Reims, ou dans d'autres moules du même calibre, si l'on en a ; on peut d'ailleurs donner à ces biscuits toute forme désirable, selon le goût ou la demande. Les moules étant graissés comme nous l'avons expliqué précédemment, on les saupoudre avec un peu de sucre en poudre et on les fait cuire dans un four d'une bonne chaleur. Quand ils sont cuits, ce que l'on reconnaît facilement à leur fermeté en les touchant, on les sort des moules et on les laisse refroidir ; on fait ensuite une glace au rhum, dont on se sert pour glacer le fond et les côtés, en mettant les biscuits sens dessus dessous sur des tamis. On les passe alors au four, et aussitôt que la glace ne s'attache plus au doigt lorsqu'on la touche légèrement, on les défourne. La glace ne doit être faite qu'avec du rhum, sans addition d'autre liqueur.

Biscuits rubans.

On prend six jaunes, que l'on bat avec 250 grammes de sucre, en ajoutant un œuf entier et 50 grammes de beurre bien frais On prépare aussi 185 grammes de farine et trois blancs d'œufs, que l'on b.t à la neige, puis on mêle le tout ensemble. On prend alors un moule en fer blanc de 33 centimètres de long sur 110 millimètres de large, que l'on graisse légèrement avec de la cire. On y verse de la pâte à la hauteur de 15 millimètres, et l'on passe dans un four bien vif, pour que le dessus prenne une couleur jaune ; on le retire aussitôt et l'on y étend un lit de pistaches hachées ; on couvre ce lit avec de la nouvelle pâte, et, sans passer au four, on fond un lit de chocolat en poudre, et l'on passe le tout au four. Aussitôt que le chocolat est un peu fondu, on sort le moule du four et l'on y mêle de la nouvelle pâte, qu'on recouvre avec du sucre rouge sans la passer au four. On ajoute encore une couche de pâte, et on la passe au four, pour que le biscuit soit cuit convenablement. Alors on le retire, on le dépose sur un tamis et on l'y laisse refroidir ; après quoi, on le coupe en bandes de la grosseur de 15 millimètres.

Ce biscuit sera aussi bon que beau, si l'on a soin de mettre un peu de vanille, et de le cuire à point.

Hékerly de Bâle.

On prend 1 kilogramme de miel ordinaire, 1 kilogramme de farine que l'on prépare sur un tour, 750 grammes d'amandes hachées, 3 noix muscades pilées, 60 grammes de cannelle en poudre, 30 grammes de clous de girofle, 185 grammes d'écorce de citron hachée, un vingtième de litre de kirchwasser, autant de rhum, et 1 1/2 kilogramme de sucre.

On met le miel sur le feu ; quand il a bouilli, on le verse sur la farine, et l'on mêle le tout ensemble. Il faut que la pâte formée par ce mélange soit très dure ; si elle ne l'était pas assez, on ajouterait 125 grammes de sucre et 250 grammes de farine. On détaille alors cette pâte avec un couteau, en tranches de l'épaisseur de 3 millimètres, et on les place sur des plaques couvertes de farine, de manière qu'elles se touchent, et puis on les fait cuire dans un four d'une bonne chaleur.

Pour reconnaître si les hékerlys sont cuits, on souffle dessus en les retirant du four. Si le souffle les fait tomber, nul doute qu'ils ne sont pas cuits ; si, au contraire, ils résistent au souffle, on peut les défourner ; ils sont assez cuits. On ne doit pas les séparer les uns des autres ; on les retourne seulement, on brosse la farine, on les remet sur des plaques, et l'on fait cuire 250 grammes du sucre au soufflé avec lequel on les glace légèrement en se servant d'un pinceau doux. Quand la glace est sèche, on peut les séparer et les placer dans un endroit sec pour les conserver.

§ 2. BISCUITS MÉLANGÉS.

Biscuits au riz ou à la fécule.

On verse dans une terrine 125 grammes de farine de riz passée au tambour ou de la fécule, 500 grammes de sucre fin passé au tamis, l'écorce de la moitié d'un citron râpé, et six jaunes d'œufs. On bat le tout ensemble pendant une demi-heure avec deux spatules, puis on y ajoute douze blancs d'œufs fouettés, que l'on mêle bien intimement avec la préparation ci-dessus. Ceci fait, on dresse les biscuits dans les moules, on les fait cuire dans un four doux et on les glace après la cuisson.

Biscuits en Macédoine.

On prend la râpure d'un citron, 16 blancs d'œufs, 6 jaunes, 250 grammes de farine de riz, 310 grammes de sucre en poudre, 60 grammes de marmelade de pommes, 60 grammes de marmelade d'abricots, et 60 grammes de fleur d'oranger. On pile dans un mortier les marmelades et la fleur d'oranger ; on les jette ensuite dans les blancs d'œufs fouettés en neige ; on bat les jaunes avec le sucre, pendant quinze minutes ; enfin on mêle le tout ensemble. Lorsque le mélange est bien homogène, on y ajoute la farine et la râpure de citron, on dresse les biscuits dans les caisses, on les fait cuire et on les glace à un feu très modéré.

Petits biscuits soufflés.

Tous les biscuits soufflés se font de même, soit qu'on les prépare aux pistaches, aux avelines, aux amandes, à la vanille, etc. Nous prenons pour exemple les *biscuits soufflés à la fleur d'oran-ger pralinée.* Ils s'élèvent tous de quelques millimètres au-dessus de la caisse, et forment un soufflé léger, clair et brillant.

On fouette trois blancs d'œufs, de manière qu'ils soient bien fermes, et l'on y mêle 250 grammes de sucre passé au tamis de soie et

30 grammes de fleur d'oranger pralinée que l'on
hache légèrement. On garnit de cet appareil de
petites caisses plissées de 20 millimètres de diamètre sur 20 millimètres de hauteur, mais en
ayant soin de ne les remplir qu'à moitié. Quand
les biscuits sont en caisse, on les masque un peu
épais de sucre passé au tamis de soie, et on les
met ensuite dans un lieu humide pour aider ce
sucre à fondre. Après cela, on les met au four
doux et on les retire lorsqu'ils ont acquis une
belle couleur.

Biscuits meringués.

On emplit un moule de pâte à biscuit. Après
l'avoir enduit de farine, on fait cuire à four
ordinaire et on le retire dès qu'il a pris une belle
couleur blonde. On démoule immédiatement, on
place le biscuit sur un clayon et on le couvre
avec un appareil de meringue ordinaire que
l'on y verse à l'aide d'une poche. On le garnit
alors de morceaux d'amandes, on presse légèrement l'appareil sur le biscuit, afin qu'il s'y
incorpore, et on le remet un instant au four, afin
de donner de la couleur au meringué et pour le
rendre croquant.

Biscuits glacés.

On beurre une casserole et l'on emplit de
pâte à biscuit ; on met au four doux pendant une
demi-heure, on retire et on laisse refroidir. On
démoule alors le biscuit et on en garnit le dessus
d'une glace au rhum, au chocolat ou à la rose.

On place alors ce gâteau sur une claie à la bouche du four pour le faire sécher.

Bouchées des dames.

On prend six œufs que l'on place dans une terrine avec 125 grammes de sucre en poudre et 90 grammes de fécule de pommes de terre, un peu de sel et une pincée de fleur d'oranger pralinée, puis on bat le tout comme pour le bis-cuit. Ensuite on beurre un plafond dans lequel on verse cet appareil, on l'étend légèrement et on le met cuire environ un quart-d'heure à un four doux. Lorsque la cuisson est achevée, on le retire et on le coupe par parties avec un petit coupe-pâte de la grandeur d'une pièce de cinq francs. On glace ces bouchées, soit au chocolat, soit au blanc ; on les masque, on les fait sécher à la bouche du four, on les dresse droites et on les sert.

Au lieu de couper les bouchées après la cuisson, on peut, si on le juge à propos, les coucher comme des meringues rondes ou ovales, ou les glacer en jaune ou en rose, en ajoutant ces couleurs à la glace.

Bouchées accouplées.

Lorsque les bouchées dont nous venons d'indiquer la confection sont cuites et refroidies, on les détache du papier et on en masque le dessous avec une confiture visqueuse qui permette de les coller ensemble. On peut employer à cet effet la gelée de groseilles, la marmelade d'abricots, les gelées d'ananas, de coings, le caramel, etc.

CHAPITRE II

PETITES MERINGUES, PETITS SOUFFLÉS ET PETITS FOURS.

Ce chapitre comprend à la fois les petites meringues de dessert, grosses comme des œufs de pigeon, les petits soufflés qui ne sont qu'une espèce de petites meringues très fermes, et les petits-fours qui sont à leur tour des petits soufflés ayant beaucoup de fermeté. Aussi la préparation fondamentale des seconds ne diffère-t-elle des premières que par une moindre quantité de blancs d'œufs, et la préparation des petits-fours, semblable d'ailleurs à celle des petits soufflés, n'en diffère que par un peu plus de sucre.

§ 1. PETITES MERINGUES.

Petites meringues liquides mariées.

On fouette six blancs d'œufs frais jusqu'à ce qu'ils soient bien montés, ensuite on y jette du citron vert râpé très fin et cinq cuillerées de sucre en poudre, puis on remue le sucre avec les blancs d'œufs en donnant de nouveau quelques coups de fouet à cet appareil.

Quand on veut dresser les meringues, on prend avec une cuillère à bouche un morceau de la pâte précédemment décrite de la grosseur d'un marron, et on la dépose le plus également qu'il sera possible sur des feuilles de papier blanc, de manière à en faire des petits tas à une petite distancé l'un de l'autre, puis on les couvre de sucre en poudre très fine. On fait cuire ces meringues au four doux, et dès qu'elles sont colorées en blond, on les retire à la bouche du four. Quelques moments après, on presse un peu le centre avec une cuillère à café, et l'on y met une cerise confite, ou une fambroise, ou tout autre fruit, et l'on en applique ainsi deux l'une contre l'autre.

Si l'on ne juge pas convenable de presser le centre, on peut encore faire tenir ensemble les deux moitiés de meringues en les glaçant avec un peu de sucre coloré en rose ou avec de la glace safranée, dont la teinte s'aperçoit agréablement à travers le tissu délicat des meringues.

Il faut avoir soin de les placer dans un endroit sec pour les conserver.

Petites meringues à la rose ou œufs d'amour.

La pâte de ces meringues consiste en trois blancs d'œufs bien fermes pour 125 grammes de sucre que l'on aura fait cuire au grand lissé, avant d'y mêler les blancs fouettés ; on y ajoute de l'essence de rose et du carmin délayé, afin de les colorer d'un rose tendre. On peut réitérer à plusieurs reprises l'addition de cette couleur, suivant le besoin.

On couche les meringues de la grosseur d'un œuf de pigeon et on les termine comme les précédentes, en les collant deux à deux avec un peu d'eau sucrée et gommée.

Petites meringues au safran ou œufs d'or.

Pour obtenir cette variété, on n'a qu'à remplacer la couleur rose par une infusion de safran ou de liqueur de souci ; on doit parfumer avec du citron. Quelquefois on masque ces petites meringues de non-pareille blanche, ou bien, sans les colorer de safran, on les masque de non-pareille jaune.

Petites meringues printanières ou boules de verdure.

Pour celles-ci, on substitue aux coloris précédents assez d'essence de vert d'épinards pour rendre la pâte bien verte et on la parfume de vanille ou de pistaches. On y sème des anis blancs de Verdun, si on le juge à propos ; mais, généralement, il vaut mieux laisser lisse la surface que la cuisson du sucre au poêlon rend très brillante. Aussi se dispense-t-on de glacer ces meringues.

Petites meringues au cacao.

On prend 125 grammes de cacao, sept blancs d'œufs battus bien durs à la neige, on mêle le tout, on dresse sur du papier, puis on fait cuire au four très doux. Ces meringues doivent être lisses et brillantes comme une glace.

§ 2. PETITS SOUFFLÉS [1].

Soufflés vanillés au chocolat.

On prend 500 grammes de sucre en poudre, sept blancs d'œufs battus à la neige, et 125 gram-

1. Voyez à la page 188 les recettes des *grands soufflés*.

mes de chocolat que l'on fait chauffer au four, et
que l'on délaie ensuite avec une spatule. Si l'on ne
peut rendre le mélange assez liquide, on y ajoute
la moitié d'un blanc d'œuf. Quand ces blancs
sont devenus bien fermes, on y met le sucre avec
un peu de vanille et le chocolat et l'on mêle
doucement le tout pour ne pas ramollir les blancs.

Cette pâte étant finie, on dresse avec la seringue
sur des plaques cirées des soufflés semblables
aux biscuits suédois, de la longueur de 55 millimètres, et à une distance convenable pour qu'ils
ne se touchent pas ; on les couvre ensuite avec
des amandes coupées en losange. Cela fait, comme
il y a toujours des places vides, on prend du sucre
bien blanc en grain, on le pile et on le jette dessus.
Ce sucre fait un bel effet parmi les amandes, qui
doivent être jaunes en sortant du four. C'est
pourquoi on doit faire cuire ces soufflés dans un
four à une bonne chaleur radoucie ; ils sont cuits
lorsqu'ils se détachent des plaques. Comme on
risque souvent que les pâtes au chocolat deviennent mates, il faut ajouter un œuf et faire en
sorte que les blancs soient fermes, car il n'y a
rien qui les fasse tomber comme le chocolat.

Soufflés aux pistaches et aux raisins de Corinthe.

On prend 300 grammes de sucre en poudre,
de première blancheur, dans lequel on jette des
blancs d'œufs et l'on bat longtemps le mélange
pour obtenir une glace très blanche ; de temps
en temps, on fait tomber dans la glace deux
gouttes d'essence de reste de citron qui aident
à donner plus rapidement de la blancheur. Quand

la glace est terminée, elle doit être ferme et lisse.

On prend ensuite 120 grammes de pistaches dont on aura détaché la peau en les échaudant. On les essuie bien dans un linge et on les hache en les passant souvent à travers un tamis un peu gros, afin de faire le moins possible de miettes ; s'il s'en trouvait, on aurait bien soin de ne pas les mettre dans la glace, car le soufflé ne serait ni appétissant ni beau ; on ne pourrait, en effet, distinguer dans ces soufflés si ce sont des morceaux de pistaches ou des choses malpropres. De plus, ces miettes nuiraient à la netteté et à la blancheur que doivent avoir les soufflés. Pour éviter ce désagrément, quand on aura passé les pistaches par le gros tamis, on en emploiera un autre un peu plus fin pour que toutes les miettes restent dessus ; on obtiendra du moins ainsi des morceaux d'une égale grosseur que l'on emploiera à un autre usage. Il faut aussi avoir préparé d'avance 100 grammes de raisin de Corinthe bien lavé dont la moindre petite queue soit ôtée, afin qu'il ne reste rien de malpropre qui puisse nuire à la blancheur de la pâte. Pour arriver à ce résultat, il faut préparer le raisin au moins vingt-quatre heures à l'avance pour qu'il ait le temps de bien sécher.

On mêle ces raisins et les grains de pistaches dans la glace et l'on roule ensuite les soufflés de la longueur de 4 centimètres. Ils doivent être, en sortant du four, de l'épaisseur du petit doigt. Pour que la pâte ne s'attache pas aux mains, il faut, toutes les fois que cela arrive, la mouiller un peu avec de l'eau ou même avec de l'eau-de-vie de bon goût. On fait cuire ces soufflés sur des plaques légèrement cirées avec de la cire vierge.

Le four doit être tout à fait doux, car il est nécessaire que les soufflés soient aussi blancs après qu'avant la cuisson.

Petits soufflés à la fécule.

On met dans un vase 125 grammes de sucre en poudre, un verre d'eau, un grain de sel, deux cuillerées de fécule et l'on fait cuire jusqu'à ce que le tout forme une pâte un peu liquide, qu'on laisse ensuite refroidir. On jette douze jaunes d'œufs dans la pâte et un peu de fleur d'oranger, puis on mêle bien le tout ; on fouette les blancs de ces œufs et on les mêle avec la pâte. On dresse ce soufflé sur le plat dans lequel il devra être servi, et on le fait cuire à un feu doux, sous un four de campagne ; on le saupoudre avec du sucre fin et on le glace à la pelle rouge.

Petits soufflés panachés.

On prend 125 grammes d'amandes épluchées, que l'on pile bien fines avec du blanc d'œuf, en y ajoutant 125 grammes de sucre et un peu de vanille. On prépare cette pâte assez dure pour qu'on puisse l'étirer au rouleau, et l'on découpe avec un emporte-pièce des morceaux du diamètre d'une pièce de deux francs, que l'on place sur une plaque graissée, et que l'on fait cuire dans un four d'une chaleur moyenne. Pendant qu'ils cuisent, on prend six blancs d'œufs que l'on bat à la neige très ferme, et, sur chacune des abaisses précédemment préparées, on dresse une espèce de pyramide qui ne doit pas être plus large en bas que l'abaisse. On colore toutes ces pyramides avec du sucre blanc, bleu, rouge, ou autres couleurs à volonté ; on prend une pyramide à la fois, et on la trempe dans le sucre coloré. On fait cuire ces soufflés dans un four tout à fait doux et sur des plaques. Pour les parfumer, on emploie ordinairement du kirschwasser.

Petits soufflés au punch.

On prend 250 grammes de sucre, et l'on prépare avec du blanc d'œuf une glace qui soit ferme et presque bonne à tirer au rouleau. Cela fait, on ajoute 125 grammes d'amandes hachées assez fin pour être tamisées, que l'on mêle dans la pâte, en ajoutant l'écorce de deux citrons râpés, avec un petit verre de rhum de première qualité. On mêle bien le tout ensemble. et l'on met cette pâte dans la seringue, dont le bout forme une étoile, et sur des plaques légèrement cirées. On dresse des formes en croissant, et l'on fait cuire au four d'une bonne chaleur, mais radoucie.

Pour s'assurer si ces soufflés sont cuits, on passe le doigt dessus, et, s'ils sont fermes au toucher, on les défourne, car il ne faut pas les laisser trop cuire, parce qu'ils perdraient beaucoup de leur qualité.

Soufflés au kirschwasser.

Ces soufflés se font absolument de la même manière que les précédents, si ce n'est qu'ils ne renferment pas d'amandes et qu'ils doivent être beaucoup plus blancs.

On prend 500 grammes de sucre royal en poudre et l'on prépare une glace que l'on maintient toujours dure. On presse dessus quelques gouttes de jus de limon pour servir à donner une belle couleur blanche, et, quand cette pâte ou glace sera ferme, bien blanche et légère ou soufflée, on y ajoute un petit verre de kirsch-wasser le plus fort qu'on pourra se procurer. On la met ensuite dans la seringue, dont le bout forme une étoile, et, sur des plaques légèrement cirées, on dresse de petits soufflés qui ont 5 centimètres de long et la forme d'un biscuit à la cuillère. Il faut, pour que cette pâte réussisse, qu'elle reste telle qu'elle est couchée sur la plaque. On fait cuire ces soufflés dans un four tout à fait doux pour leur conserver leur blancheur, et, quand ils sont cuits, on leur ajoute une légère garniture rose.

Il est bon de savoir que, quelque bien disposée que soit d'ailleurs cette pâte à travailler, si les plaques sur lesquelles on la place sont trop graissées, on peut manquer toutes sortes de desserts ; si au contraire on les graisse trop peu, on risque de tout casser en enlevant les soufflés. Ainsi donc, avant de s'exposer à manquer toute une fournée de dessert, on fait deux ou trois soufflés sur une plaque et on les met au four comme épreuve. De cette manière, on est certain de ne pas cuire dans un four trop chaud, ni de ne pas manquer l'opération entière, en graissant trop ou trop peu les plaques ; on peut ainsi corriger ce qui manque, pour obtenir un résultat satisfaisant.

Soufflés à l'absinthe.

Ces soufflés se font de la même manière que les précédents ; quant à la glace, on emploie pour la préparer 500 grammes de sucre et le moins possible de blancs d'œufs, afin qu'elle soit bien légère et lisse. On prend ensuite 125 grammes de pistaches très vertes, on les épluche et on les pile avec très peu de blancs d'œufs, et cependant assez pour que les pistaches ne tournent pas en huile. Quand les pistaches sont bien fines, on les mêle dans la glace, qui doit être assez ferme pour être travaillée ; car, une fois les pistaches versées dedans, tout le travail que l'on pourrait faire deviendrait inutile : elle ne se travaillerait plus. On ajoute un petit verre d'absinthe, la plus forte que l'on peut se procurer, et si la pâte ne se trouve pas encore assez colorée en vert, on prend un peu de vert d'épinard ou un peu de bleu à l'eau mêlé avec du safran, ce qui rend le vert superbe et ne peut aucunement nuire à la santé. Le goût de safran ne plaît pas à tout le monde ; on peut alors employer le jaune de bois de fustet ou sumac qui n'a pas de saveur. On met cette pâte dans la seringue et l'on dresse avec le cornet formant l'étoile, toujours avec des plaques graissées, quatre points qui se touchent. Quand ils sont dressés, on parsème le dessus avec du sucre en grain vert, et l'on fait cuire au four tout à fait doux. Une fois cuits, on remplit ces petits fours avec de la glace royale blanche ou rose en posant dessus un petit point blanc, et on les remet, pendant quelques instants, à la bouche du four pour les sécher.

Soufflés à l'écorce de citron.

On prend 500 grammes de sucre en poudre et l'on fait, comme nous venons de l'expliquer, une glace bien ferme. On râpe ensuite le plus fin possible 125 grammes d'écorce de citron, et l'on mêle dans cette glace, mais en très petite quantité, afin que les soufflés n'en prennent pas le goût. On les dresse alors, toujours avec le cornet à étoile, sur des feuilles de papier, en leur donnant la forme d'une moitié de petit citron ; on mouille des planches et on les place dessus, puis on les fait cuire au feu doux. Quand ils se détachent bien du papier, on défourne les moitiés de soufflés et l'on joint deux à deux les moitiés d'égale grosseur.

Petits soufflés à la flamande.

On prend 500 grammes de sucre royal en poudre, et, dans un mortier, on en fait une pâte très dure avec du blanc d'œuf, en la pilant bien et en ayant soin surtout que le pilon et le mortier soient bien propres, car la propreté et la blancheur font en grande partie le mérite de ces soufflés. Cette pâte, qui doit avoir du corps, étant terminée, on l'étend sur un marbre, et on lui donne l'épaisseur d'une pièce de cinq francs avec un petit rouleau très propre. Ensuite, avec un emporte-pièce, on confectionne des trèfles, des cœurs, des croissants, ou tout autre objet, suivant le goût ou la demande. On les met alors sur des plaques bien lisses et cirées avec de la cire vierge en très petite quantité, car il en faut fort peu. Quand la plaque sera pleine, pourvu qu'il reste, bien entendu, entre chaque soufflé une distance convenable, au moyen d'un petit pinceau, on humectera le dessus des gâteaux avec du kirschwasser de bonne qualité. Cela fait, on coupera, au même nombre et de même épaisseur, des morceaux que l'on placera sur ceux qui sont déjà sur la plaque, en faisant bien attention que les morceaux de dessus se trouvent bien au niveau de ceux de dessous, et que les doigts ne touchent pas les bords, car cela les empêche de monter bien droit. Lorsqu'ils seront ainsi doublés, on les fera cuire das un four d'une chaleur douce, sans cependant qu'il soit froid, et on ne les y laissera pas trop cuire, car ils jauniraient.

Pour reconnaître s'ils sont cuits, on n'a qu'à passer sur les gâteaux le dos de l'ongle, pour sentir s'ils ont la consistance voulue.

Petits soufflés au vert-pré.

On délaie dans une petite terrine 250 grammes de sucre avec les trois quarts d'un blanc d'œuf, et une petite cuillerée d'essence de vert d'épinard pour colorer la glace d'un beau vert pistache. On ajoute la moitié du zeste d'un cédrat et l'on termine l'opération comme de coutume.

§ 3. PETITS FOURS.

Petits fours safranés.

On met dans une petite terrine 250 grammes de sucre avec la moitié du blanc d'un gros œuf, et une quantité de jus de souci suffisante pour colorer la glace d'un beau jaune d'or ; on ajoute quelques gouttes d'essence de citron et on travaille le tout pendant quelques minutes ; alors la glace doit se trouver très ferme, sans cesser cependant d'être liante. On la roule en bandes de la grosseur du petit doigt, que l'on coupe ensuite en dés ; on roule alors ceux-ci dans le creux de la main, en ayant soin de les mouiller assez pour rendre leur surface claire et luisante, puis on les place sur une feuille de papier et à 15 millimètres de distance les uns des autres. Dès qu'on a une demi-feuille de papier garnie de ces petits fours, on les met sur une plaque de cuivre et on l'enfourne.

Couronnes des rosières, ou couronnes royales soufflées.

Cette préparation tient à la fois des petits soufflés et des petits fours.

On prend six blancs d'œufs battus à la neige, bien durs, et 500 grammes de sucre en poudre, puis on mêle le tout en y ajoutant un peu de vanille en poudre. Cela fait, on dresse avec la seringue, sur des plaques cirées avec de la cire vierge, des couronnes de la grandeur d'une pièce de cinq francs, à une distance convenable les unes des autres. On prend ensuite des amandes coupées en losange, que l'on pose une à une sur ces couronnes à égale distance l'une de l'autre, comme pour former les pétales d'une marguerite. Après cela, on place, avec le cornet, entre chaque losange d'amandes, de la glace royale rose, avec laquelle on forme un petit point tout autour de la couronne et en dedans.

On fait cuire au four très doux, pour que les

couronnes ne jaunissent point et que les points
roses ne perdent pas leur vif éclat.

On prépare aussi des couronnes aux pistaches.
On les forme avec une pâte à meringues que l'on
bat sur le feu avec un fouet de fil-de-fer.

CHAPITRE IV

Gateaux secs de pate sucrée.

Nous réunissons sous cette dénomination
générale toutes les friandises de pâte sèche plus
ou moins dure, connues sous les noms de *biscottes,
diablotins, croquettes, croquignoles, gimblettes*, et
les autres petits gâteaux secs que l'on sert habituellement au dessert, ainsi que dans les collations ou les lunchs.

Biscotins ou diablotins.

On prend 500 grammes de sucre, on le met
dans une casserole avec une quantité d'eau
suffisante pour le dissoudre. On le fait cuire
jusqu'à consistance de sirop, en y ajoutant petit
à petit 250 grammes de farine et l'on remue
continuellement pour en faire une pâte. On
tamise sur une table une petite couche de sucre
en poudre ; on étend la pâte dessus et on la pétrit
bien. Lorsqu'elle est dure, on la pile dans un
mortier avec un blanc d'œuf, de la fleur d'oranger
et un peu d'ambre. On incorpore bien le tout ;
on en fait de petites boules qu'on jette dans

l'eau bouillante ; on les enlève avec l'écumoire lorsqu'elles nagent à la surface ; on les laisse égoutter. On les pose alors sur du papier, et on les fait cuire à four ouvert.

C'est une pâtisserie très dure, qui perd sa qualité lorsqu'elle est attendrie par l'humidité.

Biscottes de Verdun.

On lave 15 grammes d'anis étoilé, que l'on fait sécher à la bouche du four ; ensuite on travaille cinq jaunes d'œufs avec 125 grammes de sucre en poudre pendant deux minutes ; on fouette les cinq blancs bien ferme, et on les mêle aux jaunes en ajoutant 125 grammes de farine sèche passée au tamis et l'anis. On amalgame parfaitement le tout avec légèreté, et l'on verse cette pâte dans une grande caisse de papier de 19 centimètres de largeur, sur 30 centimètres de longueur. On le porte au four doux, et, trois quarts d'heure après, on observe si le biscuit est ferme au toucher : alors on le retire et, dès qu'il est froid, on en sépare le papier. On coupe les biscottes de 80 millimètres de longueur sur 15 millimètres de largeur, et on les remet sécher au four, afin qu'elles deviennent cassantes.

On peut couper ces biscottes en croissants, en ovales allongés, ou en losanges longs, et les masquer d'anis de Verdun.

Biscottes de Bruxelles.

On met dans une terrine de la farine de gruau, selon le nombre de biscottes que l'on veut faire ; on y ajoute du sucre en poudre pour sucrer convenablement, ainsi que trois œufs ou même plus, selon la quantité de farine employée ; il faut avoir soin de n'ajouter les œufs que les uns après les autres, en les mélangeant au fur et à mesure avec la farine. Lorsque la pâte a acquis un certain corps, on y ajoute 40 grammes de la pâte de beurre à peine fondu, ou plus, selon le volume, deux cuillerées d'eau de fleur d'oranger et deux blancs d'œufs fouettés.

La pâte étant faite, on en emplit à moitié une caisse en cuivre étamé préalablement graissée, on la met au four doux et on la fait cuire. Après l'avoir retirée du four, on la renverse et on la coupe en petites tranches que l'on place à plat sur des plaques ; on leur fait reprendre un air de four doux pendant dix minutes.

Biscotines de Gênes.

On prend 560 grammes de sucr. que l'on passe à travers un tamis ordinaire, et treize blancs et cinq jaunes, que l'on mêle avec le sucre dans une bassine placée sur un fourneau très légèrement chauffé. On bat cette pâte jusqu'à ce qu'elle soit bien épaisse ; après quoi on la verse sur la table, et l'on fait une abaisse que l'on saupoudre avec environ 60 grammes de sucre. Quand cette pâte est bien froide, on y ajoute 430 grammes de farine et un peu de vanille ; on mêle bien le tout, et l'on fait des abaisses de 5 millimètres d'épaisseur, puis l'on découpe avec un emporte-pièce, des biscotines de 35 millimètres de long sur 15 millimètres de large, de la forme d'un ovale. On les place sur des tôles graissées et on les fait cuire dans un four très vif, après les avoir mouillées avec de l'œuf et de l'eau, et les avoir trempées dans du gros sucre en grains.

Croquignoles Suisses.

On prend 1 kilogramme de sucre fin 875 grammes de farine, huit blancs d'œufs, et un peu d'eau de fleur d'oranger. On dispose la pâte de manière qu'en faisant les croquignoles, elle ne s'élargisse pas trop, mais qu'elle devienne haute et lisse en cuisant.

On se munit d'un sac en toile écrue qui forme le cornet, au bout duquel on adapte un cornet en fer blanc qui a un trou de la grandeur d'un centime. On met la pâte dedans, et l'on dresse les croquignoles à la distance de 25 millimètres l'une de l'autre ; on les place ensuite au-dessus du four ou à l'étuve, sur des plaques légèrement graissées, où on les laisse jusqu'au lendemain pour qu'elles soient bien glacées. On reconnaît qu'elles sont bien glacées lorsqu'en passant l'ongle dessus, on sent qu'elles sont assez fermes. Alors on les fait cuire à une bonne chaleur ; quand elles sont refroidies, on les détache des plaques, et elles sont terminées.

Croquignoles aux amandes.

On prend 250 grammes de farine bien sèche, avec laquelle on fera un rond sur une table, 312 grammes de sucre fin, une petite pincée de sel, 150 grammes d'amandes douces épluchées, et 90 grammes d'amandes amères que l'on pile avec un peu de blanc d'œuf afin d'empêcher qu'elles ne tournent en huile. Il faut que ces

amandes soient finement pilées et tamisées,
qu'en les touchant on ne sente rien sous les doigts.
On les mélange ensuite avec le sucre et la farine,
on y ajoute deux œufs entiers et quatre jaunes,
on travaille bien la pâte, qui d'abord paraîtra
dure mais qui bientôt s'amollira et l'on y verse
quelques gouttes de fleur d'oranger.

Quand la pâte est ainsi préparée on la coupe
en petits morceaux que l'on roule dans la main
en leur donnant la forme d'une olive, et que l'on
place sur des plaques graissées. Cela fait, on
compose une dorure avec deux jaunes d'œufs, un
peu de lait et un peu de sucre, on bat le tout
ensemble, et l'on dore les croquignoles que
l'on fait cuire dans un four modéré.

Croquignoles à l'orange.

On prend deux belles oranges de Valence,
dont on râpe l'écorce sur 250 grammes de sucre
en pain d'un seul morceau, et 185 grammes
d'amandes épluchées, que l'on pile avec un peu
de blanc d'œuf pour empêcher qu'elles ne tournent
en huile ; cela fait, on ajoute le sucre que
l'on mêle bien avec les amandes ; on pèse ensuite
sur la table 500 grammes de farine et l'on y met
deux cuillerées de levure de bière, six jaunes
d'œufs et une pincée de sel. Tout cela étant
mêlé convenablement, on ajoute le sucre et les
amandes préparées comme nous venons de le
dire. La pâte doit être très ferme ; on la place
au-dessus du four ou à l'étuve, et on la laisse
lever : quand elle est levée, on la descend et on
la mêle encore une fois. On coupe cette pâte en
petits morceaux gros comme des noisettes, on

les roule dans la main et on les jette dans une petite bassine d'eau bouillante que l'on a la précaution de tenir auprès de soi. Au fur et à mesure qu'ils surnagent sur l'eau, on les retire pour les mettre dans une terrine d'eau froide. On doit avoir soin de les remuer doucement dans la bassine, afin qu'ils ne s'attachent pas les uns avec les autres. Lorsqu'ils sont froids, on les verse dans une passoire, on les laisse bien égoutter et on les range sur des plaques à une distance convenable les uns des autres. On les fait cuire au four chaud.

Cette excellente pâte à croquignole sert à confectionner une foule de variétés, en variant les arômes. Le rhum, le kirsch, l'ananas, les fruits à essence, la fleur d'oranger, la vanille et beaucoup d'autres liqueurs, fleurs, fruits et parfums, en font autant de préparations nouvelles.

A Dresde, quand on les retire de l'eau, on les saute dans du beurre bouillant, au lieu de les faire cuire au four. Nous conseillons à nos lecteurs d'essayer cette préparation étrangère qui est presque inconnue en France.

Patiences ou boutons de guêtres.

Ces patiences se font de la même manière que les croquignoles suisses ; il n'y a de différence que dans le cornet dont on se sert pour les confectionner ; son ouverture ne doit laisser passer qu'une quantité de pâte de la grosseur d'un petit pois. Le sac en toile écrue doit être de moyenne grandeur ; car s'il contenait trop de pâte on risquerait de se faire mal au poignet en les préparant.

Afin que ces patiences se détachent bien du cornet, on doit poser le devant de celui-ci sur la plaque. De cette manière on coupe la pâte, et il n'y a que la grosseur de la patience qui reste à la plaque. La pâte que l'on emploie doit être un peu plus dure que celle destinée à la préparation des croquignoles, et le four également chaud. Quand elles sont cuites, elles doivent être jaunes dessous.

Patiences à la rose,

Ces patiences se font comme les précédentes; mais on ajoute de l'eau de rose pour les parfumer ; et du carmin pour les colorer. Le four qui sert à leur cuisson doit être plus froid pour que la chaleur n'en altère pas la couleur.

Espagnolettes.

On prend 500 grammes de farine 500 grammes de sucre et un peu d'essence de citron, et l'on en fait une pâte assez dure pour pouvoir la tirer au rouleau. Pour la faire convenablement, on n'emploie que de l'eau, parce que l'œuf donnerait trop de corps à la pâte et l'empêcherait de travailler suffisamment au feu. On prépare des abaisses d'un bon millimètre d'épaisseur, sur 55 millimètres de long et 40 millimètres de large. On place les espagnolettes sur des plaques bien graissées et à la distance de 15 millimètres l'une de l'autre, on les dore avec de l'œuf, et on les couvre d'amandes en losange, puis on les fait cuire au four chaud.

Quand on les défourne, on doit avoir bien

soin de les détacher des plaques avant qu'elles soient refroidies, sous peine de n'en pas conserver une entière. On les place ensuite dans un endroit sec et dans des bocaux, pour qu'elles ne se ramollissent pas, ou du moins qu'elle ne soient pas en contact avec l'air.

Couronnes italiennes.

On prend 500 grammes de sucre, 500 grammes de beurre, un œuf et un peu d'eau de fleur d'oranger, et l'on en fait une pâte très dure en la pétrissant, le moins possible, que l'on étire au rouleau afin de luï donner une épaisseur de 2 millimètres.

Pour les découper, on se sert de deux emporte-pièces ; l'un de 70 millimètres de diamètre, et l'autre de 25 millimètres seulement qui sert à former le milieu de la couronne. On les dore avec de l'œuf, et on les fait cuire au four chaud.

Ce gâteau est bon, mais il demande à être confectionné avec du beurre fin de première qualité.

Gimblettes d'Albi.

On fait chauffer dans une casserole un demi-litre d'eau, avec 60 grammes de beurre tout au plus et autant de sucre. Lorsque l'eau est parvenue à un degré élevé de chaleur, sans cependant bouillir, on y ajoute une cuillerée de fleur d'oranger pralinée ou d'écorce de citron râpée, et autant de farine que l'eau peut en boire. On remet la casserole sur le feu et l'on fait cuire la pâte en remuant toujours jusqu'à ce qu'elle soit bien épaisse. On la ramollit ensuite, après l'avoir retirée du feu, avec des œufs, blancs et jaunes, mêlés et battus jusqu'à ce qu'elle soit refroidie ; on a soin de la tenir toujours un peu ferme.

Avec cette pâte, on confectionne des cordons de la grosseur du doigt que l'on plie en cercle de 60 millimètres, en soudant les deux bouts. On fait ensuite cuire du sucre à la nappe, on y trempe les gimblettes et on les roule dans la poudre de fleur d'oranger pralinée.

On fabrique en grand et spécialement cette sorte de petits gâteaux à Albi (Tarn) et l'on en envoie dans toutes les parties du monde.

Gimblettes échaudées.

On parfume un morceau de sucre que l'on écrase, et on le mêle avec d'autre sucre en poudre pour en avoir en tout 185 grammes. On pile ensuite 125 grammes d'amandes douces ; on jette sur le tout 250 grammes de belle farine, on en fait une fontaine et l'on met au milieu 15 grammes de levure que l'on délaie avec le quart d'un verre de lait ; on y ajoute 60 grammes de beurre, deux jaunes d'œufs, un grain de sel, les amandes et le sucre parfumé. On détrempe le tout comme de coutume et l'on abandonne cette pâte dans un lieu chaud pendant six heures pour que la fermentation s'opère. Alors on corrompt la pâte et on la roule par petites bandes grosses comme le bout du petit doigt ; quand on a confectionné cinq ou six de ces bandes, on les coupe en biais et l'on en fait des morceaux qui peuvent avoir 135 millimètres de longueur, puis on en forme de petites couronnes dont les soudures ne doivent pas paraître.

La pâte étant ainsi employée, on jette la moitié de ces gimblettes dans une grande casse-role d'eau bouillante que l'on remue légèrement à sa surface avec une spatule pour les détacher et les faire monter sur l'eau. Alors on les égoutte et on les verse dans de l'eau fraîche. Lorsqu'elles sont refroidies, on les égoutte dans une grande passoire et on les sau'e ensuite, en y versant par intervalle deux œufs de dorure. On les laisse encore égoutter quelques minutes ; alors on les range avec ordre sur trois plaques légèrement cirées et on les met au four à une chaleur douce.

On peut parfumer ces gimblettes au citron, à l'orange, à la bigarade, en râpant un demi-zeste du fruit choisi sur le morceau de sucre, ou bien en le saturant d'eau de fleur d'oranger ou d'eau de rose ; on obtiendra ainsi des gimblettes à chacun de ces parfums, ce qui permettra de varier agréablement les assiettes sur lesquelles on les sert au dessert.

Gâteaux secs anglais.

La grande maison *Huntley et Palmers* fabrique à bas prix en Angleterre, sous les noms de *crackers*, *pick-nik*, *Osborne*, *Albert*, etc., une quantité prodigieuse de petits gâteaux secs, de formes variées, qu'elle répand dans le monde entier ; on les consomme le plus communément avec le thé ou au dessert et dans les lunchs ; leur composition diffère suivant les habitudes ou le goût des consommateurs, mais elle varie peu.

Ces gâteaux se composent ordinairement d'une pâte ferme, travaillée avec une minime quantité de graisse de bonne qualité, à laquelle on ajoute

parfois un peu de levure, puis un peu de sucre
avec quelques aromates. La pâte ayant été
pétrie avec soin est déposée sur une plaque et
passée en cet état sous un cylindre qui forme une
abaisse de 10 à 12 millimètres d'épaisseur. Alors,
avec un emporte-pièce, on découpe cette abaisse,
suivant la figure adoptée, en petits gâteaux
qu'on pique en même temps ; on enlève les
rognures et l'on porte les gâteaux dans un four
doux, on les retire dès qu'ils ont pris une couleur
jaune pâle ou café au lait.

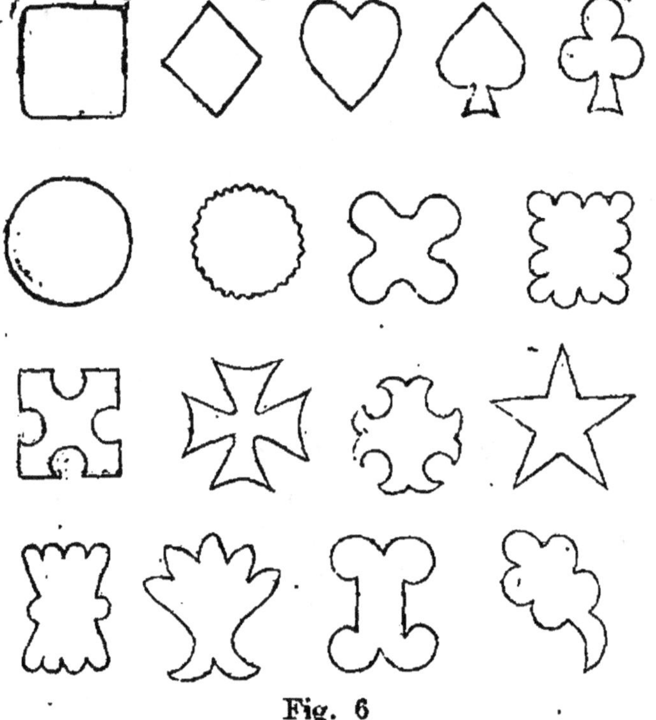

Fig. 6

Par une disposition mécanique très ingénieuse,
le cylindre sous lequel passe l'abaisse la découpe
suivant les formes voulues, la pique ou imprime
sur les gâteaux les marques de la Maison qui

les fabrique. Ce mode de fabrication ressemble beaucoup à celui qui est employé aujourd'hui pour fabriquer en grand les biscuits de mer pour le service de la marine et des troupes en campagne.

La figure 6 représente une certaine quantité de ces emporte-pièces et principalement les formes les plus usuelles. On peut les varier à l'infini suivant la mode, la demande ou la nécessité d'adopter un modèle comme marque de fabrique.

Gâteaux secs de Paris.

Le succès de ces gâteaux secs a tenté divers fabricants français, qui ont essayé de se substituer à la maison anglaise ; ils ont en partie réussi. Au point de vue de la production nationale, on ne peut qu'applaudir à ces louables efforts et les encourager. Parmi ces intelligents industriels, on doit citer la Maison *Olibet*, de Paris, dont la fabrication actuelle est fort importante et dont les produits sont très appréciés. Quoique d'une pâte tout à fait différente, les *Biscuits Olibet* ont contribué certainement à diminuer l'importation anglaise en France.

On peut encore citer les gâteaux secs fabriqués par la Maison Lefèvre-Utile ; par la Maison *Scapini*, sous le nom de *Biscuits Milanais* et de *Biscuits de Venise*, dont la bonne qualité a fait le succès. Ces produits, de formes très variées, sont recherchés pour les mêmes usages que les gâteaux secs anglais. Leur pâte est moins fondante que celle des *Biscuits Olibet* et se rapproche beaucoup de celle des *Grissinis*, autre importation italienne dont nous allons parler.

Grissinis.

Les grissinis sont formés d'une pâte raffermie avec de la farine de gruau de première qualité, de l'eau bien pure et un peu de sel. Lorsqu'on y ajoute du beurre fin, ils sont plus délicats, mais ils se conservent moins bien. La pâte est faite à deux levains pour être étirée plus facilement. En Italie, les ouvriers étirent habilement cette pâte jusqu'à une longueur de 0^m75, et les appliquent adroitement sur la pelle à enfourner. Ils passent au four chaud cette pelle couverte de grissinis, les surveillent et les retirent aussitôt qu'ils ont atteint le degré de cuisson convenable.

Quelques personnes ont l'habitude de dorer les grissinis deux fois de suite avant de les mettre au four, et, au sortir de celui-ci, de les imbiber au pinceau avec du lait sucré.

Langues de chat.

On prend 1 kil. de sucre, que l'on pile et que l'on tamise pour qu'il ne reste pas de grains ; on le mélange avec 1 kil. de farine également tamisée et parfumée à la vanille, vingt à vingt-cinq grammes suffisent pour cette préparation ; on y ajoute 500 grammes de crème double que l'on fouette ; enfin, on bat en neige les blancs de vingt œufs et on les verse petit à petit dans le mélange, en continuant de battre.

Quelquefois on ajoute du beurre à la préparation et l'on obtient ainsi des *langues de chat au beurre*, dont le goût diffère légèrement des précédentes. Voici comment on procède :

On prend 1 kil. de sucre en poudre, on le

mélange avec seize œufs entiers, on parfume avec 20 grammes de vanille, on ajoute 1 kil. de farine tamisée ; lorsque le tout est bien mélangé, on y verse 750 grammes de beurre fin fondu, qu'on a laissé refroidir jusqu'à ce qu'il soit à peine tiède.

Lorsqu'on veut employer l'une ou l'autre de ces deux pâtes, on garnit légèrement de beurre fin et de farine les plaques sur lesquelles on couche le pâte à la longueur de 7 centimètres ; on fait cuire les langues à un four modéré et on les retire du four dès qu'elles ont pris une belle teinte jaune ; les bords, qui sont moins épais que le milieu, sont teintés en brun clair. On les conserve ensuite dans des boîtes et dans un endroit sec.

CHAPITRE V

PATES D'AMANDES POUR GATEAUX SECS, CROQUETS MASSEPAINS, MACARONS, ETC

Pâte d'amandes ordinaire.

Pour bien réussir à préparer la pâte d'amandes, et surtout celle des macarons, il importe de ne pas perdre de vue les précautions suivantes : 1º prendre des œufs bien frais et séparer parfaitement le blanc du jaune, car le plus petit morceau de cette dernière partie est très nuisible ; 2º ne pas faire tremper à l'eau chaude, si cela se peut, les amandes que l'on veut monder, mais les faire tremper pendant un jour et une nuit dans l'eau froide lorsqu'on en a le temps ; ce procédé est bien préférable, parce qu'il empêche les amandes de tourner à l'huile. On en appréciera l'avantage, si l'on se rappelle que pour prévenir cet inconvénient on ajoute de temps en temps de l'eau très froide en pilant les amandes. Ceci dit d'une manière générale, nous allons entrer dans les détails de la préparation.

On prend 500 grammes d'amandes douces, on les monde dans de l'eau fraîche, on les égoutte sur un linge blanc, on les pile et on les arrose de temps en temps avec une goutte d'eau et du jus de citron ; lorsqu'elles sont bien réduites en pâte et que l'on ne sent aucun grumeau sous le doigt, on y mêle 500 grammes de sucre royal. Cela fait, on retire la pâte du mortier, on la met dans un poêlon d'office, on la pose sur un feu doux, on la dessèche en ayant soin de la remuer, jusqu'à ce qu'en appuyant le doigt dessus, elle ne s'y attache plus ; alors on saupoudre de sucre fin une feuille de papier, dont on enveloppe la pâte pour s'en servir au besoin.

Petits gâteaux d'amandes.

On fait avec cette pâte une abaisse générale plus ou moins épaisse, de 5 à 15 millimètres d'épaisseur, et avec des emporte-pièces appropriés, tels que ceux que représentent la fig. 6 page 291 ; on en découpe des couronnes ou des losanges, des croissants, des carrés longs et d'autres formes variées.

Les gâteaux que l'on confectionne ainsi peuvent être masqués d'une couche de conserve de fleur d'oranger concassée, ou d'une légère pâte à meringue colorée en rose. Ils prennent alors le nom de *gâteaux d'amandes à la fleur d'oranger*, et de *gâteaux d'amandes meringués à la rose*.

On a soin de parfumer la pâte d'amandes avec l'odeur choisie, suivant le nom qu'on leur donne, et on les fait cuire à feu très doux.

Quand on veut faire des *gâteaux d'amandes à la turque*, on découpe l'abaisse générale en croissants, on les passe au blanc d'œuf, et on les saupoudre de non-pareille si l'on veut faire un travail ordinaire, et de sucre de couleur concassé ou pulvérisé, si l'ouvrage doit être soigné. Ces exemples suffiront pour mettre le lecteur sur la voie du parti que l'on peut tirer de la pâte d'amandes.

Pâte d'amandes et de farine
ou pâte à croquants et à croquets.

Cette pâte diffère de la précédente par l'addition de la farine. La manière de réunir ensemble la farine, les amandes, le sucre et le parfum convenu, différant pour l'ordinaire suivant la préparation, nous ne donnerons point d'indication générale ; mais nous dirons que, dans tous les cas, la pâte à croquants doit préalablement former des morceaux de 500 grammes ou de 250 grammes, selon la quantité à préparer ; que ces morceaux doivent être ensuite étirés au rouleau, d'une longueur et d'une largeur telles qu'ils donnent un nombre juste de croquants sans nul déchet. Pour en être bien sûr, il faut les marquer avec le dos du couteau, et même souvent commencer à les couper. On les divise ensuite lorsqu'ils sont cuits ou à moitié cuits d'après la consistance de la pâte. On les place sur des plaques graissées, on les dore, on les cuit au four chaud, puis, lorsqu'ils sont refroidis, on les conserve à l'abri de l'air dans un endroit sec.

Quand on divise les croquets après la cuisson, il faut employer un couteau qui coupe bien net, et le pousser en avant, car si on les coupait tout droit, ils auraient l'air mâchés.

Croquets citronnés.

On prend 1 kil. 125 grammes de farine, 1 kil. 375 grammes de sucre et 1 kil. 500 grammes d'amandes, et l'on en fait une pâte la plus dure possible, sans employer d'eau. Quand les amandes sont triées, on les met dans un tamis et l'on jette de l'eau dessus en les secouant, afin que l'eau les pénètre toutes également ; on les met alors dans la farine, ce qui donnera suffisamment d'eau à la pâte. Une fois que cette pâte est bien prise, on la pèse par moitié et l'on en fait deux pains bien carrés de 95 millimètres de largeur et de 25 millimètres de hauteur.

On les abandonne en cet état pendant vingt-quatre heures, puis on les coupe à 2 millimètres d'épaisseur ; on les divise avant de les faire cuire et on les met ensuite sur des plaques bien graissées et à la distance l'un de l'autre de 1 centimètre. En sortant du four, qui doit être chaud, ils se tiennent tous ensemble. On les parfume ordi-nairement au citron.

Croquets de Bordeaux.

On prend 1 kilog. de farine, 1 kilog. de sucre, 1 kilog. d'amandes et un peu d'eau de rose, et l'on y ajoute l'eau nécessaire pour obtenir une pâte demi-épaisse que l'on puisse facilement couper avant de la mettre au four. On pèse cette pâte par demi-kilogramme et l'on en fait des pains dans des moules de tôle ; chaque demi-kilogramme doit en fournir trente-quatre.

On met les pains sur des plaques graissées, à 25 millimètres de distance l'un de l'autre, de manière que les amandes se trouvent en dessus ; on les dore et on les fait cuire dans un four modéré.

Croquets champenois.

On prend 2 kil. 500 grammes d'amandes douces épluchées, et 1 kil. 500 grammes de sucre ordinaire que l'on fait fondre sur le feu, en y ajoutant un petit verre d'eau et en remuant pour que le sucre fonde. On passe au tamis 1 kil. 250 grammes de farine bien sèche et on la dispose en rond. Au milieu de cette farine, on verse le sucre et on le laisse refroidir ; quand il est froid, on y verse les amandes et six œufs avec un quart de verre d'eau de fleur d'oranger, puis on pétrit la farine, de manière que le tout forme une pâte bien homogène ; on en fait ensuite des morceaux pesant 500 grammes, et on les étire au rouleau de manière à leur donner 270 millimètres de long sur 80 millimètres de large. On les met alors sur des feuilles de tôle graissées, à une petite distance les uns des autres, et on les fait cuire au four chaud. Quand ils sont cuits, ce que l'on reconnaît, en les touchant, à leur fermeté, on les coupe pendant qu'ils sont encore chauds, car une fois refroidis, il serait impossible de les diviser.

Croquets de Hollande.

On prend 1 kil. 250 grammes d'amandes douces, 1 kil. 650 gammes de sucre, 1 kil. 600 grammes de farine et la râpure de trois citrons. On pile les amandes avec des œufs jusqu'à ce qu'elles soient bien fines ; on les retire alors du mortier et on mêle le tout ensemble. Si la pâte se trouve trop dure, on y ajoute des œufs jusqu'à ce qu'elle soit devenue maniable. On fait ensuite des morceaux de 250 grammes et on les étire de la longueur de 33 centimètres sur 55 millimètres de large, puis on les fait cuire au four chaud et on les coupe par petites bandes

Croquants à la vanille.

On prend 500 grammes de sucre, 750 grammes d'amandes coupées en losange, 155 grammes de farine, un peu de vanille et six blancs d'œufs, et l'on mêle le tout ensemble. Pour être bien préparée, cette pâte doit couler un peu. On dresse alors ces croquants sur des plaques bien graissées, en les divisant en morceaux de la grosseur d'une noix, puis on les aplatit et on les arrondit avec une fourchette et on les poudre avec un tamis de soie. On doit avoir soin de fariner préalablement les plaques pour ravoir le sucre qui tomberait à côté. Aussitôt que ces croquants auront été défournés, on les détache des plaques et on les dispose en demi-lune sur des morceaux de bois ronds. Quand ils seront refroidis, on les place sur un tamis et on les passe une nuit au-dessus du four, puis on les conserve dans un endroit sec.

Croquants au chocolat.

Ces croquants se font de la même manière que les précédents, mais on y ajoute en plus 125 grammes de chocolat et on les délaie avec du blanc d'œuf, que l'on mêle dans la pâte. Au lieu de sucre pour poudrer, on emploie du chocolat râpé de bonne qualité.

Bastringles à la rose.

Pour cette espèce de croquets, on prend 500 grammes de farine, 625 grammes de sucre et 750 grammes d'amandes auxquels on ajoute un peu d'eau de rose et de carmin pour leur donner une belle couleur rose. Du reste, cette pâte se fait absolument de la même manière que la précédente ; ce qui distingue les pâtes entre elles, c'est que celle-ci a ses pâtons ronds un peu plus larges qu'une pièce de cinq francs, et que la précédente les a carrés. On l'abandonne pendant vingt-quatre heures, puis on la coupe et on la met sur des plaques bien graissées ; au lieu de dorer avec de l'œuf, on la mouille d'un peu d'eau avec un pinceau ; on la fait cuire au four doux.

Pour savoir si les bastringles sont cuits, on souffle dessus ; s'ils tombent, c'est qu'ils ne sont pas cuits : dans le cas contraire, leur cuisson est achevée.

Pâte espagnole.

On place sur une table un demi-litre de farine, au milieu de laquelle on fait un trou destiné à recevoir quatre œufs frais, une cuillerée d'eau de fleur d'oranger, un verre de vin d'Espagne et quatre pains de beurre de Gournay. On pétrit le tout ensemble pour en former une pâte, que l'on coupe ensuite à volonté, pour en former des trèfles, des fleurs ou autres dessins, et l'on fait cuire à moitié dans un four. Lorsque ces pâtes sont à moitié de la cuisson, on les retire pour couvrir tous les dessus avec du sucre cuit à la grande plume, puis on les remet au four pour achever de cuire et de bien glacer.

Pâte bavaroise.

On fouette huit blancs d'œufs que l'on jette dans une poêle avec 250 grammes de sucre fin ; on les remue ensemble avec une spatule jusqu'à ce qu'ils soient mêlés ; on les fait dessécher sur un petit feu en remuant toujours ; ensuite on retire la poêle du feu et l'on verse sur le mélange quelques gouttes d'eau de fleur d'oranger. Avec cette sorte de pâté, on dresse des petits morceaux de la grosseur d'une noix sur des feuilles de papier blanc pour les mettre cuire dans un four doux, et on les retire du papier lorsqu'ils sont refroidis.

Pâte à massepains.

Cette pâte est plus délicate que les précédentes, puisqu'elle se compose d'amandes pilées, sucrées, et liées avec du blanc d'œuf.

On échaude des amandes que l'on pile très fin en les arrosant avec un peu d'eau de fleurs d'oranger et un blanc d'œuf ; on les met dans une poêle avec 375 grammes de sucre en poudre pour 500 grammes et on les fait dessécher sur un petit feu jusqu'à ce qu'elles ne se collent plus contre les doigts et que la pâte devienne maniable, puis on place cette pâte sur une feuille de papier blanc préalablement couverte de sucre fin. On la bat avec le rouleau, on la remue souvent avec le papier, et l'on y jette de temps en temps du sucre fin mêlé de 125 grammes de farine, pour empêcher qu'elle ne s'attache au papier ; on la coupe ensuite pour en faire tout ce que l'on juge à propos.

La principale difficulté de fabrication des massepains comme celle des macarons consiste dans la cuisson, car si le four est trop chaud, les produits sont manqués. Pour obvier à cet inconvénient, on fera bien de mettre à divers endroits du four six à huit massepains d'épreuve sur dix petits morceaux de papier. Si, au bout de quarante minutes, on les retire minces et trop colorés en dessous, le four a trop de chaleur d'âtre, et il faudra recourir aux plaques de cuivre. Cependant, en règle générale, on ne devra enfourner qu'au déclin du four.

Massepains d'Italie.

Pour faire ces massepains qui sont très délicats, on prend 500 grammes d'amandes et 500 grammes de sucre. On pile les amandes avec des blancs d'œufs, et l'on en fait une pâte assez dure pour que l'on puisse l'étirer au rouleau, sur une table

de marbre, en lui donnant l'épaisseur de deux
lames de couteau, et l'on a bien soin de la poudrer avec du sucre. On découpe cette pâte avec
un emporte-pièce de la grandeur d'une pièce
de deux francs, et l'on place tous ces petits
ronds sur des plaques légèrement cirées avec de
la cire vierge. Sur ces petits ronds, on pose des
noisettes pilées avec de la vanille et un peu de
blanc d'œuf, comme pour faire un petit pâté à
la viande ; on prend ensuite une pâte de macarons
avec 250 grammes d'amandes et 500 grammes de
sucre, on les roule dans les mains en morceaux
assez gros pour qu'ils couvrent les noisettes qui
sont posées sur les petits ronds. Ces macarons
devront à leur tour être recouverts de sucre en
grains. On les fait cuire dans un four chauffé à
fond, mais radouci.

Tout autour du macaron, on peut coller des
guirlandes de sucre en grains rouge et blanc.

Massepains en couronnes.

On épluche 90 grammes d'amandes fraiches,
que l'on pile avec le moins de blancs d'œufs
possible, parce que l'amande mouillée donne du
lait et que l'on peut alors économiser les blancs ;
on ajoute un peu de fleur d'oranger et 500
grammes de sucre en poudre. Si l'on s'aperçoit
que cette pâte est trop dure pour passer par la
seringue, on y ajoute encore un peu de blanc
en le pilant avec la pâte pour qu'elle ait du
corps. Le rond du bout de la seringue doit être
cannelé et avoir 5 millimètres de diamètre. On
presse ces massepains sur des plaques légèrement
graissées et on les fait cuire dans un four vif, mais

sans qu'il soit très chaud. Il faut qu'ils restent au four environ douze minutes, et même il convient de ne pas ouvrir le four avant que les massepains ne soient tout à fait cuits, car on risquerait de les faire tomber. Pour que ces massepains soient bien réussis, il faut qu'ils montent droit et très haut, et qu'ils aient une belle couleur jaune foncée sur le dessus, tandis qu'ils sont bien blancs tout autour.

On les couche ordinairement en couronnes, en S et en croissants droits et longs comme le petit doigt.

Couronnes aux amandes.

On prend 200 grammes d'amandes épluchées, que l'on pile avec du blanc d'œuf bien finement pour qu'elles puissent passer par la seringue. On y ajoute 350 grammes de sucre en poudre, et l'on fait une pâte très dure qu'on passe par la seringue sur des plaques graissées et enfarinées. Aussitôt qu'une plaque est pleine, on la couvre avec du sucre en grain, et on la fait cuire au four d'une bonne chaleur. Quand ces couronnes sont cuites, ce qui se reconnaît quand elles se détachent facilement des plaques, on les détache, on prend de la glace royale blanche et l'on en pose quatre points dessus, à égale distance les uns des autres. On couvre ces points avec du sucre rouge en grains, on ajoute ensuite quatre autres points entre ceux qui sont couverts de sucre rouge pour former la fleur, et l'on couvre ces derniers avec du sucre en grains coloré. Ordinairement, on colore les premiers quatre points en jaune ou en vert, et la fleur en rose. On fait sécher ces couronnes au dedans de la bouche du four quand il est tout à fait doux. Pour les parfumer, on emploie de l'essence de citron ou tout autre parfum à volonté.

Couronnes à la fleur d'oranger pralinée.

On prend 300 grammes de sucre en poudre et quatre blancs d'œufs que l'on bat en neige, puis on les mélange en y ajoutant 100 grammes de fleur d'oranger pralinée. Cette pâte doit être mélangée bien doucement pour qu'elle ne se ramollisse pas. Avec la seringue, on dresse des couronnes de la dimension d'une pièce de cinq francs, en laissant un vide dans le milieu de la largeur d'une pièce de vingt sous, et on les place sur des plaques cirées avec de la cire vierge. On les poudre alors avec du sucre en poudre et on les fait cuire au four très doux. On peut aussi les garnir au cornet pour qu'elles aient plus d'apparence ; mais la décoration au cornet n'est plus estimée aujourd'hui.

Massepains fourrés.

On prend 500 grammes d'amandes qu'on pile très finement avec du blanc d'œuf, en faisant attention que les amandes ne tournent pas en huile ; quand elles sont bien pilées, on y ajoute 500 grammes de sucre, et l'on en fait une pâte maniable, qu'on roule dans les mains en les mouillant légèrement avec de l'eau. On façonne ainsi des macarons d'une forme ovale, de la grosseur d'une forte noisette, qu'on place sur des plaques graissées et enfarinées, et, après les avoir sucrés avec du gros sucre en grains, on les fait cuire au four d'une bonne chaleur, mais radouci. Quand ils sont cuits, on les retire de dessus les plaques, et on les creuse un peu en dessous avec le bout du doigt. On remplit ce creux avec de la marmelade d'abricots, et l'on accolle deux macarons ensemble. Cette opération faite, on prend de la glace royale, et, avec le cornet, on fait un cordon tout autour des join-tures, afin de cacher la marmelade qui, sans cela, paraîtrait dans les interstices, puis on passe du sucre rouge en grains sur cette glace pour qu'elle se conserve mieux.

Macarons provençaux.

On prend 500 grammes de pistaches pilées, que l'on hache bien fin et on les met dans une terrine. On prend ensuite 625 grammes de sucre en poudre, et, avec du blanc d'œuf, on fait une pâte bien dure, à laquelle on ajoute 60 grammes de farine pour lui donner un peu de corps, ainsi qu'un peu de vanille en poudre. Après quoi, on dresse sur des plaques cirées des macarons de la grosseur d'une noix, qu'on place à une distance de 40 millimètres les uns des autres, et qu'on fait cuire au four tout à fait doux. On prépare alors une glace royale blanche et rose, et l'on pose sur chaque macaron un point rose gros comme une lentille, puis, sur ce point, un autre petit point blanc gros comme la tête d'une épingle. On passe les macarons une minute au four pour les sécher.

Massepains grillés.

On prend 430 grammes d'amandes coupées en filets et 500 grammes de sucre en poudre, on les mêle ensemble et l'on place le tout sur une plaque bien propre ; on met ensuite au four d'une chaleur assez forte pour que les amandes puissent griller. Il faut remuer souvent la plaque, afin d'éviter que le sucre fonde, surtout si les amandes ne sont pas très sèches. Les amandes une fois bien grillées, on les sort du four, on les jette dans une terrine avec du blanc d'œuf et l'on en fait une pâte très dure. On y ajoute alors un peu de vanille en poudre, et l'on dresse les massepains sur des plaques graissées, en leur donnant une forme ovale et la grosseur d'un macaron. On les fait cuire ensuite au four d'un bonne chaleur.

Massepains aux fruits.

On prépare ordinairement ces massepains avec des fraises, des framboises, des cerises, des groseilles, de l'épine-vinette, etc.

On prend 1 kil. 500 d'amandes douces, 1 kil. 250 de sucre et 500 grammes du fruit que l'on veut employer. Lorsque les amandes sont réduites en pâte fine et mêlées avec le sucre, que l'on aura fait cuire préalablement au petit boulé, on y ajoute le jus du fruit que l'on aura écrasé et passé au tamis ; on remue bien le tout et l'on remet la bassine sur les cendres chaudes, en continuant de remuer sans interruption. Lorsque la pâte est assez faite, on termine comme à l'ordinaire.

Macarons.

On pile très finement 250 grammes d'amandes douces échaudées, lavées et bien essuyées ; en les pilant, on y verse quelques gouttes d'eau de fleurs d'oranger et du sucre fin, afin qu'elles ne tournent en huile ; ensuite on les ôte du mortier et on les bat convenablement dans une terrine avec 250 grammes de sucre en poudre ; enfin on y ajoute quatre blancs d'œufs, qu'on fouette vivement avec le sucre et les amandes. On dresse ces macarons sur des feuilles de papier blanc de la grosseur d'un bouton, et on les fait cuire dans un four doux ; quand ils sont cuits de belle couleur, on les sert au naturel. Si l'on juge à propos de les glacer, on met sur une assiette du sucre fin passé au tambour, avec un jus de citron et un peu de blanc d'œuf, puis on bat bien le tout ensemble jusqu'à ce que cette glace soit bien blanche ; on en couvre alors les macarons et on les remet au four seulement pour faire sécher la glace.

Tourons.

On coupe en petites tranches très minces 250 grammes d'amandes trempées, on les met dans une poêle sur le feu avec un peu de citron vert râpé et du sucre fin, et on les fait sécher en les remuant toujours avec une spatule. Quand elles sont bien desséchées, on les ôte du feu.

Lorsqu'elles sont entièrement refroidies, on les jette dans trois blancs d'œufs bien fouettés avec une quantité suffisante de sucre fin, jusqu'à ce qu'il y en ait assez pour rendre les amandes maniables et en former les ronds avec les mains ;.

on les place alors au fur et à mesure sur du papier pour les faire cuire dans un four doux.

Si l'on a des avelines, on n'emploie que 125 grammes d'amandes et autant d'avelines échau-dées, que l'on coupe de même pour les mêler ensemble, et l'on achève de les préparer comme nous venons de le dire.

Macarons soufflés.

On prépare la pâte en coupant par filets 500 grammes d'amandes mondées, et en les mélangeant avec 125 grammes de sucre tamisé et la moitié d'un blanc d'œuf. On met sécher au four doux ces amandes sur une grande plaque, pour qu'elles se colorent légèrement ; on les défourne alors et on les laisse refroidir.

Pendant ce temps, on prépare la *glace à soufflé*, avec deux blancs d'œufs et 625 grammes de sucre tamisé, que l'on bat bien ensemble pen-dant un quart d'heure dans une terrine ; on mêle ensuite bien intimement les amandes dans cette glace. Alors, on mouille d'eau fraîche la paume des mains, et l'on y roule une cuillerée d'appareil que l'on couche sur une feuille de papier par parties de la grosseur d'une noix. On étend cette feuille couchée sur un plafond et on la porte au four doux pendant vingt minutes. Avant de les défourner, on doit avoir soin de les examiner et de s'assurer qu'ils sont fermes et colorés d'un blond clair. Il sera prudent de commencer l'épreuve par un seul macaron, afin de bien apprécier l'effet de la glace et de remédier aux défauts qui pourraient se produire, soit en ajoutant un peu de blanc d'œuf si elle était trop ferme, soit un peu de sucre dans le cas contraire.

Macarons soufflés au chocolat.

Cette variété de macaróns se fait absolument de la même manière que les précédents ; seulement, on n'emploie pour la glace que 500 grammes de sucre et l'on remplace les 250 grammes retranchés par 250 grammes de chocolat.

On peut, pour ces sortes de macarons, remplacer les amandes par des avelines, des pistaches, et même des noix vertes. Il en est de même pour les massepains.

CHAPITRE VI

IMITATIONS EN FEUILLETAGE.

Si, comme nous nous plaisons à le supposer, le pâtissier est doué d'invention, d'adresse et de goût, il peut imiter une foule d'objets gracieux ou originaux qui charment au dessert les convives et les maîtres de la maison.

Avec des coupe-pâte assortis, tels que ceux dont nous avons donné quelques figures aux pages 25 et 291, fig. 5 et 6, on forme sur une abaisse de feuilletage, des feuilles de chêne ou de vigne, des petits paniers, des couronnes, des masques, des rochers, des viandes, des légumes, des fruits, des fleurs, des insectes, des poissons, des instruments, etc., il n'est pour ainsi dire pas d'objets que l'on ne puisse imiter avec la *pâte croquante ordinaire d'amandes*, la *pâte croquante à l'italienne*, la *pâte d'amandes au blanc d'œuf*, la *pâte à meringues*, la *glace royale*, les sucres colorés et parfumés, ou le chocolat formant glace avec du blanc d'œuf. Ces petits objets sont ensuite meringués, puis glacés, ou bien ornés d'un élégant masqué.

Pour les dorer, quand ils ne sont pas glacés, il est bon de mettre une pincée de sucre en poudre dans le jaune d'œuf pour rendre la couleur plus brillante. Lorsqu'ils redoutent la chaleur du four, il faut mettre deux plaques sous celle qui les porte, et les placer sur cette plaque de 10 à 15 millimètres les uns des autres.

Nous allons d'abord donner les recettes des deux pâtes croquantes, qui servent ordinairement à la confection de ces produits ; nous parlerons ensuite des principales imitations exécutées par le pâtissier.

Pâte croquante ordinaire d'amandes.

On prend 500 grammes d'amandes et 750 grammes de sucre en poudre. Lorsque les amandes sont pelées, séchées à l'étuve et pilées, on en fait une pâte friable, en y ajoutant par intervalles un peu de blanc d'œuf et de fleur d'oranger ; ensuite, on met la pâte dans une bassine, et on la fait évaporer sur un feu doux ; enfin, on y ajoute le sucre par parties, en remuant continuellement. Quand le mélange est bien fait, on confectionne avec cette pâte un pain que l'on pose sur une table ; dès qu'elle est refroidie, on en fait des gâteaux, ou on la façonne avec des emporte-pièces pour lui donner différentes formes, et on les met ensuite au four.

Pâte croquante à l'italienne.

On prend 500 grammes d'amandes et 60 grammes de fleur d'oranger, le zeste d'un citron, et 750 grammes de sucre en poudre. Après avoir pilé les amandes, on les mêle avec la fleur d'oranger et le zeste du citron, en les arrosant de temps en temps de blancs d'œufs. On clarifie le sucre et on le fait cuire au petit boulé ; on retire la bassine de dessus le feu, et l'on y jette la pâte que l'on mélange bien ; on remet ensuite la bassine sur un feu très doux, en ayant soin de remuer la pâte jusqu'à ce qu'elle se détache de la bassine ; on la place ensuite dans un plat saupoudré de sucre, et lorsqu'elle est refroidie, on la traite comme la précédente.

Gâteaux de Nanterre sucrés.

On prend neuf blancs d'œufs, 750 grammes de sucre en poudre et un peu de vanille en poudre ; on bat les blancs de manière qu'ils soient bien durs en y mêlant le sucre, et l'on prend soin de ne pas ramollir la pâte en la mêlant trop. On prend ensuite des plaques cirées avec de la cire vierge, et l'on dresse au moyen de la seringue quatre petits points de la grosseur d'une noisette ordinaire, très près les uns des autres, mais en laissant néanmoins entre eux assez de place pour que l'on puisse apercevoir la séparation. Quand un des côtés de la plaque sera rempli, en réservant au second la place nécessaire, on couvrira de beau sucre bleu en grains toute la plaque sans laisser d'espaces vides, parce que le sucre rose et le sucre blanc que l'on versera ensuite s'attacheront dans tous les endroits où le sucre bleu n'aura pas pris. Il faut encore que le sucre en grains soit gros, pour qu'il n'ait pas le temps de fondre pendant que l'on dresse l'autre rangée de points de l'autre côté. Quand on aura bien répandu partout du sucre bleu, on dressera à côté quatre autres points qui toucheront à ceux qui ont été faits en premier et on les couvrira aussi, partout également, avec du sucre rose en gros grains, en faisant tomber celui qui resterait sur la plaque, car sans cette précaution les couleurs se mélangeraient. Entre les deux couleurs, on tirera une petite raie blanche avec un cornet beaucoup plus petit, de la grosseur d'un tuyau de plume, et l'on couvrira cette raie avec du sucre blanc en grains (sucre royal). On fera cuire au four tout à fait doux, et l'on obtiendra ainsi un des plus jolis desserts que l'on puisse servir.

Comme on n'aura pas immédiatement la main faite à la préparation de cette espèce de gâteaux, on fera bien de n'en dresser que huit à dix à la fois et de les sucrer ; par ce moyen, on n'aura pas à craindre que le sucre se fonde et que le gâteau ait un aspect désagréable.

Bâtons au chocolat.

On fait fondre une tablette de chocolat à laquelle on ajoute 250 grammes d'amandes pilées et réduites en pâte. On pile le tout ensemble, on relève ce mélange et on le pose sur le tour, après l'avoir saupoudré de farine et de sucre ; on prend ensuite une petite partie de ce mélange que l'on façonne en bâtons, on les enduit d'une couche de blanc d'œuf, on les roule dans du sucre en poudre, et on les place sur des plaques beurrées ; on les fait cuire à four doux.

Rochers au chocolat.

On râpe 185 grammes de chocolat que l'on fait chauffer, et l'on ajoute deux blancs d'œufs pour délayer le chocolat qui doit avoir la consistance d'une glace ; on passe ensuite au tamis 500 grammes d'amandes hachées un peu gros, et 375 grammes de sucre ordinaire, puis on mêle le tout ensemble en y ajoutant le chocolat. Si, après cela, la pâte n'était pas assez liquide, on y ajouterait du blanc d'œuf, jusqu'à ce qu'en la prenant avec la main, elle soit assez consistante pour qu'on puisse confectionner des espèces de rochers sur des plaques graissées ou sur des feuilles d'hosties.

Ces pièces montées sont toujours assez élevées, sans pourtant que la base soit beaucoup plus large que l'extrémité supérieure. On les parsème d'un peu de non-pareille brune, pour leur donner l'aspect sombre de la roche ; on peut aussi figurer de la verdure ou de la mousse avec des pistaches hachées bien fines, en se servant de gomme fondue que l'on pose aux endroits où l'on veut faire prendre les pistaches.

Après cela, on les fait cuire à une bonne chaleur un peu radoucie. Quand les rochers sont cuits et refroidis, on coupe l'hostie tout autour de la base qu'elle dépasse.

Poissons frits.

On prend 280 grammes d'amandes moitié douces et moitié amères, qu'on pile bien finement avec du blanc d'œuf ; on y ajoute 280 grammes de sucre en poudre et un peu de vanille, et l'on en fait une pâte très dure. On prend ensuite un ou deux moules en fer-blanc, ayant la forme d'un poisson, on y verse la pâte en quantité suffisante pour les remplir, et l'on presse les deux parties ensemble, afin que le poisson soit bien moulé ; la place où se trouve l'œil doit rester vide. Au fur et à mesure que les poissons sont confectionnés, on les place sur un tamis, puis on les dépose au-dessus du four jusqu'au lendemain.

On les fait cuire au four bien doux, afin que la pâte ne travaille pas, et que le poisson ne perde pas sa forme.

Lorsqu'ils sont cuits, ce qu'on reconnaît facilement au toucher quand ils ont acquis un peu de consistance, on les défourne, pour qu'ils ne soient pas tout à fait secs. On prépare alors un peu de glace royale rose et un peu de glace royale blanche, et l'on figure en rouge le tour de l'œil et en blanc le petit point du milieu. Mais il faut faire ce travail en deux fois : on fait d'abord un côté, on place le poisson sur un tamis, et on le met sécher au four ; quand il est bien sec, on fait l'autre côté.

On peut imiter les poissons de la Chine, en les saupoudrant avec du sucre en poudre rouge ; des maquereaux, en imitant de la même manière, c'est-à-dire avec du sucre pulvérisé de diverses couleurs, leurs écailles brillantes ; il en est de même pour tous les autres poissons.

Saucisses.

On prend 250 grammes d'amandes mondées, que l'on pile bien finement avec du blanc d'œuf, et l'on ajoute 185 grammes de sucre, une pincée de cannelle et une demi-pincée de clous de girofle en poudre. On sépare cette pâte par la moitié, on met dans une part 60 grammes dé chocolat fondu, et l'on mélange les deux pâtes blanches et le chocolat ensemble, pour que la couleur chocolat domine sur le blanc. On coupe ensuite des morceaux pesant environ 15 grammes et l'on en forme de petites saucisses de la forme de celles de Strasbourg, ainsi que des cervelas. On les dépose au-dessus du four jusqu'au lendemain, et on les fait cuire au four très doux. Quand ils sont cuits et encore chauds, on les vernit au moyen d'un pinceau avec du blanc d'œuf, et on les met sécher au four. Pour former le bout de la saucisse, on serre la pâte aux extrémités avec un fil comme on le fait pour les saucisses ordinaires. Plus tard, on retire le fil, et la pâte doit se maintenir toute seule.

Côtelettes d'entremets.

On fait une abaisse de feuilletage épaisse de 4 millimètres, que l'on détaille en forme de noix de côtelettes de mouton en papillottes. On verse dans cette pâte de la marmelade d'abricots, on soude les bords, on leur donne la forme des côtelettes en y adaptant un peu de pâte d'office, coupée par petites bandes comme des os de mouton, que l'on aura fait cuire à un four doux, sans leur donner de couleur ; on les pose sur un plafond et on les fait cuire. Lorsque ces côtelettes sont cuites, on les dore avec un peu de blanc d'œuf battu, on écrase des macarons qui serviront à les panner. Pour figurer les marques du gril, on fait rougir un hâtelet, et on le pose sur les feuilletés garnis de marmelade. Enfin, on dresse ces entremets en couronne sur un plat et on les sert.

L'imagination du lecteur lui indiquera d'après cela beaucoup d'imitations semblables.

Jambon de carême.

On remplit un moule rond d'une pâte à biscuits ordinaire, on laisse deux ou trois centimètres de vide, on saupoudre légèrement cette pâte avec de la farine afin de former une croûte, on fait cuire au four ordinaire, et l'on renverse sur une claie. Lorsque cette espèce de gâteau est cuit, on enduit une tourtière de farine tamisée, on le met dessus, on masque la superficie du jambon avec de la marmelade d'abricots, puis on glace soit au chocolat, soit à la rose, ou même au rhum, et l'on place sur l'un des côtés, de manière à simuler l'os du jambon, un manche en pâte d'office cuite à part et décorée d'un papier découpé.

Jambon au chocolat.

On prend 500 grammes d'amandes épluchées, qu'on pile bien finement, et l'on y mêle du blanc d'œuf en petite quantité, mais assez pourtant pour que les amandes ne tournent pas en huile. Quand elles sont bien pilées, on ajoute 400 grammes de sucre en poudre. Le mélange effectué, on prend la moitié de cette pâte, dans laquelle, on verse 100 grammes de chocolat que l'on aura préalablement fait chauffer au four, et l'on passe cette moitié sur la précédente, en les confondant le moins possible. On ne doit cependant pas les distinguer l'une de l'autre, car cette préparation doit figurer l'entrelardé. Pour mieux faire, on peut rouler de la pâte au chocolat et de la pâte blanche, de la même longueur et de la même épaisseur l'une que l'autre. On applique ensuite ces deux morceaux l'un sur l'autre, et on leur donne seulement un tour pour que ces deux pâtes d'une couleur différente s'attachent ensemble et, lorsqu'elles sont réunies, aient la grosseur du pouce.

On en détaille alors des morceaux ronds gros comme une noix, et on leur donne la forme du jambon fumé, puis on les dépose au-dessus du four jusqu'au lendemain. Après quoi, on délaie du chocolat avec du blanc d'œuf, et, avec un pinceau, on leur donne également la couleur d'un jambon. Quand le four est à un degré de chaleur radoucie, on les y fait cuire. Pour parfum, on emploie ordinairement la vanille. On ne doit pas perdre de vue que la pâte doit être très dure pour que ces jambons conservent leur forme.

Jambon de Reims.

On met dans de petits moules ronds à tartelettes, une pâte génoise mate, on les place sur une tourtière et on les fait cuire à four ordinaire ; on les sort ensuite et on les renverse sens dessus dessous ; on étend alors sur la pâte une couche légère de marmelade d'abricots, puis on en glace une moitié à l'anisette et l'autre moitié en rose avec du carmin délayé dans du curaçao.

Avec un cornet, on figure une séparation en glace royale, puis, avec le même cornet, on pose une fleur ou un dessin quelconque sur chaque face, en ayant soin de faire trancher la couleur du dessin avec celle de la face qui doit la recevoir.

On confectionne un petit manche avec de la pâte roulée, que l'on fait cuire au four doux, on le place de manière à bien imiter le jambon de Reims, et on l'orne avec une papillotte en papier rose découpé.

Pommes de terre.

On prend 300 grammes de sucre en poudre, une pincée de vanille et quatre blancs d'œufs que l'on bat en neige. Quand les blancs sont mêlés avec le sucre, on dresse sur du papier en leur donnant la forme d'une vitelotte. Ensuite, avec du chocolat râpé et autant de sucre rose en poudre mêlés ensemble, on les poudre pour leur donner autant que possible la couleur naturelle, puis on les met sur des planches mouillées et on les fait cuire au four doux. Quand ils se détachent bien du papier, on les défourne et on les réunit deux à deux et d'égale longueur autant que possible.

Radis.

On prend 500 grammes de sucre en poudre, sept blancs d'œufs que l'on bat en neige, et on les mêle en ajoutant quatre gouttes de néroli ; on dresse ensuite avec la seringue, sur des demi-feuilles de papier, de petites pointes imitant celles de radis Après cela, on fait les têtes, que l'on sucre avec du sucre rose en poudre, puis on prend de l'angélique confite sèche, avec laquelle on imite la verdure en la plantant dans la tête des radis. Quand ils sont achevés, on les place sur des planches mouillées et on les fait cuire au four très doux sans être trop froid.

Quand les radis se détachent du papier, on les défourne et on y ajoute une pointe blanche avec une tête rose, que l'on place à la jointure et que l'on fait de la même dimension. Dans ce but, on doit bien faire attention, en dressant les radis, que le haut des pointes soit aussi large que le bas des têtes, afin que cela ne produise pas un mauvais effet. On doit encore avoir soin de ne pas préparer plus de pointes que de têtes.

L'angélique qui figure la verdure doit être légèrement effilée avant d'être plantée dans la tête des radis, afin de donner à ceux-ci le plus possible un air naturel ; elle ne doit pas avoir plus de 25 millimètres de longueur.

Carottes.

On prend 500 grammes de sucre et six blancs comme pour les radis, mais au lieu d'y verser de l'essence d'orange, on râpe bien finement l'écorce de deux oranges, et on la met dans les blancs après les avoir battus. On y mêle le sucre en même temps et l'on dresse avec la seringue, sur des feuilles de papier, des moitiés de petites carottes de la longueur de 55 millimètres. On doit les canneler pour figurer les raies des carottes naturelles. Cette opération est on ne peut plus facile ; on pousse dans le cornet le haut de la carotte et on le retire promptement sans détacher la pâte du cornet, en formant un autre cran un peu plus petit ; on fait ainsi cinq raies plus petites les unes que les autres jusqu'à la dernière qui doit figurer la pointe. On couvre ensuite les moitiés avec du sucre en grain un peu fin, préalablement teinté avec du safran bien foncé.

On pose alors les moitiés de carottes sur des planches mouillées et on les fait cuire au four doux. Quand elles se détachent du papier, on les défourne et on les réunit deux à deux, en plaçant au milieu un petit bouquet d'angélique confite et effilée. Il faut avoir bien soin que ces deux moitiés soient égales en grosseur et en longueur.

Marrons.

On prend 875 grammes d'amandes bien épluchées, que l'on pile très finement avec du blanc d'œuf et une gousse de vanille, en faisant bien attention de ne pas laisser tourner en huile ; ceci fait, on y ajoute 750 grammes de sucre en poudre et l'on mêle bien le tout ensemble, afin d'en faire une pâte très dure. On prend des morceaux de cette pâte, que l'on coupe de la grosseur d'une petite noix et que l'on roule en leur donnant la forme de marrons ; après quoi, l'on imite, avec la lame d'un couteau, les stries ou raies que présentent les marrons épluchés. On les met ensuite sur des tamis que l'on place au-dessus du four jusqu'au lendemain. Ordinairement, on les fait le soir, pour les cuire le lendemain matin. On les dore, et aussitôt que le four est à une température convenable, on les fait cuire sur des plaques bien graissées en les plaçant à 25 millimètres de distance les uns des autres.

La plaque où sont placés les marrons doit elle-même reposer sur deux autres plaques. On doit tenir compte que c'est toujours le dessus des marrons qui souffre du trop de chaleur ; d'un autre côté, si on ne les met pas au four vif, le dessus est trop blanc. Il faut que l'extérieur des marrons soit brun et que l'intérieur reste bien jaune, afin que leur ressemblance avec le marron grillé soit parfaite. La pâte que l'on emploie à leur confection ne durcit pas, elle doit toujours rester molle.

Ces marrons remplacent, dans les beaux desserts, les marrons ordinaires, et plaisent beaucoup lorsqu'ils sont bien faits.

Abricots.

On prend 500 grammes de sucre en poudre et six blancs d'œufs, et l'on bat cette pâte sur le fourneau, qui doit avoir une chaleur douce. Quand elle est bien ferme et lisse, on y verse quelques gouttes de néroli et l'on y ajoute du safran ou du souci pour la rendre jaune. Lorsqu'elle est refroidie, on la dresse sur des petites feuilles de papier, en forme de moitiés d'abricots. Cela fait, on prend un peu de chocolat en grain bien fin, dont on saupoudre ces moitiés, afin que chacune d'elles ait de quatorze à quinze taches noires ; on les poudre ensuite avec du sucre rose très fin, qu'on laisse fondre et l'on fait cuire ces moitiés **au four** doux sans être trop froid,

Pendant qu'elles cuisent, on prépare des queues avec de l'angélique et l'on en met une dans chaque moitié pour les joindre ensemble à mesure qu'elles se détachent du papier ; on doit avoir soin de les placer du côté convenable.

Prunes.

On prend 530 grammes de sucre en poudre et six blancs d'œufs, que l'on bat en neige jusqu'à ce que la pâte soit bien dure, puis on mélange le tout en ajoutant un demi-verre d'esprit-de-vin. On met cette pâte dans la seringue à cornet, et l'on dresse sur du papier des petits tas de la grosseur d'une moitié de prune. On prend ensuite du sucre, que l'on passe par un tamis ordinaire, et on le colore avec du bleu pour lui donner la couleur du fruit. Quand on a dressé de quoi remplir une planche, on sucre le tout avec le sucre qu'on a coloré, en ayant soin de ne laisser aucune place blanche, puis on fait cuire au four très doux.

Quand les moitiés de prunes se détacheront du papier, on les défournera et on les joindra deux à deux en mettant entre elles une petite queue d'angélique. On doit faire en sorte de joindre ensemble les moitiés qui ont le plus de ressemblance.

Grappes de raisin.

On prend sept blancs d'œufs, que l'on bat jusqu'à consistance bien dure ; après quoi, on ajoute un quart de verre d'esprit-de-vin très fort, et 500 grammes de sucre en poudre, que l'on mêle avec les blancs d'œufs. On place le

tout ensuite dans une seringue dont l'ouverture
doit être un peu plus petite qu'une noisette, et
l'on dispose ensuite des feuilles de papier, sur
lesquelles on dresse une goutte de pâte de la
grosseur d'un grain de raisin, à une distance
telle que l'on puisse placer les grappes sans
qu'elles se touchent. Quand on aura rempli de
cette manière les feuilles avec des grains en assez
grande quantité pour employer la pâte, on les
couvrira tous de sucre vert en grains fins. On
dresse alors un second grain à côté du grain
saupoudré de sucre vert, deux ensuite, un au bout
et deux dessus pour former la grappe. Afin de
faire les grains bien ronds, on tient la seringue
bien droite, on pousse, et, pour en détacher le
grain, on presse dessus et, d'un coup sec, on
casse la pâte ; de cette manière, le grain reste
rond.

Quand cette première opération sera terminée,
on prendra du sucre bleu d'un grain un peu fin.
Pour faire ce sucre bleu et de la couleur du
raisin, on prend du carmin en petite quantité, car
ce bleu disparaît au four, et l'on risquerait fort
de faire des raisins rouges au lieu de bleus qu'ils
devraient être. On parsème les grappes de sucre
bleu, de manière qu'il n'en reste pas de blanches
et l'on fait tomber sur elles tout le sucre qui
n'est pas pris, puis on place les raisins sur des
planches mouillées, et on les met ensuite au
four tiède. Jusqu'au moment de placer les queues,
que l'on fait avec de l'angélique de la longueur
de 25 millimètres et de la grosseur d'une allu-
mette, on les garde dans le sucre vert, pour
qu'elles ne soient pas poisseuses. Quand les
raisins sont cuits, on les sort du four, et on les

réunit en forme de grappes au moyen de ces queues, qui doivent dépasser des deux tiers.

Pensées.

Ces fleurs constituent un des plus beaux et des meilleurs desserts quand elles sont bien imitées. Pour cela, on prend 500 grammes des plus belles amandes qu'on peut se procurer ; on les échaude de manière à ce qu'elles deviennent le plus blanches possible. Cela fait, et les amandes étant bien lavées dans de l'eau fraîche, on les place d'abord dans un linge pour les bien essuyer et ensuite dans un mortier bien propre, en essuyant soigneusement le pilon. On les pile en n'ajoutant que le blanc nécessaire pour qu'elles ne tournent pas en huile ; la moitié d'un blanc d'œuf ajouté de temps en temps doit suffire. Quand les amandes formeront une pâte assez fine pour qu'on ne sente plus aucun morceau, on y ajoute 430 grammes de sucre en poudre, de première blancheur, et une petite pincée de poudre d'iris pour leur donner une légère odeur, puis on mêlera bien le tout ensemble en lui donnant cinq à six coups de pilon. On ne devra pas donner plus de cinq à six coups, parce que la pâte devant être très dure, tirée au rouleau et ne contenant que peu de sucre, on risquerait de la faire tourner en huile.

Lorsque cette pâte est terminée, on nettoie des plaques de manière qu'elles soient bien lisses et bien propres, puis on les frotte de cire vierge. Ensuite, avec un emporte-pièce représentant une pensée, on découpe cette pâte, qui doit être tirée au rouleau de l'épaisseur de 3 millimètres. On place ces pensées sur les plaques à une petite distance les unes des autres, et on les fait cuire au four d'une chaleur ordinaire. Quand elles sont un peu fermes, on les défourne ; comme il ne faut pas une forte cuisson, on les laisse cuire peu de temps, pour qu'elles se conservent meilleures. On n'a pas à craindre qu'elles tombent en les faisant cuire ; elles ne peuvent tomber, le travail ne se faisant pas au four.

Après cela, on prend 250 grammes de sucre en grain, violet et jaune, et trois blancs d'œufs ; on bat les blancs en neige jusqu'à ce qu'ils soient bien fermes, et l'on y mêle ensuite les 250 grammes de sucre avec une prise de poudre d'iris. Cela fait, on prend un cornet dont l'extrémité ne soit pas plus grande que les feuilles du haut de la pensée, on verse de la pâte dans ce cornet, et l'on forme les deux feuilles du haut de la pensée et celles du bas. On couvre entièrement ces trois points avec du sucre violet, et l'on forme les points du milieu pour les couvrir avec du sucre jaune ; mais il faut bien se dépêcher, pour qu'une couleur n'ait pas le temps de fondre avant que l'autre ne soit mise, car alors il y aurait mélange des couleurs. Il faut faire en sorte que les feuilles de pensées aient la forme d'une noisette et que les deux du milieu soient moins hautes que celles des deux bouts. Dès qu'on aura terminé ces pensées, on les mettra à la bouche du four froid pour qu'elles sèchent un peu.

Myosotis ou pensez à moi.

On prend cinq blancs d'œufs et 500 grammes

de sucre en poudre, puis, sur un fourneau bien doux, on bat cette pâte juequ'à ce qu'elle soit assez ferme pour rester telle qu'on l'aura dressée. Ensuite, avec la seringue et sur des feuilles de papier, on dressera des myosotis.

On commence par le bouton du milieu que l'on pose à une distance convenable pour que l'on puisse dresser.ensuite les feuilles sans qu'elles se gênent. Cela fait, on les couvre avec du sucre jaune en grain et l'on fait promptement les feuilles tout autour, en leur donnant la forme d'une noisette. Aussitôt la feuille remplie, on sème dessus du sucre coloré en bleu pâle. On recommence alors une autre feuille et ainsi de suité, jusqu'à ce qu'on ait rempli de petit papier d'écolier une planche qui ordinairement doit contenir cinq demi-feuilles. Il faut que les planches soient mouillées et que les feuilles cuisent dans un four tout à fait doux. Elles sont cuites lorsqu'elles se détachent bien du papier et qu'elles ont de la consistance. On les réunit alors deux à deux et autant que possible de la même forme, afin que les feuilles d'un côté ne dépassent pas celles de l'autre.

———

D'après les indications qui précèdent, le pâtissier peut imiter les pêches, les pommes, les poires, les marrons d'Inde encore verts, etc. Il fera bien d'attacher quelquefois ces fruits après une petite branche de feuilles artificielles assorties à l'espèce de fruit qu'elle doit porter.

CINQUIÈME PARTIE

Produits annexes.

CHAPITRE PREMIER

Pain d'épices.

Le pain d'épices se fait avec de la farine de seigle, du sucre et le plus souvent avec du miel roux, parfois même avec de la mélasse. On pétrit le tout ensemble, on en fait une pâte ferme qu'on divise en morceaux auxquels on donne différentes formes, et qu'on cuit à un degré de chaleur un peu au-dessus de celui qui est nécessaire à la cuisson du pain ordinaire.

La fabrication du pain d'épices donne lieu à une industrie fort importante en France et à l'étranger ; certaines maisons en font même une spécialité et le fabriquent exclusivement. Parmi les pains d'épices fins, on distingue en France ceux de Paris, de Reims, de Dijon et de Nancy, qui jouissent d'une réputation européenne. Les meilleurs pains d'épices étrangers sont fabriqués principalement dans la Flandre belge, en Hollande, et en Allemagne, à Dantzig et à Königsberg. Indépendamment de ces produits hors ligne, on fabrique partout des pains d'épices inférieurs dont certains sont encore de bonne qualité, et dont d'autres sont vendus à bas prix dans les fêtes foraines. Dans ceux-ci, le sucre est absent, le miel douteux, et la mélasse, souvent

impure, donne seule un arôme désagréable à la
pâte. C'est ainsi que le pain d'épices a été peu
à peu rejeté des tables où sa place était toute
désignée au dessert ; il n'y figure plus qu'acci-
dentellement et on l'y sert alors revêtu de l'enveloppe du fabricant, qui fait preuve de son origine.
Nous espérons qu'il reprendra un jour la faveur
dont il jouissait autrefois et qu'il figurera de
nouveau à la fin de nos repas, à côté des gâteaux
secs, la plupart de nationalité étrangère, qui
sont loin de le valoir comme aliment hygiénique
et savoureux.

Pain d'épices de première qualité.

Pour faire des pains d'épices de première
qualité, on fait une pâte avec la même quantité
de substances, et en suivant la même méthode
que nous venons de décrire. La pâte étant faite,
et la solution de potasse et de miel y étant pétrie,
on verse sur la pâte 125 grammes d'anis de
Verdun, 60 grammes de coriandre, autant de
cannelle et 30 grammes de clous-de-girofle en
poudre impalpable, 500 grammes de citronnat,
et autant d'écorces d'oranges confites, coupées
en tranches minces. On pétrit exactement dans
la pâte, on coupe la totalité en morceaux du
poids de 875 grammes chacun. Etant cuits, ils ne
pèsent plus que 500 grammes. On étend chaque
morceau avec les mains sur la table pour lui
donner une forme carrée de deux ou trois doigts
de travers environ; on met tous ces carrés les
uns à côté des autres, sur une plaque de fer
frottée avec de l'huile d'amandes. Sur les quatre
bords de la plaque et contre les pains d'épices on

met quatre liteaux en bois de chêne, pour empêcher les pains d'épices de s'amincir sur les quatre
côtés. Cela fait, on trempe un pinceau dans du
lait et on en frotte la surface des pains d'épices ;
on met les plaques au four, et on fait cuire à une
chaleur modérée, jusqu'à ce qu'ils soient bien
montés et aient contracté une couleur brunâtre.
Pendant qu'ils sont au four, on pèle une partie
d'amandes douces, et on les fend en deux ; on
coupe du citronnat ou des écorces d'oranges en
tranches minces ; les pains d'épices sortis du
four, on les frotte avec une décoction de colle de
poisson et de bière ; et pendant que le vernis
est encore humide, on garnit la surface aux quatre
coins et au milieu de chaque pain d'épices,
avec des amandes et du citronnat ou de l'écorce
d'orange.

Pain d'épices de deuxième qualité.

En omettant de mettre dans cette pâte les
épices et les aromates, et ne garnissant pas la
surface avec des amandes et des citronnats, on
obtient des pains d'épices qui ne sont que de
seconde qualité.

Pain d'épices commun.

On fait bouillir 3 kilog. de miel pendant un
quart d'heure, et on le pétrit bouillant avec toute
la farine qu'il peut prendre ; on arrose la pâte
avec une dissolution de 185 grammes de potasse
dans 45 centilitres de lait, et l'on y ajoute de
l'anis. Quand la pâte est bien pétrie, on l'étend
avec un rouleau sur une table enduite de farine,

et on la coupe en carrés, en losanges ou bien en toutes sortes de formes ou de figures, au moyen d'un coupe-pâte ; après quoi on les place sur des plaques huilées, on les met au four et on les frotte avec du lait.

Dans la fabrication du pain d'épices, il est essentiel de bien pétrir la pâte, afin qu'elle absorbe le plus de farine possible et que la dissolution de potasse soit bien étendue, car, sans cette précaution, la pâte monterait plus d'un côté que de l'autre. Quand ils sont cuits, on choisit la couleur qu'on veut donner à leur surface ; on les enduit tout chauds avec une solution de colle de poisson dans la bière quand on veut qu'elle soit brune : si l'on veut que cette couleur soit moins foncée, on emploie du lait. On ne doit pas oublier que pour les garnir d'amandes, de citronnat, etc., ce vernis doit être encore humide, sans quoi il n'y adhérerait point.

Pain d'épices au sirop de raisin.

Parmentier a fait fabriquer du pain d'épices avec le sirop de raisin, au lieu de miel ; il était plus fin, plus délicat et plus facile à mâcher que le pain d'épices ordinaires.

Pain d'épices fin de Lorraine.

Pour préparer cette sorte de pain d'épices, on prend :

Farine de première qualité......   3 kilog.
Sucre en poudre fine..........   2   —
Citron râpé ....   60 gram.

Citron vert, confit et coupé en très-
   petits morceaux.............. 60 gram.
Girofle ......,................,... 15   —
Coriandre................... 15   —
Cannelle 15   —
Noix   muscades.............. 15   —
Amandes douces pralinées 1 kil.500

On place le tout dans une terrine et l'on fait
bouillir ensuite deux litres de miel de bonne
qualité auquel on ajoute une cuillerée d'eau-de-
vie de bon goût. Dès que le miel entre en ébullition, on le verse dans la terrine et l'on remue le
tout avec une spatule jusqu'à mélange parfait ;
ce travail demande environ une heure. On obtient
ainsi une pâte que l'on pose sur une table et que
l'on divise en morceaux, auxquels on donne les
formes que l'on désire. On place ces morceaux
sur des feuilles de papier saupoudrées de farine
et on les met dans un four chauffé à une chaleur
douce.

Quand ils sont refroidis, on les retire et on les
glace ; pour cela, on commence par les brosser,
puis on trempe un pinceau dans du sucre
fondu encore tiède et on les frotte avec ce
pinceau jusqu'à ce que le sucre se sèche et
blanchisse.

Pour préparer ce sucre à glacer, on le met
dans une casserole avec un blanc d'œuf battu
avec un peu d'eau. On fait bouillir à plusieurs
reprises, et lorsqu'il monte près des bords de la
casserole, on le fait descendre en y jetant quelques gouttes d'eau froide ; on le laisse bouillir
jusqu'à ce qu'en y trempant une écumoire et
soufflant à travers, après l'avoir secouée, il se

forme, au côté opposé du souffle, de petites bulles qui ne se déforment point.

Noisettes en pain d'épices.

Pour cette préparation, on ajoute un peu plus d'anis à la pâte, on la roule avec les mains en forme d'une saucisse de la grosseur du doigt, que l'on coupe en petits morceaux carrés qu'on distribue sur une plaque de fer-blanc huilée. Après qu'ils ont été séchés pendant quelques jours dans un lieu chaud, on les met au four.

On fabrique ainsi des pains d'épices qui représentent des hommes, des femmes, des oiseaux, etc., suivant la forme qu'on donne aux moules.

Pain d'épices de Hollande et de Flandre (demi-fin),

On fait écumer 6 kilog. de miel ordinaire. D'autre part, on tamise de la farine dans un pétrin, on fait un creux au milieu, on y verse le miel bouillant, et on pétrit jusqu'à ce que le miel ne prenne plus de farine et forme une pâte ferme, qu'on étend dans toute la longueur du pétrin et qu'on laisse refroidir pendant un quart d'heure.

En même temps, on fait dissoudre dans un double-décilitre de lait 92 grammes de bonne potasse blanche. On laisse reposer pendant la nuit. Le lendemain on frotte la surface de la pâte avec toute l'infusion de la potasse et on pétrit fortement. On prend ensuite des formes en bois de poirier, dans lesquelles sont gravés assez profondément des octogones de différentes grandeurs pour contenir depuis 250 jusqu'à 375 grammes de pâte. Pour les pains d'épices de

500 grammes, on prend 875 grammes de pâte ; pour ceux de 250 grammes, 430 grammes, etc ; on pétrit chaque morceau séparément sur une table, qu'on saupoudre de farine pour qu'elle ne s'attache pas, et on le met dans la forme en l'y comprimant avec les mains, après quoi on renverse ces formes pour en faire sortir la pâte. On range les pains d'épices sur des plaques de fer-blanc enduites d'huile d'olive ; on les brosse à leur surface pour enlever la farine et on les met dans un four dont la chaleur tienne un juste milieu, sans être ni trop haute ni trop basse. Pendant qu'ils cuisent, on fait fondre de la colle de poisson dans de la bière rouge, et, quand ils sont retirés du four, on en frotte la surface avec un pinceau. On prend ensuite des amandes partagées en deux, du citronnat et des écorces d'oranges confites au sucre ; on les coupe en losanges et l'on en orne la surface de ces pains d'épices encore humides et chauds, principalement les tranches, etc.

Pain d'épices de Rotterdam, en tablettes.

A Rotterdam, et dans quelques autres pays de la Hollande, on étend cette dernière pâte sans épices, au moyen d'un rouleau, jusqu'à ce qu'elle soit mince omme un dos de couteau ; on la coupe par petites tablettes de la grandeur d'une carte à jouer ; on les range sur une platine de fér frottée avec de l'huile d'olive, et on fait cuire à une chaleur modérée ; en sortant du four, on les enduit de sucre cuit avec de l'eau de fleurs d'oranger à la consistance de sirop.

Pain d'épices anglais.

Ce produit spécial à l'Angleterre, connu sous le nom de *ginger bread* (pain de genièvre) se rapproche du pain d'épices confectionné sur le continent, bien qu'en en différant comme préparation et comme goût ; c'est ce qui nous a engagé à en parler ici.

On commence par faire dissoudre 15 grammes de potasse et un peu d'alun dans l'eau chaude, on y ajoute 30 grammes de beurre et l'on pétrit avec 500 grammes de bonne recoupe, 375 grammes de mélasse et 30 grammes d'épices mélangées ; la pâte qu'on en forme ne fermente qu'au bout de quelques jours ; conservée pendant des semaines entières, elle ne fait que s'améliorer.

Autre pain d'épices anglais.

Le climat froid, brumeux et humide de l'Angleterre engage ses habitants à consommer une grande quantité d'épices et de substances stimulantes, qui ne sont pas en usage dans les pays plus secs et plus tempérés. C'est pourquoi dans la préparation de leurs pains d'épices, ils rejettent le miel, qui en fait un aliment hygiénique et sain, et le remplacent par le gingembre, la muscade, la cannelle et les quatre épices *(all spices)* ; ils mettent du poivre de Cayenne dans les qualités supérieures, et du poivre commun dans les dernières. L'anis, le carvi, les amandes, les confitures et les raisins de Corinthe sont des additions fréquentes. L'alun et la potasse sont encore employés ; mais ces matières ne peuvent que nuire à la santé des enfants ; on pourrait les remplacer avec avantage par le sous-carbonate de magnésie.

CHAPITRE II

GAUFRES, OUBLIES ET PLAISIRS.

Gaufres à la bonne femme.

On mélange intimement à 375 grammes de farine tamisée autant de sucre en poudre, un peu de fleur d'oranger, et de la râpure de citron ; on y joint 375 grammes de beurre frais que l'on aura fait fondre à l'avance, et l'on éclaircit ce mélange avec de l'eau ou du lait, de manière que la pâte soit assez liquide pour être mise dans le moule. On met chauffer le gaufrier et on le graisse avec du beurre. Lorsque la pâte sera légèrement fermentée, on en met une cuillerée dans le moule et l'on fait cuire à feu vif, en ayant le soin d'ouvrir de temps en temps le moule, afin de voir si la gaufre ne brûle pas ; lorsqu'elle sera d'une belle couleur dorée, on la met sur une assiette et on la saupoudre de sucre.

Gaufres à la crème ou au beurre.

Suivant la quantité de gaufres que l'on veut faire, on délaie autant de farine que de sucre fin avec un peu d'eau de fleurs d'oranger et de la crème bien douce, que l'on délaie petit à petit, pour qu'il ne se forme point de grumeaux, ou bien du beurre bien frais et trois œufs ; il faut que cette pâte ne soit ni trop claire, ni trop épaisse, et qu'elle file en la versant avec la cuillère. On fait chauffer le gaufrier sur un fourneau et on le frotte des deux côtés avec de la bougie blanche ou du beurre frais pour le graisser ; on y met ensuite une bonne cuillerée de la pâte et l'on ferme le gaufrier pour le mettre sur le feu ; après l'avoir fait cuire d'un côté, on le retourne de l'autre ; lorsqu'on juge que la gaufre est cuite, on ouvre le gaufrier pour voir si elle est d'une belle couleur dorée et cuite également. On l'enlève tout de suite pour la poser sur un rouleau fait au chevalet : on appuie la main dessus pour lui faire prendre la forme du rouleau, et on la laisse sur le chevalet jusqu'à ce qu'on, ait fait une autre gaufre de la même manière. Pendant qu'elle cuit, on ôte celle qui est sur le chevalet pour la mettre sur un tamis, puis on place sur le rouleau celle que l'on retire du gaufrier. Quand on aura ainsi confectionné toutes les gaufres que l'on veut faire, on portera à l'étuve le tamis où sont les gaufres, pour les tenir au sec jusqu'à ce qu'on les serve.

Pendant que l'on fait ces gaufres, si l'on apercevait qu'elles tiennent après le gaufrier, il faudrait le frotter légèrement avec du beurre ou de la cire blanche.

GAUFRES VARIÉES.

Après avoir décrit la manière ordinaire de confectionner les gaufres, nous allons nous occuper des variétés, qui sont nombreuses, car il y en a autant que d'aromes différents et, de substances féculentes employées à leur préparation. Ainsi, on fait des gaufres à la vanille, à la fleur d'oranger, au thé, au citron, au cédrat, à la bigarade, au punch, etc ; on en prépare aussi avec des amandes douces et amères, des pistaches, des avelines, du chocolat, de la fécule de pommes de terre, de la farine de gruau, des noix de pin et même des noix nouvelles.

Quant aux premiers parfums, comme ils dépendent du choix du consommateur, et qu'il est toujours temps de les mettre, il est prudent de préparer de la pâte simple non aromatisée, et ensuite, au moment d'achever la gaufre, on ajoute le parfum choisi. D'ailleurs, il est bon de varier et d'en faire, par exemple, six douzaines à la vanille, six autres douzaines à l'orange, etc.

Pour les gaufres aux amandes, on emploie 250 grammes d'amandes par 125 grammes de sucre pulvérisé, une demi-cuillerée de farine et deux œufs entiers, quoique beaucoup de pâtissiers prétendent que les jaunes ne doivent pas être employés. On y ajoute le zeste d'un citron ou d'une orange, avec deux grains de sel. Tantôt on pile ces amandes, tantôt on les coupe en filets.

En masquant de 60 grammes de pistaches hachées les gaufres ordinaires, on obtient des *gaufres aux pistaches.*

En remplaçant ces pistaches par la même quantité de raisin de Corinthe bien lavé, on a des gaufres au *raisin de Corinthe.*

On obtient des gaufres aux avelines en remplaçant les amandes par une égale quantité d'avelines.

On obtient des *gaufres grêlées* en les semant de gros sucre et en les mettant ensuite un moment au four ; des *gaufres colorées*, en les dorant de blanc d'œuf, en les saupoudrant de non-pareille de couleur, ou de sucre rose, bleu, rouge ou couleur de safran.

On peut encore masquer les gaufres avec une légère poudre de macarons pilés, ou de petites noisettes coupées en filets très minces. De l'écorce de citron ou d'orange confite et hachée, masque encore très agréablement des gaufres **aux** amandes.

D'après ces données, le pâtissier pourrait certainement préparer sans peine des gaufres de toute espèce, cependant nous allons encore lui indiquer plusieurs recettes particulières.

Gaufres de Flandre.

On place dans une terrine 250 grammes de farine tamisée, ensuite on délaie 30 grammes de levure dans un demi-verre de lait tiède ; on passe cette levure dans une serviette, et l'on verse ce liquide dans la farine avec assez de lait tiède pour faire de ce mélange une petite pâte mollette et collante, sans cependant qu'elle soit trop déliée. On porte cette pâte dans l'étuve ou sur le four, afin qu'elle fasse l'effet d'un levain ordinaire. On y joint ensuite deux œufs et quatre jaunes, le zeste d'une orange râpé sur un morceau de sucre, puis une pincée de sel fin ; on remue ce mélange et l'on y ajoute 250 grammes de beurre que l'on fait amollir seulement. Lorsqu'il est bien incorporé dans toutes les parties de l'appareil, on fouette les quatre blancs d'œufs bien ferme et on les mêle légèrement dans la pâte avec deux grandes cuillerées de crème fouettée. On recommence alors à faire lever la pâte dans un lieu de chaleur modérée. Quand elle a doublé de volume, on fait chauffer le gaufrier sur un feu vif, mais plus ardent pour les côtés que pour le milieu. Lorsque le fer commence à jeter une petite fumée, ce qui annonce qu'il est chaud, on passe dedans un peu de beurre clarifié, puis on emplit d'appareil un côté du gaufrier, et lorsque la pâte a fait son effet de ce côté, on retourne légèrement le gaufrier, afin que la gaufre puisse prendre l'empreinte du moule. Les gaufres étant cuites et de belle couleur, on garnit de nouveau le gaufrier, et à mesure qu'on en retire les gaufres, on les saupoudre de sucre fin au citron.

Gaufres ardennaises au gruau d'avoine.

On emploie fréquemment dans l'Ardenne fraçaise comme dans l'Ardenne belge, en place de farine de froment, le gruau d'avoine pour confectionner des gaufres, dont la pâte se fait avec du lait écrémé ; dans les départements français limitrophes de la frontière, on ne se sert que de bon lait pur, tandis qu'en Belgique, on emploie du lait écrémé, ce qui retire de la qualité au produit.

Gaufres aux noix de pins.

On confectionne ces gaufres comme pour les précédentes, et on les parfume avec un petit verre de kirschwasser ; mais au lieu de piler les noix, ce qui leur ferait perdre une partie de leur goût, on les hache, on les mêle bien intimement dans la pâte et on les fait cuire dans un gaufrier qui a des cavités assez profondes pour recevoir les morceaux de noix. Il faut avoir soin de ne pas faire beaucoup de miettes, et, pour cela, de passer souvent les noix par un crible fin.

On fait aussi des gaufres aux noix vertes et à la fécule de pommes de terre.

Gaufres à la religieuse.

On prend 250 grammes de farine, 310 grammes de sucre, dix jaunes d'œufs, un décilitre d'eau-de-vie de Cognac, et on délaie le tout avec un double-décilitre de crème. Si la pâte n'est pas à son degré, on y ajoute de l'eau. Le fer doit être ovale et plus petit de moitié que les fers carrés.

Gaufres garnies.

On prépare des gaufres ordinaires sans les embellir d'un masqué élégant, on les coupe de 90 millimètres de circonférence, très rondes, de telle sorte qu'étant superposées elles forment une petite colonne de 30 millimètres de diamètre. Alors, on les garnit, soit d'une crème fouettée à la vanille, soit d'une gelée fouettée au citron, et, pour cacher cette garniture, on place, aux deux bouts de la gaufre, ou plusieurs fraises, ou la moitié d'une petite meringue de couleur, ou des pistaches hachées, ou bien encore des macarons pilés.

Gaufres au café, au punch, etc.

Pour les premières, on emploie une infusion de café dans le demi-litre de lait destiné à délayer la pâte.

L'écorce râpée de trois oranges et de trois citrons, délayée dans un carafon d'excellent rhum avec 500 grammes de sucre, et une certaine quantité de sirop de punch, servent à préparer les secondes.

Oublies et plaisirs.

On passe au tamis quatre litres de farine, que l'on verse dans une terrine et auxquels on ajoute 750 grammes de mélasse et 185 grammes d'huile d'olive. On mêle bien le tout, puis on délaie avec de l'eau la pâte obtenue, en tournant continuellement jusqu'à ce qu'elle soit bien unie et coulante. Dans le cas où elle manquerait de consistance, on pourrait la rétablir en y ajoutant trois ou quatre jaunes d'œufs et en remuant de nouveau pour les bien incorporer.

Quand on veut s'en servir, on fait chauffer des deux côtés le moule ou *fer à oublies*, on le beurre intérieurement, on y verse la pâte et on la fait cuire à un feu très vif, afin de la rendre croquante. Dès qu'elle est d'une belle couleur, on la roule en cornets sur le fer chaud, au moyen d'un morceau de bois bien uni ayant la forme conique d'un pain de sucre.

Lorsque les oublies sont refroidies, on les place les unes dans les autres et on les vend ainsi.

Les *plaisirs* se font de la même manière que les gaufres ordinaires. Seulement, le fer qui sert à leur cuisson, doit être droit et sans cannelure. Lorsqu'ils sont cuits, on les retire du fer et on les roule en cornet sur des morceaux de bois qui ont cette forme. On parfume la pâte avec de l'eau de fleur d'oranger.

On peut, commé pour les gaufres, varier les plaisirs en changeant le parfum, ou bien en ajoutant des amandes ou des avelines.

SIXIÈME PARTIE

Pâtisserie décorative.

CHAPITRE PREMIER.

SOCLES ET HATELETS POUR ENTRÉES FROIDES.

OBSERVATIONS GÉNÉRALES.

Le pâtissier doit, en toute circonstance, tendre à satisfaire la vue comme le goût dans toutes ses préparations, et les plus simples doivent toujours offrir un aspect agréable. Cependant il en est qui s'adressent spécialement aux yeux ; c'est ce que nous appellerons la pâtisserie décorative. Nous la traiterons à part, quoiqu'elle tienne par tous les points aux produits déjà décrits, afin de prévenir toute confusion, et pour donner à cette importante partie toute l'attention qu'elle mérite.

Elle sera divisée en trois chapitres. Le premier traitera *des socles et des hâtelets pour entrées froides* ; le second, *des socles et des ornements d'entremets montés* ; le troisième, *des ornements et des grosses pièces de sucre filé.*

Avant d'aller plus loin, nous devons avertir le lecteur qu'un maître pâtissier, jaloux de son art, doit de toute nécessité posséder la connaissance du dessin décoratif ; par cette connaissance, il est en état de réussir dans la fabrication de la partie pittoresque de son industrie, mais, de plus, elle lui donne du goût, elle lui apprend à apprécier l'élégance, la pureté et l'originalité des pièces montées, à les reproduire, à les imiter et à les varier à l'infini ; en un mot, elle en fait un artiste.

Sans doute, dans la pâtisserie, comme dans toutes les industries, il existe une mode régnante, c'est-à-dire certaines formes qui, dans un moment donné, semblent plaire davantage au public par des raisons qui échappent à tout examen ; mais il n'en est pas moins certain qu'un pâtissier, habile décorateur, pourra seul donner aux objets en vogue les formes les plus élégantes et les plus recherchées, et, par des conceptions heureuses, parvenir à modifier le goût public, imaginer de nouveaux dessins, faire adopter des produits plus agréables aux yeux et plus conformes aux règles du goût.

Assurément le pâtissier pourrait très bien faire exécuter ses modèles par un dessinateur ou par un peintre habile ; mais encore faut-il qu'il puisse juger, en connaissance de cause, du dessin qu'on lui présente, et d'ailleurs, dans les mains de celui qui est artiste lui-même, l'exécution sera toujours bien plus parfaite et les pièces plus pittoresques, véritable but de cette partie de l'art.

Socles d'entrées.

Dans les repas somptueux, sur les buffets destinés aux rafraîchissements des grands bals, on fait porter, par des socles appropriés, les hures, les cochons de lait, les galantines de dindons, de poulardes, de faisans, etc.; les pains de volaille et de gibier, les aspics divers, les grosses .darnes de saumons, et généralement toutes les belles et fortes entrées froides ou de *chaud-froid*. Ces socles, qui au premier coup d'œil semblent être entièrement du ressort des cuisiniers, concernent cependant le pâtissier, à raison des décors ; car c'est au pastillage, à la pâte d'office et autres pâtes analogues que l'on demande les décorations les plus usuelles.

Ces socles, dont les figures peuvent varier à l'infini, doivent être assortis à la nature des objets qu'ils sont destinés à soutenir. Ainsi, pour porter un aspic de filets d'anguilles, un gâteau de perdrix, on n'emploie pas un socle d'une dimension pareille à celui qui doit porter une hure de sanglier. Cette règle cependant souffre des exceptions, parce qu'on répète trois à quatre fois ces préparations sur un grand socle ; mais cela produit un moins bon effet qu'une pièce naturellement forte. Quelle que soit d'ailleurs la dimension de cette pièce, le diamètre des plus grands socles ne doit pas dépasser 40 à 50 centimètres ; car autrement, loin de faire valoir l'objet qu'ils portent, ils l'écraseraient.

Le dessin du socle ayant été choisi, il faut le présenter à un menuisier habile ou à un modeleur, qui en exécutera les profils et les calibres ; bien entendu que ce qui doit être en saillie sur ce socle est en creux sur le calibre, et réciproquement.

Le hêtre et le marronnier sont les bois qui conviennent le mieux à ce travail. On pose ces profils à chaque bout latéral de la masse du saindoux, puis on les traîne dessus pour le travailler.

MATIÈRES EMPLOYÉES POUR LES SOCLES.

Ces socles se font en saindoux travaillé fondu, en saindoux non fondu, en beurre, en beurre de Montpellier et en beurre d'écrevisses.

Saindoux travaillé fondu.

On hâche bien fin 5· kilogrammes de graisse de rognons de mouton après les avoir épluchés de leurs peaux ; et on les met cuire en les arrosant d'un verre d'eau sur un feu modéré. Après ébullition, on les fait mijoter trois à quatre heures sur la cendre rouge, puis on les remet au feu modéré, en remuant de temps à autre. Quand la graise entièrement fondue a cessé de pétiller, on l'ôte du feu, et on la passe à travers un linge avec expression. D'autre part, on a préalablement fait fondre 5 kilog. de saindoux, et on l'a passé de la même manière. Ce saindoux doit être mêlé alors à la graisse de mouton, dans une grande terrine, entourée de glace pilée pendant l'été. C'est là ce qui constitue le *saindoux à socle*, que l'on remue avec un fouet à biscuit, en y ajoutant le jus de deux citrons, pour le blanchir, ou quelques gouttes d'acide tartrique. On doit avoir soin d'appuyer également sur les parois de la terrine, afin que toute la masse, raffermie également, ne présente nulle part de parcelles dures qui rendraient le socle bien difficile à travailler. Lorsque le saindoux est assez ferme pour ne pouvoir plus être agité avec le fouet, on le remue à la cuillère de bois, et, dès qu'il a la consistance du beurre ferme, on pare deux pains tout en mie, afin de faire avec l'un le pied du socle et avec l'autre la coupe. On fixe celle-ci à son pied par le moyen de chevilles de bois qui traversent l'épaisseur de l'une et de l'autre. Cette mie doit être parée d'après le dessin choisi ; elle servira à dresser le socle, comme nous l'expliquerons bientôt.

Saindoux travaillé non fondu.

On prépare les 5 kilog. de graisse de mouton, ainsi que nous venons de le dire, on les passe, et on y mêle par petites parties 4 kilog. de saindoux non liquide, tel qu'on le vend refroidi chez les charcutiers. On agite le tout avec un fouet pendant un quart-d'heure, puis on laisse refroidir sans remuer. Aussitôt que le mélange est froid, on le change de vase, en ratissant légèrement la surface avec une cuillère. Quand le quart du saindoux a été ainsi enlevé, on le travaille avec la cuillère de bois pour lui donner du corps, et l'on agit de même jusqu'à ce qu'on en ait ôté un second quart, puis les deux derniers quarts. La masse ainsi travaillée, on mêle le socle qui n'est jamais aussi blanc que le premier, mais qui s'exécute bien plus promptement ; lorsqu'on veut colorer les socles en couleurs tendres, il n'y a pas à hésiter. Du reste, quand on est forcé d'employer des graisses désavantageuses, ou que l'on veut utiliser des dégraissés de bœuf et autres, ce procédé est fort utile.

Socles en beurre,

Ces socles s'exécutent tout entiers en moins d'un quart-d'heure. On commence par manier

le beurre également, puis, on l'abaisse à 25 millimètres d'épaisseur en long. D'autre part, avec un
pain de mie paré droit, on forme la base du socle ;
ensuite on détaille l'abaisse de beurre à la mesure
convenable et on l'applique sur le pain que l'on
entoure entièrement. On pose ensuite les profils,
et l'on fait les moulures avec la plus grande
facilité.

Beurre de Montpellier.

On lave bien à l'eau fraîche une forte poignée
de cerfeuil, une vingtaine de branches d'estragon
et le même volume de pimprenelle, puis une
pincée de ciboulettes. Ces plantes, que nous
nommerons *ravigote*, étant égouttées, on les fait
blanchir dans l'eau bouillante avec du sel, afin
de les conserver bien vertes, on les met ensuite
dans un grand poêlon d'office et, après cinq ou
six minutes d'ébullition, on ôte la ravigote avec
l'écumoire, et on la met refroidir dans de l'eau
fraîche. Dans l'eau qu'elle a blanchie, on fait
durcir huit œufs, puis on presse fortement la
ravigote, afin d'en extraire le liquide ; on la pile
parfaitement ; enfin, on y joint une vingtaine de
beaux anchois épluchés et bien lavés, deux
cuillerées à bouche de câpres fines, six cornichons,
les jaunes d'œufs durs et une petite gousse d'ail.
On pile ce mélange pendant dix bonnes minutes,
et l'on y mêle 250 grammes de beurre fin, une
pincée de gros poivre, du sel fin et un peu de
muscade râpée, le tout bien broyé. On y amalgame un verre plein de bonne huile d'Aix et le
quart du même verre de vinaigre à l'estragon.
Ce mélange doit donner un beurre velouté,

moelleux et d'un goût exquis. Mais pour le rendre plus agréable encore, on y ajoute un peu d'essence de vert d'épinards, afin de le colorer d'un beau vert pistache. On doit avoir la précaution d'y mêler ce vert en petite quantité à la fois, afin que le beurre soit d'un vert pâle. On goûte si l'assaisonnement se trouve de haut goût ; alors on le passe par l'étamine fine, ou par un tamis de crin ordinaire, en le foulant avec la cuillère de bois ; après cela, on le met dans une petite terrine sur la glace pour le raffermir, et l'on s'en sert de suite ou peu de temps après l'avoir confectionné.

Beurre d'écrevisses.

On réunit les coquilles et les pattes de cent vingt écrevisses, et on les fait sécher dans le four. On les pile bien, car la beauté du beurre dépend de ce soin, puis on mélange cette poudre avec 500 grammes de beurre, et après avoir bien amalgamé le beurre avec la poudre, on termine comme pour le beurre précédent.

On fait du *beurre de Montpellier aux écrevisses,* en mêlant par égales parties le premier et le second de ces beurres préparés. Il ne faut pas oublier de le colorer avec un peu de rose en tasse.

MOULAGE DES SOCLES.

Revenons à la mie de pain représentant le pied du socle, et qui doit former sa base. Elle sera de forme ovale ou ronde, selon le plat à servir ; sa hauteur sera de 16 à 25 centimètres environ.

On commence par étaler sur un large plafond deux cuillerées de saindoux ou de matière graisseuse, pour recevoir la base de mie de pain ; puis on la masque entièrement avec tout le saindoux préparé, l'appliquant le plus également possible sur cette mie, et l'appuyant avec les doigts. Alors, en tenant le profil bien droit, on l'applique légèrement sur les deux extrémités latérales de la masse, afin de tracer petit à petit les moulures. On a soin en même temps de séparer le profil du saindoux, afin de manier facilement celui-ci, et d'agir avec beaucoup de délicatesse, pour ne laisser aucune trace de l'endroit d'où on l'enlève.

Le *profilage* fini, on égalise le dessus du socle, en coupant le bord d'égale hauteur, et on le creuse un peu au centre pour asseoir solidement l'entrée.

Ainsi profilé, le socle uni n'a encore reçu aucune décoration ; nous allons nous en occuper.

DÉCORATION DES SOCLES.

Décorations en fleurs naturelles.

Ces décorations se font en fleurs naturelles ou en feuilles toujours vertes, comme le persil, la pimprenelle, le buis, le sapin, et les autres arbres et plantes à feuilles persistantes. Pendant la belle saison, ce genre de décoration doit être préféré pourvu qu'il ne soit exécuté qu'au moment du service même, ce qui est souvent une occasion d'embarras. On dispose ces fleurs soit en ligne droite, soit en guirlande croisée. On doit choisir les plus petites et les plus brillantes, telles que les roses pompon, les fleurs de bourrache, les reines-marguerites, les capucines, les pensées, les géraniums rouges divisés par fleurettes et autres fleurs semblables. . Les feuillages se disposent d'après les mêmes dessins : les fleurs se font alors avec des immortelles jaunes, des amaranthes, ou des perles de beurre coloré.

Décoration en saindoux ou en beurre coloré.

Quand on ne peut se procurer de la pâte d'office ou du pastillage, ces beurres et saindoux colorés sont une importante ressource. Après leur avoir donné des couleurs tendres, on les met raffermir sur la glace ; puis, d'après les besoins des dessins, on forme les fleurs nécessaires, à l'aide d'un ébauchoir plat d'un bout et rond de l'autre. Quand le socle est coloré, il va sans dire que les fleurs doivent être de couleurs différentes, mais assorties convenablement.

On mélange aussi ces fleurs graisseuses avec des dessins de pastillages et avec de la pâte d'office. Avant d'en indiquer les dispositions, nous entrerons dans quelques détails relatifs à la préparation des pastillages.

Pastillages de tous genres.

Suivant la quantité de sucre que l'on veut employer, on fait fondre dans de l'eau tiède de la gomme adragante, à raison de 30 grammes par 500 grammes de sucre ; lorsque cette gomme est fondue, on la passe dans un torchon neuf, en le tordant bien pour que toute la gomme passe au travers, et l'on y ajoute ensuite quantité suffisante de sucre royal tamisé, mêlé de 125 grammes d'amidon, enfin, on les pile ensemble dans un mortier jusqu'à ce qu'on ait obtenu une pâte maniable. Pour se rendre compte si cette pâte est à point, on la tire d'une main à l'autre : tant qu'elle file, on y ajoute du sucre fin mêlé d'un quart d'amidon, jusqu'à ce qu'elle se casse net en la tirant des deux mains ; ensuite, on dépose cette composition dans des moules frottés légèrement de bonne huile. Ces moules sont ordinairement des planches sur lesquelles on a gravé différents dessins.

On se procurera ainsi des pastillages blancs et sucrés ; si l'on désire des nuances ou des arômes particuliers, on emploiera la couleur qui conviendra, avant d'avoir mélangé le sucre royal à la gomme. Pour les odeurs, on emploiera des sucres parfumés, ou bien on mettra des râpures de zestes en même temps que les couleurs.

Décoration de pastillage et de pâte d'office.

On détrempe de la pâte d'office à 500 grammes de sucre et l'on égalise parfaitement l'abaisse que l'on applique sur un moule représentant une rose, en prenant garde que l'air ne s'introduise entre la pâte et le moule. On découpe avec le couteau les folioles et les boutons, puis on masque de non-pareille rose, d'amandes ou de gros sucre de cette couleur, les contours de la même fleur. On sème une ligne verte autour des tiges et des boutons, puis on soulève cette rose avec la lame d'un couteau. Cet exemple servira pour indiquer comment on doit exécuter des dessins en pâte d'office.

Maintenant, si l'on veut décorer un socle de

saindoux blanc avec cette pâte de deux couleurs, comme le vert et le violet, le bleu de ciel et l'orange, avec mélange de pastillage, on commencera par garnir le pied et le bord de la coupe de marguerites avec de la pâte d'office ; la guirlande de feuilles de lilas se fait en pastillage vert. Quant à la grande guirlande en feston, on commence par marquer les points où elle doit être suspendue, et on fiche à chaque point une petite cheville au bout de laquelle on place un bouton de pâte d'office. Cela donne cinq divisions de chaque côté du socle, après lesquelles on attache la guirlande de pâte d'office, partagée en autant de morceaux qu'il y a de divisions. Cette grande guirlande se pose un peu au-dessus de la vignette de lilas.

On traite de la même façon le pastillage, et l'on décore les socles de pastillages de toutes couleurs assorties avec goût et élégance.

Les plus riches décorations se font en plaçant en regard deux sphinx, deux lions, deux aigles, deux cornes d'abondance, deux chimères, etc.

On peut encore garnir le haut des socles de croûtons couverts de gelée blanche, sur laquelle on pose un peu de gelée colorée coupée en petits dés. On emploie encore des croûtons colorés découpés en dents de loup, en trèfles, en feuillages de toutes sortes, etc. Ces croûtons, alternés avec goût, forment d'agréables vignettes.

HATELETS DE SOCLES D'ENTRÉES.

Ces hâtelets de décorations sont formés d'une branche de fer pointue par un bout, et portent à l'autre un ornement quelconque, soit un trident, une tête d'oiseau ou de poisson, un croissant, une flèche, un thyrse, un caducée, une médaille, une lyre, etc. Ces ornements sont en cuivre doré, en argent, en acier, selon le goût. On en met huit pour l'ordinaire, en manière de couronne autour d'un buisson d'écrevisses ou de truffes, tandis que cinq suffisent pour décorer une galantine, etc. Quelquefois le hâtelet du centre est plus élevé que les quatre autres, et reçoit un seul décor comestible ; mais, le plus souvent, les hâtelets sont pareils, et avant de les ficher sur la partie supérieure de l'entrée, on y enfile soit deux truffes après une belle crête de coq, soit une écrevisse, une crête, une truffe, ou bien l'on met alternativement une truffe, une crête, répétées deux fois. Souvent encore le hâtelet est pourvu d'un écusson mobile, et l'on met une truffe à ses deux extrémités, en ayant soin d'enfiler l'écusson après la première truffe, et la seconde après l'écusson.

Le pâtissier doit assortir avec goût et convenance les hâtelets à la nature des entrées, et à la qualité des convives. Une hure de sanglier sera ornée par lui des emblêmes de la chasse ; dans un repas de commerçants, il y aura des caducées, et des trophées dans un dîner militaire.

Surtout, il doit éviter d'employer, par routine ou par paresse, des rondelles de betteraves, des blancs d'œufs teints, des pelures colorées de pommes, d'aubergines, d'écorces d'oranges et de citrons découpés de diverses manières, pour servir de décorations. Tout cela est mesquin, ridicule, et peut nuire pour toujours à un pâtissier tenant à acquérir et à conserver une bonne réputation. Toutefois, comme ce genre de décoration n'est pas onéreux, il peut convenir aux pratiques peu difficiles ; mais il ne convient qu'à celles-ci.

CHAPITRE II

SOCLES ET ORNEMENTS D'ENTREMETS MONTÉS.

Socles à trois gradins.

Quoique bien plus compliqués en apparence que les socles précédents, ceux-ci sont beaucoup plus faciles à monter, parce que toutes les parties d'ornements en sont faites à l'avance, et qu'on n'a qu'à les disposer. Les montants sont en pâte d'office, et les trois garnitures sont composées de différents gâteaux et autres productions variés de petit-four. La forme la plus généralement adoptée est celle à trois gradins plus ou moins élevés, plus ou moins élargis. La partie supérieure reçoit immédiatement la pièce.

Gradins de pâte d'office.

Ces gradins se font pour l'ordinaire en pâte d'office masquée de sucre blanc ou coloré. A cet effet, on prépare avec cette pâte quatre montants ou abaisses de grandeur appropriée aux dimensions des pièces montées.

La première a généralement 20 centimètres de diamètre ; la deuxième 16 centimètres, la troisième 12 centimètres, et la quatrième 8 centimètres. On confectionne ensuite neuf montants en forme de C un peu courbé, ayant 8 centimètres de hauteur. Le tout cuit et bien coloré est masqué d'amandes roses ou vertes. Après cela, sur le bord de la grande abaisse, on colle une bordure de petits anneaux ; sur la seconde, une bordure de dentelures, et sur la troisième, une bordure de croissants. Les montants étant masqués d'amandes ou de sucre coloré, on en colle trois sur la grande abaisse, à la distance de 5 centimètres environ. On pose dessus la seconde abaisse, afin de s'assurer si elle est bien d'aplomb, après quoi, on enduit les montants de caramel bien chaud, et l'on replace l'abaisse, en examinant si elle est bien au milieu de la première. On colle de même trois montants sur la deuxième abaisse, puis on colle dessus la troisième, sur laquelle on place enfin les trois derniers montants pour supporter la petite abaisse.

Gradins de fer-blanc.

Mais il est fort rare que les convives songent à dépecer cette charpente, après l'avoir dégarnie ; il faut beaucoup de temps et de peine, ainsi qu'une grande quantité de beurre et de sucre pour la confectionner. Souvent, à raison de cela, le haut prix des pièces montées porte à y renoncer, ou bien à les commander basses et mesquines. D'après ces considérations, on ne peut qu'applaudir à l'excellente idée de Carême, de remplacer cette charpente de pâte par des gradins en léger fer-blanc. « Chaque fois, » dit ce véritable artiste « que ces socles doivent servir, on les masque de sucre blanc et rose, ou vert et blanc, tandis que les fonds remplaçant la pâte d'office sont

masqués de sucre blanc, pour recevoir les pâtisseries composant les trois garnitures, de même que
les bords de ces fonds doivent être masqués de
sucre rose et vert. »

On met d'ailleurs toutes sortes de masqués
sur les gradins.

On fait encore les socles en forme de pont, de
rocher, etc.

Garnitures des gradins.

La pâte d'office avec laquelle on forme souvent certains socles, est masquée d'amandes
roses. Le haut du socle est garni de denticules de
feuilletage glacé au chocolat. La première garniture est formée de choux glacés au caramel,
posés sur un rang de patiences ; la seconde, de
biscuits au citron et de croquignoles allemandes.
Il est bon de remarquer, par parenthèse, que les
biscuits doivent être inclinés à gauche et les
croquignoles à droite. Enfin, la troisième garniture est composée de petits nougats garnis de
crème aux pistaches.

Cet exemple suffira pour indiquer au pâtissier
la manière de confectionner une multitude de
gradins. Tantôt on les forme : de madeleines, de
meringues, de lames de gelée de pommes de
Rouen ; tantôt de fanchonnettes, de profiterolles
au chocolat, espèce de petits pains, en pâte de
choux que l'on sert ordinairement sur un plat
foncé au chocolat, enfin de génoises perlées.
Nous n'entrerons dans aucun autre détail à ce
sujet, ce que nous avons dit nous paraissant
suffisant pour guider le lecteur et lui donner

une idée générale sur les pièces qu'il voudra dresser.

Pièces de pâtisserie montées sur les gradins.

Comment introduire l'ordre, la simplicité dans une semblable partie ? Comment noter seulement les mille et mille objets qui la concernent ? Le *genre guerrier* comprend les armes isolées, les trophées anciens et modernes ; le *genre gracieux* : les emblèmes d'amour et les corbeilles de fruits et de fleurs ; le *genre rustique* : les ruines, les rochers, les grottes, les moulins, les chaumières, les ermitages ; le *genre architectural* : les pavillons, les temples, les chapelles, les arcs de triomphe, les pyramides, ainsi que tous les instruments relatifs aux sciences et aux arts. On représente encore des fontaines, des bâteaux, des arbres de tous genres et de tous climats. Qu'il nous suffise de dire au pâtissier qu'il doit choisir des moules pour faire un certain nombre de ces objets et les assortir à la nature des repas ; nous lui conseillons encore de relire avec attention les indications générales que nous lui avons données précédemment ; elles lui permettront d'exécuter ces différentes imitations.

IMITATIONS DIVERSES.

Manière de faire la mousse.

Les murailles, les colonnes, les corniches, les casques, les harpes, les bases de coupes, les corbeilles, se font en pâte d'office, masquée diversement. Les toits se font en pâte d'amandes ou en nougats (les amandes hachées). La pâte à choux pralinée disposée irrégulièrement, les croque-en-bouche glacés ou cassés, des biscuits marbrés au chocolat, forment les rochers et rocailles. Pour garnir de mousse ces rochers et autres objets du genre rustique, on mêle par égales parties de la pâte d'amandes vert tendre, et de la pâte d'office vert plus foncé ; on passe en pressant à la spatule sur un tamis de crin un peu gros, ces pâtes mêlées et mollettes. Il en résulte une sorte de vermicelle très fin avec lequel on fait la *mousse* en la plaçant par petites parties [1].

Mais ces imitations ne se montent pas uniquement sur les gradins, qu'elles composent aussi quelquefois ; ceux-ci sont encore destinés à recevoir de grosses pièces élégantes et délicates, comme les grosses meringues, les forts nougats, les gâteaux de mille-feuilles, les croque-en-bouche variés, les poupelins historiés.

La grosse *meringue* n'étant qu'une grosse sphère de pâte d'office moulée en deux fois dans un dôme, meringuée ensuite bien épais, et garnie autour et sur 4 millim. sur chaque face, de meringues ordinaires ; dans de plus fortes dimensions, le gros nougat ne différant presque pas du nougat ordinaire, nous allons passer aux autres pièces dont nous n'avons pas encore parlé, après avoir recommandé de travailler deux personnes ensemble pour préparer les forts nougats, afin d'aller le plus vite possible ; car, faute de cela, ils seraient beaucoup trop brunis. Les socles-nougats n'ont souvent que deux gradins.

1. La plus belle de ces imitations, le sucre filé, nous occupera dans le chapitre suivant.

Gâteau de mille-feuilles sur le socle.

Ce gâteau est composé d'une suite de gâteaux fourrés, comme on va le voir.

On divise en huit parties un quart de feuilletage, en faisant la huitième une fois plus forte, c'est-à-dire d'un centimètre d'épaisseur. Au moyen d'un couvercle-patron, on taille ces abaisses de la même grandeur ; on les dore, on les pique de place en place, puis on les fait cuire à four modéré ; la huitième, qui forme le couvercle, doit être glacée ; on les laisse refroidir et l'on enlève ces gâteaux par le milieu pour ménager les bords ; alors on met la première abaisse sur un plafond, et on la garnit d'une couche de gelée de groseilles ; on en pose ensuite une seconde, que l'on garnit d'une couche de marmelade d'abricots. On agit de même pour la troisième, que l'on recouvre de gelée de coings, et ainsi de suite en variant toujours les confitures. On pose enfin la dernière abaisse, et l'on termine le gâteau par une grosse meringue en confiture, ou par une autre boule, après l'avoir parée bien rond. Les gâteaux des deux gradins sur lesquels on pose cette grosse pièce doivent être garnis de confitures assorties.

Gâteau de mille-feuilles à la crème.

On remplace les abaisses de feuilletage par des abaisses découpées dans un biscuit de Savoie, et les confitures par une crème fouettée diversement colorée.

Gâteau de mille-feuilles au fromage bavarois.

Des couches de ce fromage de toutes couleurs, et des abaisses composées de gaufres ou de pâte à la génoise, composeront cet autre gâteau.

Croque-en-bouche de fonds.

Cette pièce d'entremets est montée à jour dans un moule avec des gâteaux de pâte à choux, ou à la duchesse, en forme d'arcades ou d'anneaux, et glacée au sucre au cassé. Le moule qui les reçoit ne doit point être beurré, mais bien essuyé seulement, après avoir été huilé. A mesure que l'on y place une rangée de gâteaux, on touche la seconde rangée avec du caramel, à tous les points où ils rencontreront les précédents. Le moule garni, on le renverse sur un plafond, et, de là, on pose délicatement le croque-en-bouche sur son socle.

Croque-en-bouche d'entremets.

On monte de cette manière presque tous les gâteaux, même les plus simples, par exemple, les petits gâteaux de feuilletage, dont on alterne une rangée avec d'autres plus soignés. On les met en travers ou inclinés. Les meringues forment aussi de délicieux croque-en-bouche. On se sert encore des fruits, comme les quartiers d'orange, les amandes, les noix vertes, les marrons glacés, etc.; mais le moule qui sert à les préparer doit ressembler à celui des charlottes ; on monte au moment de servir, à cause de l'humidité du fruit. Ces divers croque-en-bouche se servent toujours sur un plat.

Croque-en-bouche aux oranges.

On pèle des oranges dont on enlève la pellicule blanche avec beaucoup de soin, et dont on sépare chaque tranche en prenant garde de les écorcher.

On trempe les tranches d'oranges une à une dans du sucre cuit au cassé, et l'on place ces tranches dans un moule, en ayant soin de les superposer les unes sur les autres avec goût, et de mélanger par des couronnes en sucrerie, des chinois et des cerises confites. Le goût de la personne qui monte ce gâteau doit seul la guider. Aussitôt que le sucre s'est tourné en caramel par une chaleur douce, il faut démouler le gâteau et le servir, car le sucre s'amollirait facilement par l'humidité du fruit.

Lorsque le croque-en-bouche est dressé sur son socle, on le couronne ordinairement d'une aigrette en sucre filé.

CHAPITRE III

ORNEMENTS ET GROSSES PIÈCES EN SUCRE FILÉ.

Ce travail est le complément et le point le plus difficile de l'art du pâtissier, aussi en parlerons-nous avec un soin tout spécial.

Choix du sucre.

Il importe d'avoir du sucre d'une blancheur parfaite, qui casse franc, et dont le grain soit bien brillant. Il doit se fondre aisément à l'eau et ne laisser aucune trace de dépôt au fond du vase. Si ces caractères manquent, le sucre ne peut se filer fin, et si on le laisse cuire un peu plus qu'au cassé, il se brunit d'une manière désagréable, ou bien encore, si la cuisson réussit, après refroidissement, ce sucre devient grenu et ne peut plus être filé. D'ailleurs, les sucres imparfaits présentent, soit à la cuisson, soit après, de petites taches étoilées très légères. A tout cela, il n'est qu'un seul remède, c'est de faire cuire un peu plus qu'au cassé, avec la plus grande attention, pour que le sucre ne tourne pas au caramel, et de le blanchir par l'addition d'un peu de jus de citron.

Ustensiles pour travailler le sucre.

Il est nécessaire d'avoir deux poêlons d'office d'un diamètre de 120 millimètres sur 65 de hauteur. Le manche rond en cuivre, et long de 110 millimètres, doit être fixé presque droit à 15 millimètres du bord. Le goulot sera placé à 55 millimètres du manche, afin de filer le sucre plus commodément. Chaque poêlon doit peser seulement 375 grammes. Ce poêlon, deux casseroles, l'une pleine d'eau filtrée et couverte, l'autre destinée à contenir des cendres rouges ; deux fourchettes d'argent placées l'une sur l'autre, les manches ainsi réunis enveloppés de papier et ficelés en serrant fort ; une petite boîte bien fermée, contenant par égale partie de la crème de tartre ; enfin de l'alun calciné, l'une et l'autre en poudre impalpable, et le moule de l'objet à filer, voici ce qui est nécessaire à l'opération.

Sucre au cassé.

Mais avant de la décrire, je dois rappeler ce qu'on entend par *sucre au cassé*, point de cuisson exigé pour le filage. Pour l'obtenir, il faut d'abord le mettre au *boulé*. On reconnaît ce point de cuisson par l'épreuve suivante : on trempe deux doigts dans l'eau fraîche, on les met dans le sucre, et on les retire promptement pour les remettre dans l'eau fraîche, de crainte que le sucre ne s'attache après les doigts et ne vous brûle ; on roule le sucre entre le doigt et le pouce pour en faire une petite boule ; si alors le sucre se ramasse aisément et se roule comme une pâte, il est au petit *boulé*. Voici d'ailleurs la différence du petit au gros boulé : au petit, la boulette se tient molle, tandis qu'au gros, elle se tient ferme quand le sucre est refroidi.

On continue de faire réduire et l'on répète le même essai ; après avoir rafraîchi le sucre, si on le voit casser entre les doigts, il est *au cassé*.

L'humidité du temps et du lieu où l'on travaille est fort préjudiciable au succès du filage, soit avant, soit après l'opération. Aussi, par un jour de pluie, de brouillard ou d'orage, on file les pièces le plus tard possible, c'est-à-dire au moment de servir. En tout autre cas, on file le matin ou la veille, car ces pièces ou *sultanes*, tenues au sec, se conservent souvent une douzaine de jours. Pour éviter encore l'humidité, on ne mouille le sucre qu'à l'instant même de le mettre sur le feu.

Cuisson du sucre.

Quand on veut faire cuire du sucre, on concasse 1 kil. 500 de beau sucre cristallisé, et on le place dans une terrine couverte. On jette dans l'un des poêlons huit gros morceaux de sucre, et l'on y verse quatre cuillerées d'eau filtrée. Après une seconde, on place le poêlon sur un fourneau ardent qui ne doit servir qu'à cuire le sucre. Dès qu'il est en pleine ébullition, on jette dedans une pincée de la poudre de tartre et d'alun indiquée précédemment et on le laisse bouillonner ; aussitôt que ces bouillons diminuent de nombre et que la surface du sucre liquide s'épaissit et devient brillante, on trempe dedans la pointe d'un petit couteau et on la plonge de suite dans un peu d'eau fraîche. On essaie alors le sucre avec les doigts, pour vérifier s'il est au cassé ; pour en être bien assuré, on le laisse jeter encore quelques bouillons, puis on retire promptement le poêlon et on le place de suite au frais. Si, en refroidissant, le sucre se colorait, il faudrait mettre le fond du poêlon dans une assiette d'eau fraîche. D'ailleurs, il faut faire tourner le sucre en penchant le poêlon, tandis qu'un aide huile légèrement le moule.

Filage du sucre au poêlon.

Il importe de saisir l'instant où le sucre est bon à filer, car s'il est trop chaud, il produit un grand nombre de gouttelettes, et s'il est trop froid, il faut le réchauffer, ce qui le jaunit. On doit aussi se placer dans un lieu à l'abri du vent, qui peut arrêter ou détruire l'opération : une température douce est de rigueur.

Ces précautions prises, on commence. Dès que le sucre s'épaissit bien, on entoure le manche du poêlon d'une feuille de papier double. On place la main gauche dans le moule en le tenant à la hauteur de la ceinture, tandis que la droite, élevée vers la poitrine, tient et penche doucement le poêlon pour faire venir le sucre au bord du goulot. Alors on avance le bras droit de 16 centimètres, on le retire aussitôt en arrière à égale distance, et, par ce mouvement de va-et-vient, on masque en quelques minutes une partie du moule, que nous supposerons en forme de dôme pour obtenir une sultane de forme sphérique ; on fait réchauffer le sucre sans qu'il bouillonne, et l'on continue jusqu'à ce qu'il soit employé ; alors on remplit le poêlon d'eau et on le rince, tandis que l'on répète la cuisson dans un autre poêlon. Trois ou quatre cuissons suffisent pour masquer entièrement un moule de grande pièce ; le bas doit être plus épais. Le moulage est terminé ; alors on introduit dans le moule un champignon à chapeau et l'on remue doucement par le bas le sucre fondu pour le détacher du moule, dans lequel on le laisse.

Filage du sucre à la fourchette.

Pour obtenir ce degré de cuisson du sucre on recommence la cuisson dans des poêlons, on le glace la queue en l'air dans une casserole garnie de cendres, puis on y trempe la pointe d'une fourchette, qu'on lève promptement en l'air ; on obtiendra ainsi un fil en sucre délié et non interrompu.

Lorsqu'on veut exécuter par cette méthode un ouvrage en sucre filé, on dispose à terre cinq grands plafonds près les uns des autres et à portée de la table, on se place près de celui du milieu et l'on pose le poêlon dans la casserole garnie de cendres, sur le bord de cette table ; ensuite on lève de la main gauche, tenue à la hauteur de la poitrine, un grand couteau, la pointe au-dessus du poêlon, puis, de la main droite, que l'on tient à la hauteur du front, on prend les fourchettes comme une plume pour écrire ; on les trempe dans le sucre, puis on les lève et on file le sucre en donnant deux ou trois mouvements de poignet. Quand elles ont été levées au-dessus de la lame du couteau, on agite le poignet le plus rapidement possible, puis on regarnit les fourchettes à mesure que le sucre manque, en évitant de toucher le fond du poêlon. On replace un moment celui-ci sur l'angle du fourneau quand le sucre a besoin de se liquéfier de nouveau, puis on recommence l'opération.

Quand tout le sucre contenu dans le poêlon a été employé, on sépare avec la lame du couteau, qu'on tient de la main droite, cette sorte de chevelure de sucre, en la penchant par le haut sur la main gauche élevée de 33 centimètres environ.

On pare alors le bas des filets de sucre, pour enlever les parties chargées de gouttelettes, et l'on passe le couteau par-dessous la base de ces filets. On les couche ensuite doucement sur la table qui doit être parfaitement sèche, on les coupe en deux parties et l'on pose la moins épaisse sur l'autre.

Quand on veut employer le sucre filé, on le divise en masses égales, d'une longueur assortie au moule de la sultane à filer. Si l'on se propose de faire une colonne longue de 20 centimètres, la masse doit avoir une longueur semblable. Avec la lame du couteau, on appuie sur une partie de ce sucre que l'on roule ensuite dans sa longueur, s'il s'agit d'obtenir un objet d'une forme sphérique.

Mais si l'on veut figurer une cascade, on colle le haut de ces filets sur la pâte d'office qui simule la muraille, et on laisse retomber. On agit de même pour imiter des crinières de casque, des plumes tombantes, etc. On colle les fils en présentant avec une pince un charbon ardent vers le sucre ; on rejoint aussi de cette manière les bouts et les morceaux de sucre filé. Pour un jet d'eau, on le colle dedans et autour du vase.

Confection des sultanes.

On donne spécialement ce titre à des pièces en sucre filé, soit au poêlon, soit à la fourchette ; cependant il arrive qu'au lieu de masquer le moule avec du sucre, on le couvre de pâte d'amandes rose, lilas ou bleu céleste ; on file ensuite à la fourchette les ornements en sucre doré ou argenté, c'est-à-dire en sucre blanc ou jauni. Cette dispositon est des plus gracieuses et cause beaucoup moins de peine et de frais. Une sultane sphérique en sucre doré ou verdi, avec des filets d'argent, est encore une pièce d'un très bel effet.

Le sucre filé d'ailleurs peut embellir toutes les pièces montées.

Carême, dont il faut toujours louer le bon goût, avait mis dans l'intérieur d'un globe de sucre filé, un bouquet composé de roses, de violettes et de jasmin, ce qui produisait un charmant transparent à travers la sultane. Il a fait aussi en sucre des ballons, des rivières, des palmiers, des herbes, des toits de chaume, des ailes de moulins, des voiles de petites gondoles, des temples, des ruines, des cordes pour harpes et lyres faites en pâte d'office. Tout cela doit exciter à la fois notre admiration et le désir de l'imiter, d'après les principes que nous venons de donner.

Les socles de sultanes se font assez fréquemment en pâte d'amandes, quoiqu'on puisse aussi bien les dresser en pâte d'office. Les garnitures n'ont rien de particulier.

Il nous serait impossible, dans un ouvrage de la nature de celle-ci, de décrire toutes les formes de socles, en matières grasses, en bois, en carton, en pâtes, qui ont été confectionnées à diverses époques, d'indiquer la manière de les monter ou bien de les représenter par des figures. Ces formes embrassent un grand nombre de produits naturels et imitent une foule d'objets d'art empruntés, soit à l'antiquité, soit à la renaissance, soit à l'art moderne. Pour réussir, il faut, comme nous l'avons dit au commencement de ce chapitre, que le pâtissier soit lui-même artiste pour imaginer la forme de ses socles, faire exécuter ses profils et ses calibres, et, ce qui parfois est plus important encore, pour les décorer d'ornements de bon goût, bien appropriés au sujet choisi ou à la condition des personnes devant lesquelles ils doivent figurer.

C'est pour ces motifs que nous avons cru devoir nous abstenir de donner les figures beaucoup trop nombreuses des formes de socles qui, à diverses époques, ont apparu sur les tables somptueuses ou sur les buffets des grandes réunions, ou qu'on retrouve plus ou moins bien reproduits par la gravure dans les ouvrages, et dont les détails nous auraient entraîné bien au-delà des limites qui nous sont assignées.

—

I

LISTE

DES

ENTREMETS DE PATISSERIE
D'après CARÊME

—

Croque-en-bouche de quartiers d'oranges.
—   de génoises glacées au gros sucre.
—   de feuilletage à blanc.
—   de marrons glacés au caramel.
—   de noix vertes glacées au caramel.
Biscuit glacé à la royale.
—   à la parisienne.
—   aux confitures et meringué.
—   fourré à la pâtissière de meringue.
—   à l'italienne.
Corbeille à la française.
—   à l'anglaise.
—   à la génoise.
Coupe en pâte d'amandes ornée d'une sultane.
Charlotte à la parisienne.
—   à la française.
—   à l'italienne.
—   aux macarons d'avelines.
—   aux gaufres, aux pistaches.
—   de pommes d'api.
—   de pommes de reinette.

Charlotte d'abricots.
  — de pêches.
Meringues montées et au gros sucre.
Vase garni de noix en pâte d'amandes.
Coupe garnie d'un ananas en pâte d'amandes.
Corbeille garnie de pommes d'api en pâte d'amandes
Ballon en sucre filé.
Corbeille en sucre filé, garnie de meringues.
Entremets monté à trois gradins
Coupe montée sur une cassolette.
Vase garni d'une palme.
Sultane montée sur une cassolette.
Gerbe de blé ornée de sucre filé.
Vase formant cascade.
Arbuste portant de petits paniers.
Rotonde à palmier.
Petit temple en pâte d'amandes.
Petit pavillon turc orné de sucre filé.
Petite ruine dans une île.
Petit cabinet chinois.
Petite rotonde en ruines.
Choux pralinés aux avelines.
  — grillés aux amandes.
Gimblettes grillées aux amandes.
Choux au gros sucre.
  — à la Mecque.
  — aux anis blancs.
Petit choux à la Saint-Cloud.
  — à la Vincennes.
Choux soufflés à l'orange et au cédrat.
  — en caisse et au cédrat.
Petits pains à la duchesse.
Choux glacés
Pains aux avelines.
Choux aux avelines.

Pâtissier.   13

Petits pains au chocolat.
— à la reine.
— à la rose.
— à la paysanne.
— au raisin de Corinthe.
Petits pains glacés au caramel.
— glacés aux pistaches.
— glacés aux aris roses.
— glacés aux raisins de Corinthe.
— glacés au gros sucre.
Profiteroles au chocolat.
Madeleines au cédrat.
— au raisin de Corinthe.
— aux pistaches.
— au cédrat confit.
— aux anis blancs.
— en surprise.
Génoises à l'orange.
— à la rose.
— à la vanille.
— au chocolat.
— au raisin de Corinthe.
— au cédrat confit.
— aux anis roses.
— au marasquin.
— aux pistaches.
— aux avelines.
— aux amandes amères.
— en couronnes perlées.
Génoises perlées aux pistaches.
— perlées au raisin de Corinthe.
— à la Dauphine.
Gâteaux d'amandes amères.
— aux avelines.
— au cédrat,

Gaufres aux pistaches.
 —   au raisin de Corinthe et au gros sucre.
 —   à la parisienne.
 —   à la française.
 —   mignonnes aux avelines.
 —   d'office à la vanille.
 —   à la flamande.
Nougats à la française.
 —   au sucre rose à la vanille.
 —   au raisin de Corinthe et au gros sucre.
 —   aux avelines garnies de crème fouettée.
Meringues à la bigarade.
 —   aux pistaches et au gros sucre.
Petites meringues mœlleuses pour assiette de dessert.
Petits pains de châtaignes.
 —   de pommes de terre.
 —   aux avelines.
 —   aux amandes amères.
 —   aux anis de Verdun.
 —   des quatre fruits.
 —   d'oranges.
Darioles au café moka.
 —   soufflés au cédrat.
Talmouses au sucre et au fromage à la crème
 —   ordinaires au fromage de Brie.
Petits soufflés de riz au zeste de citron.
 —   au lait d'amandes.
Mirlitons à la fleur d'orange.
 —   aux avelines.
 —   aux pistaches.
 —   aux amandes.
 —   au zeste de citron.
Fanchonnettes à la vanille.
 —   au lait d'amandes.
 —   au café moka.

Fanchonnettes au chocolat.
— au raisin de Corinthe.
— aux pistaches.
— aux avelines.
— d'abricots.
Tartelettes d'abricots.
— de pêches.
— de prunes de reine-claude.
— de prunes de mirabelle.
Tartelettes de cerises.
— de groseilles vertes ou rouges
— de groseilles rouges.
— de groseilles blanches.
— de fraises.
— de pommes de reinette.
Timbales de riz au lait d'amandes.
— de riz au lait d'avelines.
— de riz à la mœlle.
— de riz au café moka.
— de riz au cédrat confit.
— de riz au raisin de Corinthe.
— de riz au raisin muscat.
— de riz aux pistaches.
— de riz aux marrons.
— de nouille à l'orange.
— de vermicelle au citron.
— aux pommes de terre et au zeste de bigarade.
Gâteaux de riz aux rognons.
— de Pithiviers aux avelines.
— aux amandes amères.
— au cédrat.
— à la fleur d'oranger pralinée.
— au raisin de Corinthe.
— au raisin muscat.
— des quatre fruits.

Gâteaux au rognon.
— à la moelle et à la vanille.
— anglo-français.
— aux pistaches et aux avelines.
Gâteaux fourrés de crème au café moka.
— fourrés de marmelade de pêches.
— fourrés à la d'Artois.
— fourrés à la parisienne.
— fourrés aux pommes et raisin.
— fourrés aux pommes et pistaches.
— fourrés aux abricots.
— fourrés aux pêches.
— fourrés aux prunes de mirabelle.
— fourrés aux prunes de reine-claude.
— fourrés aux prunes de Sainte-Catherine.
— fourrés aux cerises douces.
— fourrés aux fraises.
— fourrés aux groseilles rouges ou blanches.
— fourrés aux groseilles vertes.
— fourrés napolitain.
— fourrés savarin.
— fourrés Saint-Honoré.
Flans de pommes au beurre et au cédrat.
— de pommes à la portugaise.
— de cerises de Montmorency.
— de prunes de reine-claude.
— de prunes de mirabelle.
— d'abricots glacés.
— de crème pâtissière glacée.
Tourte d'entremets de fruits.
— d'abricots glacés.
Vol-au-vent d'abricots.
— garni de pêches.
Tourte d'entremets de fruits confits.
— de marmelade d'abricots pralinée.

Tourte à la mœlle pralinée.
— aux rognons de veau et aux pistaches.
— de crème aux épinards pralinés.
— de crème, manière anglaise.
Petits gâteaux aux pistaches glacées.
— fourrés de riz au raisin de Corinthe.
— fourrés à la manière anglaise.
— fourrés à la crème aux épinards.
— fourrés de marmelade d'abricots.
— fourrés de groseilles rouges.
— fourrés de fraises ou de framboises.
— fourrés d'abricots glacés.
— de marmelade de pommes de reinette.
Petits gâteaux de pommes aux pistaches.
— de pommes bandées.
— de pommes aux amandes pralinées.
— de Pithiviers pralinés.
— de Pithiviers aux avelines.
Gimblettes d'abricots aux avelines.
— de prunes aux amandes.
— de pêches aux pistaches.
Petits vol-au-vent à la Chantilly à la violette.
— glacés au gros sucre, garnis de fraises.
— printaniers.
— à la crème plombière au café.
— au fromage bavarois aux abricots.
— garnis de gelée fouettée.
Petits puits d'amour aux pistaches.
— puits d'amour au gros sucre.
Mosaïques glacées au sucre rose.
— aux pistaches.
— aux avelines et au gros sucre.
Tartelettes mosaïques à la marmelade de pêches.
— de cerises confites.
— aux pistaches glacées.

Tartelettes aux avelines glacées.
— aux amandes amères glacées.
— au raisin de Corinthe glacé.
— de pommes pralinées à la vanille.
Petits gâteaux renversés à la gelée de groseilles.
— gâteaux glacés aux pistaches.
Canapés garnis d'abricots.
— aux pistaches garnis de gelée de pommes.
Petits gâteaux d'abricots.
— livrets d'abricots.
Petits cannellons glacés et garnis de gelée de pommes.
— cannellons pralinés aux avelines.
— cannellons au gros sucre.
— cannellons meringués.
— cannellons meringués aux pistaches.
— cannellons meringués au raisin de Corinthe.
Petites bouchées glacées à la pâtissière.
— bouchées meringuées aux pistaches.
— bouchées perlées.
— bouchées perlées au raisin de Corinthe.
— bouchées perlées aux pistaches.
— bouchées au gros sucre.
— bouchées au raisin de Corinthe.
— bouchées aux pistaches.
— bouchées aux anis roses de Verdun.
— bouchées aux anis blancs.
— bouchées glacées à la royale au chocolat.
Petites fantaisies aux pistaches.
— fantaisies au gros sucre.
Petites quadrilles aux quatre fruits.
— quadrilles pralinées aux avelines.
Petites rosaces au gros sucre.
Petits trèfles perlés et aux pistaches.
— trèfles perlés au gros sucre.
— trèfles pralinés aux avelines.

Petites étoiles au gros sucre.
— étoiles aux pistaches.
Petites couronnes aux pistaches.
Petites feuilles de chêne perlées.
Petits paniers au gros sucre.
— paniers pralinés aux avelines.
Petits diadèmes aux pistaches.
Panachés en diadème au gros sucre.
— perlés au raisin de Corinthe.
— aux pistaches et au gros sucre.
— au raisin de Corinthe.
Petits gâteaux royaux à la vanille.

II

EMPLOI DES APPAREILS MÉCANIQUES DANS LA PATISSERIE.

On a dû s'apercevoir, dans la description que nous venons de présenter des opérations si nombreuses et si variées qui composent l'industrie du pâtissier, que tout le travail s'y exécute à la main et que dans aucune d'elles on n'a recours à une force ou à un organe mécanique un peu compliqué, soit pour diminuer ou faciliter la main-d'œuvre, soit pour améliorer le travail ; ce qui, en effet, paraît assez difficile dans une industrie de ce genre.

Cependant il faut bien reconnaître que certaines de ces opérations sont à peu près identiquement les mêmes dans presque tous les produits, par exemple, la préparation première des pâtes qui exige beaucoup de temps, une certaine dépense de force et une adresse qui ne s'acquiert que par une longue pratique. Quand il s'agit de fabriquer de grandes quantités d'une même pâte, on peut avantageusement se servir de petits pétrins établis sur les meilleurs modèles parmi ceux employés actuellement par la boulangerie parisienne, et obtenir à peu de frais avec ces appareils d'excellentes pâtes toutes prêtes à être mises en œuvre. Si ces modèles de pétrins ne semblent pas applicables à ce genre de préparation des pâtes, il serait facile de modifier leur construction pour leur acquérir les propriétés qui leur manquent et les rendre d'un emploi usuel dans les pâtisseries.

Nous avons déjà parlé à la page 13 des Fours Roland, qui sont aujourd'hui si répandus dans la Boulangerie ; ces fours, et spécialement le modèle mobile monté sur essieux, rendent de grands services aux pâtissiers établis à domicile fixe ou à ceux qui se déplacent continuellement d'un pays à un autre, comme les pâtissiers dont la clientèle est celle des fêtes foraines.

On a pu remarquer aussi que la plupart du temps les grosses pièces tels que les pâtés, timbales, vol-au-vent, etc., sont montées à la main, et que ce montage qui exige des manipulations répétées et incessantes de la pâte avec les doigts, présente quelque chose de répugnant quand on en est témoin et qui dégoûte bon nombre de personnes délicates. Dans ce cas, il y aurait avantage à procéder au moulage de ces pièces au moyen d'une presse dont la manœuvre n'exigerait que peu de force, et de moules et contre-moules qui, en quelques minutes, dresseraient la muraille, le fond et le couvercle des pâtes avec les ornements nécessaires qu'on se propose d'y adapter.

On est aussi obligé, dans la pâtisserie de petit-four, d'opérer de fréquents découpages pour petits articles qu'on produit en grand nombre. Ces découpages sont longs et fastidieux, et déjà, dans certains cas, comme pour les petits gâteaux secs anglais ou américains, nous avons vu que l'on se sert de plaques-découpeuses qu'on fait descendre sur une grande abaisse amenée à l'épaisseur voulue, plaques qui découpent d'un seul coup un certain nombre de ces articles, ainsi qu'on le pratique dans la fabrication des biscuits de mer. Parfois on s'est aussi servi de cylindres-découpeurs qui produisent le même effet. Il est vrai qu'on fait ainsi beaucoup de rognures, mais celles-ci, dans une fabrication soutenue, rentrent aussitôt en charge. Nous voudrions voir cette pratique se généraliser, et nous conseillons aux pâtissiers des plaques découpeuses de modèles divers qui hâteraient singulièrement le travail si long de la cuisine.

Il serait encore possible, dans une grande pâtisserie, de pouvoir disposer d'un petit moteur de un, deux ou trois chevaux, moteur à gaz pauvre ou moteur à essence ou mieux encore d'un petit moteur électrique qui aurait pour objet de faire fonctionner le pétrin, la presse au moulage, les plaques de découpage, de concasser, broyer, piler les substances, de battre les crèmes, de faire avec une précision et une célérité remarquables toutes les abaisses au moyen de divers couples de cylindres, et d'exécuter une foule de petits travaux mécaniques qu'on est obligé de confier la plupart du temps à des aides indifférents et peu soigneux.

L'installation d'une petite chaudière fournirait aussi la vapeur nécessaire pour chauffer l'eau, pour nettoyer et assainir les ustensiles, faire les bains-marie, cuire les fruits, les marmelades à la vapeur, et rendrait bien d'autres services qui se présenteront d'eux-mêmes dans un établissement bien organisé et dirigé par un chef intelligent.

Nous pensons que cette application des forces

mécaniques pourrait très bien être réalisée avec
avantage, surtout dans les établissements qui dé-
bitent journellement des quantités considérables
d'un même produit ou ce qu'on appelle les spécialités.

III

ESSENCES ARTIFICIELLES ET NATURELLES.
HUILES ESSENTIELLES.
ESSENCES SOLUBLES.

La fabrication de plus en plus importante de la
pâtisserie et de la confiserie a eu pour conséquence
la recherche de produits pouvant donner rapidement
l'arome des fruits frais, confits ou secs, sans toutefois
nuire ou altérer les produits employés et à donner
le même goût aux gâteaux, bonbons et fondants.

De ces recherches est née la fabrication des essences
de fruits naturelles, des essences artificielles, ou plus
exactement des essences naturelles renforcées syn-
thétiquement ; et également des huiles essentielles.
Les essences dites essences solubles dérivées des
essences naturelles ou artificielles trouvent un emploi
direct dans la fabrication des sirops à limonade,
sodas et en général toutes les eaux gazeuses aroma-
tisées.

§ 1. — *Principales essences.*

Tous les fruits collaborent à la fabrication des
essences et des huiles ; par l'adjonction d'alcool à
un degré plus ou moins fort, ces essences tiennent

à la chaleur et se mélangent intimement à la pâte ou au liquide.

Les citrons de Sicile sont les plus recherchés pour la fabrication de l'huile essentielle de citron, la bergamotte n'est qu'une variété de citron, le bergamotier, l'orange, soit par l'oranger, soit par le bigaradier. — Les autres fruits : ananas, banane, cassis, coings, fraises, framboises, groseilles, mandarine, mirabelle, pommes, poires, fournissent les essences qui portent leur nom respectif.

§ 2. — *Emploi des essences.*

1º Pour le sucre cuit, caramel, bonbons anglais, la majeure partie du parfum étant perdu à la cuisson, les essences très alcoolisées ou très concentrées sont les seules qui conviennent à cette fabrication. — Afin d'éviter l'évaporation verser l'essence choisie dans le sucre le moins chaud possible et recouvrir de suite le sucre aromatisé.

2º Pour les glaces et fondants, employer des essences moins alcoolisées et qui, quoique moins tenaces, sont plus fines.

Afin de faciliter à nos lecteurs l'emploi de différentes essences nous avons cru bien faire en leur donnant en un tableau simple mais concret le degré d'alcool de chaque essence à employer dans chacune des catégories précitées.

§ 3. — *degré d'alcool de chaque essence à employer dans chacune des catégories précitées.*

a) *Essences de Fruits*
pour sucres cuits, caramels et bonbons anglais.

Essences naturelles	D°	Essences artificielles	D°
Ananas	60	Ananas	70
Cassis	68	Abricot	75
Cerise.	40	Banane	60
Coings	84	Cassis.	52
Framboise. . . .	69	Cerise	72
Groseille	44	Citron.	60
Pomme.	84	Coings	76
		Fraise	70
Le degré indiqué		Framboise . . .	55
varie avec chaque		Groseille	50
maison de vente, mais		Mandarine . . .	75
nous croyons que		Mirabelle. . . .	69
l'intérêt de nos lec-		Orange	75
teurs est de deman-		Pêche.	50
der à leurs fournis-		Pistache	66
seurs les essences au		Pomme	70
degré que nous indi-		Prune.	85
quons.		Raisin.	79

b) *Essences de Fruits.*
pour fondants, fourrés, bonbons à liqueur, gaufrettes

	D°		D°
Ananas double . . .	60	Curaçao . . , . .	67
Cassis	48	Fraise	35
Cerise	40	Framboise	25
Citron	70	Groseille	44
		Mandarine	65
Ces essences sont		Orange	65
moins alcoolisées que			
les précédentes, ayant			
à subir une chaleur			
moins forte.			

c) *Huiles essentielles (nomenclature).*

Amandes amères.	Mandarine.
Anis de France.	Menthe.
Badiane.	Noyau.
Citron et Bergamotte.	Orange.
Eucalyptus.	Pin.

d) *Emploi en pâtisserie des Essences.*

Essences ou Huiles	Dose en gouttes	Petits fours. — Gâteaux secs et divers
Abricot. . . . A	8	Petits fours gênois. Chapeaux.
Amandes amères H	6	Tuiles. Rochers. Créoles. Croquets. Massepain. Bordelais. Marrons nature. Frangipane.
Ananas. A. N.	8	Incroyable. Ernestine. Régent. Galette bretonne.
Anis. H	6	Doras. Lézards. Marguerite. Galettes Russes. Senti.
Badiane. H	6	Brésiliens. Palais de Dame. Damade.
Banane. A	8	Pain de Gênes. Macaron. Cake. Narcisse.
Bergamotte. H	4	Macarons. Tuiles. Craquelin. Massepain.
Café. N	q. s.	Soufflets. Mokas. Crèmes Meringues.
Cannelle. H	5	Mirlitons. Galette flamande. Gâteaux panachés.
Citron. H	6	Madeleines. Cigarettes. Marguerite. Crème cuite. Massepain. Craquelin.
Fraises. A. N.	8	Petits fours genoises. Cigarettes.

A. Essences artificielles. — N. Essences naturelles.
H. Huiles essentielles.

Framboises.	Ã. N.	8	Macarons. Printanier. Pain d'Epice. Nonettes.
Girofle.	H	4	Financiers. Rochers. Babas. Miroir. Eponge.
Menthe.	H	4	Malthide. Colbert. Narcisse. Napolitains. Kichenef.
Orange.	H. A.	5	Galette à l'orange, Pain à l'orange. Milan.
Oranger.	A. N.	6	Croquignoles. Gaufrettes. Allumettes de Bordeaux.
Pêche.	A. N.	8	Américain. Dalhia. Prussien. Briquets.
Pistache.	A	8	Amandines. Petits fours. Kougloff. Provence.
Vanille.	A	8	Tuiles. Langue à la crème. Caprice. Madeleines.

Dose : La dose indiquée est celle à employer pour un kilog de pâte ou de liquide, en gouttes, se servir d'un compte-goutte de vingt gouttes. — En poids les essences artificielles s'emploient à la dose de cinq grammes maximum, les essences naturelles, trois grammes, les huiles essentielles un gramme.

Si la température est peu élevée, ces doses doivent être diminuées d'environ de moitié.

§ 4. — *Essences solubles.*

Ces essences sont employées spécialement pour la fabrication des sirops à limonade, et sodas. — Elles sont, en général, mise en vente, avec une préparation acide et couleur, ce qui donne la gazéification nécessaire à ces articles et en même temps la coloration. Toutes les essences solubles se travaillent au sirop de sucre, la nomenclature des essences artificielles donne exactement celle des essences solubles.

§ 5. — *Préparation du sirop de sucre ou sirop simple.*

Pour 58 litres de sirop de sucre, mettre dans une bassine en cuivre :

    50 kilogs de sucre cristallisé ou raffiné.
    30 litres d'eau.

Chauffer et porter à ébullition, ajouter à ce moment quinze à vingt grammes d'acide citrique et laisser bouillir deux à trois minutes. Filtrer le sirop bouillant. Ce sirop filtré sera mis en congé, que l'on aura soin de ne recouvrir qu'une fois le sirop complètement froid. Au Baumé ce sirop doit marquer 34°. Ce sirop sert à la fabrication des sirops pur sucre, et sirops à limonade et sodas.

§ 6. — *Glaces et Entremets.*

Toutes les essences artificielles ou naturelles entrent dans la fabrication des glaces et entremets, sauf les essences suivantes : *Cannelle, Girofle, Anis et Amandes.*

La coloration des glaces s'obtient soit par l'adjonction de colorants préparés ou de jus.

§ 7. — *Conservation des Essences.*

De leur caractère alcoolique et en conséquence volatil, les essences doivent être bien bouchées, si possible passer chaque fois le bouchon dans l'alcool. — La quantité infime d'essence nécessaire à la préparation de chaque article, nous permet de conseiller à nos lecteurs l'achat en petits flacons, l'évaporation est nulle et le coût des essences en petite quantité permet à chacun d'avoir pour une somme minime la gamme complète des essences nécessaires à leur fabrication.

TABLE DES MATIÈRES

PREMIÈRE PARTIE

PRÉLIMINAIRES.

TROISIÈME PARTIE

PATISSERIE D'ENTREMETS.

QUATRIÈME PARTIE

PATISSERIE DE PETIT-FOUR.

CINQUIÈME PARTIE

PRODUITS ANNEXES.

SIXIÈME PARTIE

PATISSERIE DÉCORATIVE.

APPENDICE

FIN DE LA TABLE DES MATIÈRES

ABBEVILLE, IMPRIMERIE F. PAILLART. — 20-11-29

www.ingramcontent.com/pod-product-compliance
Lightning Source LLC
LaVergne TN
LVHW050833060726
842527LV00001BA/201